U0245082

A Genealogy of Industrial Design in China: Vehicle

工业设计中国之路

交通工具卷

沈榆　张善晋　孙立　著

大连理工大学出版社

图书在版编目(CIP)数据

工业设计中国之路. 交通工具卷 / 沈榆, 张善晋, 孙立著. — 大连：大连理工大学出版社, 2017.6
ISBN 978-7-5685-0741-7

Ⅰ. ①工… Ⅱ. ①沈… ②张… ③孙… Ⅲ. ①工业设计—中国②交通工具—工业设计—中国 Ⅳ. ①TB47②U

中国版本图书馆CIP数据核字（2017）第052375号

出版发行：大连理工大学出版社
（地址：大连市软件园路80号　邮编：116023）
印　　刷：上海利丰雅高印刷有限公司
幅面尺寸：185mm × 260mm
印　　张：26
插　　页：4
字　　数：601千字
出版时间：2017年6月第1版
印刷时间：2017年6月第1次印刷
策　　划：袁　斌
编辑统筹：初　蕾
责任编辑：裘美倩
责任校对：仲　仁
封面设计：温广强

ISBN 978-7-5685-0741-7
定　　价：410.00元

电 话：0411-84708842
传 真：0411-84701466
邮 购：0411-84708943
E-mail：jzkf@dutp.cn
URL：http://dutp.dlut.edu.cn

本书如有印装质量问题，请与我社发行部联系更换。

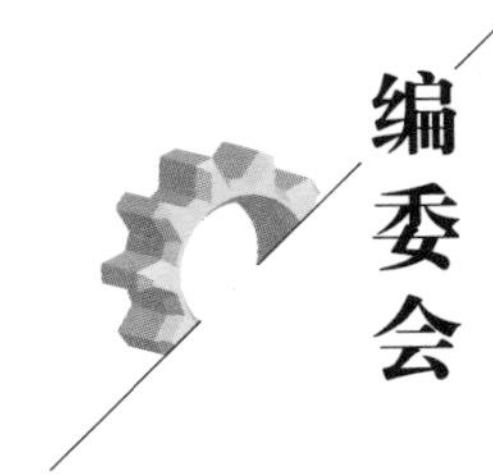
编委会

工业设计中国之路 概论卷

工业设计中国之路 电子与信息产品卷

工业设计中国之路 交通工具卷

工业设计中国之路 轻工卷（一）

工业设计中国之路 轻工卷（二）

工业设计中国之路 轻工卷（三）

工业设计中国之路 轻工卷（四）

工业设计中国之路 重工业装备产品卷

工业设计中国之路 理论探索卷

总序

面对西方工业设计史研究已经取得的丰硕成果，中国学者有两种选择：其一是通过不同层次的诠释，使其成为我们理解其工业设计知识体系的启发性手段，毋庸置疑，近年中国学者对西方工业设计史的研究倾注了大量的精力，出版了许多有价值的著作，取得了令人鼓舞的成果；其二是借鉴西方工业设计史研究的方法，建构中国自己的工业设计史研究学术框架，通过交叉对比发现两者的相互关系以及差异。这方面研究的进展不容乐观，虽然也有不少论文、著作涉及这方面的内容，但总体来看仍然在中国工业设计史的边缘徘徊。或许是原始文献资料欠缺的原因，或许是工业设计涉及的影响因素太多，以研究者现有的知识尚不能够有效把握的原因，总之，关于中国工业设计史的研究长期以来一直处于缺位状态。这种状态与当代高速发展的中国工业设计的现实需求严重不符。

历经漫长的等待，“工业设计中国之路”丛书终于问世，从此中国工业设计拥有了相对比较完整的历史文献资料。丛书基于中国百年现代化发展的背景，叙述工业设计在中国萌芽、发生、发展的历程以及在各个历史阶段回应时代需求的特征。其框架构想宏大且具有很强的现实感，内容涉及中国工业设计发展概论、轻工业产品、交通工具产品、重工业装备产品、电子与信息产品、工业设计理论探索等，共计9卷，其意图是在由研究者构建的宏观整体框架内，通过对各行业代表性的工业产品及其相关体系进行深入细致的梳理，勾勒出中国工业设计整体发展的清晰轮廓。

要完成这样的工作，研究者的难点首先在于要掌握大量的一手的原始文献，但是中国工业设计的文献资料长期以来疏于整理，基本上处于碎片化状态，要形成完整的史料，就必须经历艰苦的史料收集、整理和比对的过程。丛书的作者们历经十余年的积累，在各个行业的资料收集、整理以及相关当事人口述历史方面展开了扎实的工作，其工作状态一如历史学家傅斯年所述：“上穷碧落下黄泉，动手动脚找东西。”他们义无反顾、凤凰涅槃的执着精神实在令人敬佩。然而，除了鲜活的史料以外，中国工业设计史写作一定是需要研究者的观念作为支撑的，否则非常容易沦为中国工业设计人物、事件的“点名簿”，这不是中国工业设计历史研究的终极目标。丛书的作者们以发现影响中国工业设计发展的各种要素以及相互关系为逻辑起点并且将其贯穿研究与写作的始终，从理论和实践两个方面来考察中国应用工业设计的能力，发掘了大量曾经被湮没的设计事实，贯通了工程技术与工业设计、经济发展与意识形态、设计师观念与社会需求等诸多领域，不将彼此视作非此即彼的对立，而是视为有差异的统一。

在具体的研究方法上，丛书的作者们避免了在狭隘的技术领域和个别精英思想方面做纯粹考据的做法，而是采用“谱系”的方法，关注各种微观的事实，并努力使之形成因果关系，因而发现了许多令人惊异的新的知识点。这在避免中国工业设计史宏大叙事的同时形成了有价值的研究范式，这种成果的产生不是一种由学术生产的客观知识，而是对中国工业设计的深刻反思，保持了清醒的理论意识和强烈的现实关怀。为此，作者们一直不间断地阅读建筑学、社会学、历史学、技术史、工程哲学乃至科学哲学方面的著作，与各方面的专家也保持着密切的交流和互动。研究范式的改变决定了“工业设计中国之路”丛书不是单纯意义上的历史资料汇编，而是一部独具历史文化价值的珍贵文献，也是在中国工业设计研究的漫长道路上一部里程碑式的著作。

工业设计诞生于工业社会的萌发和进程中，是在社会大分工、大生产机制下对资源、技术、市场、环境、价值、社会、文化等要素进行整合、协调、修正的活动，并可以通过协调各分支领域、产业链以及各利益集团的诉求形成解决方案。

伴随着中国工业化的起步，设计的理论、实践、机制和知识也应该作为中国设计发展的见证，更何况任何社会现象的产生、发展都不是孤立的。这个世界是一个整体，一个牵一丝动全局的系统。研究历史当然要从不同角度、不同专业入手，而当这些时空（上下、左右、前后）的研究成果融合在一起时，自然会让人类这种不仅有五官、体感，而且有大脑、良知的灵魂觉悟，这个社会发展的动力还带有本质的观念显现。这也可以证明意识对存在的能动力，时常还是巨大的。所以，解析历史不能仅从某一支流溯源，还要梳理历史长河流经的峡谷、高原、险滩、沼泽、三角洲乃至大海海床的沉积物和地层剖面……

近年来，随着新的工业技术、科学思想、市场经济等要素的进一步完善，工业设计已经被提升到知识和资源整合、产业创新、社会管理创新乃至探索人类未来生活方式的高度。

2015 年 5 月 8 日，国务院发布了《中国制造 2025》文件，全面部署推进由“中国制造”到“中国创造”的战略任务，在中国经济结构转型升级、供给侧改革、提升电子生活质量的过程中，工业设计面临着新的机遇。中国工业设计的实践将根据中国制造战略的具体内容，以工业设计为中国“发展质量好、产业链国际主导地位突出的制造业”的支撑要素，伴随着工业化、信息化“两化融合”的指导方针，秉承绿色发展的理念，为在 2025 年中国迈入世界制造强国的行列而努力。中国工业设计史研究正是基于这种需求而变得更加具有现实意义，未来中国工业设计的发展不仅需要国际前沿知识的支撑，也需要来自自身历史深处知识的支持。

我们被允许探索，却不应苟同浮躁现实，而应坚持用灵魂深处的责任、热情，以崭新的平台，构筑中国的工业设计观念、理论、机制，建设、净化、凝练“产业创新”的分享型服务生态系统，升华中国工业设计之路，以助力实现中华民族复兴的梦想。

理想如海，担当作舟，方知海之宽阔；理想如山，使命为径，循径登山，方知山之高大！

柳冠中

2016 年 12 月

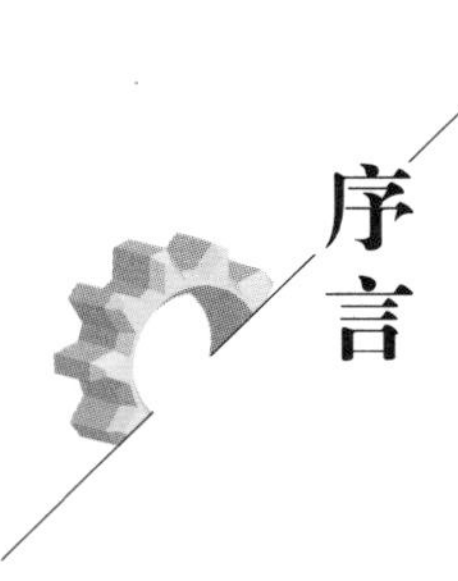

序言

交通工具设计被称作将科学、技术、美学观念高度集成为一体的产品设计，几乎每一个子系统都有自身的设计目标，而汽车车身设计、内部装饰设计又是工业设计工作的直接对象，是表达造车理念、体现社会价值观的载体，同时也是阐述汽车不同时代技术语义的关键所在。

中国汽车设计从20世纪30年代开始蹒跚起步，在新中国工业化建设中，汽车工业一马当先，当仁不让地扮演了中国工业开拓者的角色，老一代汽车设计人在奠基制造技术基础体系的同时，自觉地承担起学习国外汽车设计理念、方法的重任，由此推进了中国汽车的产业化进程。

本卷所涉及的载重汽车和轿车分别代表了中国汽车制造两个时代的跨越。轿车的技术难度和涉及的问题更多，对工业设计而言，难度呈平方级数增长。与汽车设计一脉相承的摩托车设计则是紧跟汽车设计潮流的产物。透过中国汽车设计的发展历程，我们看到的是欧美现代主义设计思想在中国自发延续、不断发展、自我更新、融合发展的“谱系”。现代主义设计思想是工业设计理念的精髓，汽车设计能够最敏锐地反映当代设计理念的特征，因而，每一个时代的汽车设计成果对同时代的其他工业产品具有引领作用，正因为如此，将汽车、摩托车设计作为本卷的主要内容是十分正确的选择。

回眸历史，中国汽车的每一次重大设计几乎都与技术的变革相关，或与材料的更新相关，另外，国防、经济建设等社会的需求及以汽车工业作为国家形象象征的渴望也成为汽车领域工业设计主要的思考内容。

本卷作者以实证的态度考察了代表中国汽车设计发展历程的关键事件，并将注意力锁定于产品设计，收集整理凝聚于产品之中的历史细节，其中对以解放牌为代表的载重汽车的设计分析始于汽车技术的引进和产业的建设而推进，而对于红旗牌轿车的设计分析则关注于国家形象的传播和设计潜能的发掘而展开，对上海牌轿车的设计分析更着重批量化、合理成本控制等要素，如此多维度的分析研究，为我们展示了一卷中国汽车工业发展的丰富图像，在梳理中国汽车设计的文化脉络的同时，让我们看到的是国家经济政策和发展战略对汽车设计的影响，改变了过去单一研究汽车技术和简单进行处理评价的方法。然而，任何历史研究都应该指向当下，正如作者一再表述的那样，溯源历史并不仅是怀旧，更期待超越。

当代中国汽车产量已跃居世界前列，汽车已与普通老百姓的生活密切相关，中国高校工业设计专业一直将汽车的设计作为重要的教学内容，而在汽车技术、设计全球化采购时代，追溯历史，则是为中国设计师更好地回应当代的设计需求、走向未来的新设计架设了桥梁。

陈祖涛

2016 年 6 月

目录

第一章　载重汽车

本章以第一汽车制造厂（一汽）生产的解放牌中型载重汽车的设计解析为突破口，因为其设计、技术、制造体系具有一般普遍的示范作用，对于中国工业化的重新起步，对经济建设、国防建设都具有十分重要的现实意义。

解放牌载重汽车作为中国最早批量生产的载重汽车，具有“技术工艺先行、设计后续优化”的特点，由于全套引进苏联制造技术，推行工艺标准是“消化引进技术”的必要环节。在这个过程中，早期留学欧美，并且在世界著名汽车制造公司具有实践经验的老一代专家并没有轻易放弃设计，而是想方设法基于已经建设的技术、工艺体系进行新产品开发，并且通过对引进产品的不断改良，特别是对“人—机”系统的尽可能优化，使现有产品发挥较好的特性，这种具有工业设计要素的思想在解放牌载重汽车的后续产品设计中一直持续了下来，并在向其他汽车厂转移整车设计成果、帮助其建立设计体系中发挥了良好的作用。

从工艺、技术方面来看，由于一汽将承担起奠定中国汽车工业技术、制造基础的重任，考虑到今后技术扩散的需要，一汽的工艺技术呈现出“大而全”的状态，自身能够做充分的配套和无缝隙的连接，从而支撑产品的生产和设计。从以后的技术扩散情况来看，一汽不愧为中国汽车工业的摇篮，以后各个汽车厂的建设都有一汽的技术痕迹，几乎中国所有载重汽车厂都以一汽为技术后盾，有些厂家甚至购买了一汽的主要部件总成，换一个廉价的发动机后，贴上自己的商标就销售。

解放牌载重汽车从民用载重车为基本型切入，但在设计时就考虑到了军民两用、平战结合的特点，这是所有汽车设计都必须考虑到的问题，正是充分考虑到这个特点，解放牌载重汽车几乎覆盖了中型车中所有的军用车类型，实现了民用、军用设计互相融合、有机转换的目标。同时由于解放牌载重汽车集成技术具有很大的延展性，每一代产品几乎都为中国公共客车制造铺就了道路，其底盘、发动机广泛为公共客车使用。

可以认为解放牌中型载重车的设计一直是中国汽车设计探索的源头，也创造了设计集成技术、工艺的独特而有效的方式，是最早尝试汽车产品正向开发设计和有计划地通过设计储备新车型的品牌，虽然囿于各种因素制约在新车型投产上举步维艰，但进入改革开放后，这种优势迅速体现出来，成为纵向覆盖载重汽车品类最全的品牌，横向则跨越了“重、轻、客、特”各领域。

以生产东风牌中型载重汽车为主的第二汽车制造厂（简称二汽），其发展历程是第一汽车制造厂的复制，是建设在边远山沟内的一个汽车工厂，原先仅设计、生产军用车辆。由于有了一汽的基础，再加上中国汽车配套相关产业已经有所成长，所以第二汽车制造厂的建设采用了一种新模式，称为“包建制”，即以国内某个成熟的制造厂为主体，包干建设二汽的各个车间，带来设备、技术、工艺、技术人员、工人，使之迅速形成制造体系，因此在单项技术上并没有太大的突破。

但军用产品的“绝对功能”要求锤炼了二汽的技术集成和工艺开发能力，产品设计的思想与工业设计的本质并无二致，但是这个时期二汽没有直接设计过一款民用汽车。当二汽的军车订单萎缩、生存面临困难的时候，一汽从自已储备的新一代解放牌汽车设计中无偿划拨了一款给二汽，并派设计师、技术骨干一同支援到了二汽，特别是当一汽的厂长、副厂长一同支援到二汽时，二汽的设计体系才算真正建立起来，其中除了有早年留学欧美的老专家外，在苏联学习汽车工业的年轻一代也加入到设计工作中来了。

从时间顺序上来说，二汽新产品投放市场时，正是一汽老款解放产品被市场淘汰的时期，客观上填补了市场的空白，这个时期对于中国工业设计来言是不容忽视的时期，这时中国工业设计由过去的“隐性”状态向“显性”状态过渡，二汽的东风牌中型载重汽车设计似乎承载着当时转型时代的各种信息，具有承上启下的作用，考察其设计，对理解以后中国应用工业设计的思想进行汽车设计的现象会有更深化的理解。

东风牌中型载重汽车从技术路线来看，早期复制一汽解放牌载重汽车，后期较快地融入国际先进汽车技术潮流之中，解决了关键的技术问题，从而使设计迅速成为中国新一代车型的助产师，进而进一步发展到集成世界先进技术、工艺，整体解决“人—机”系统问题和打造品牌语言的状态。

轻型载重汽车作为一种需求量最大的产品，也是最需要设计的一种产品，其设计并不是简单将中型载重汽车缩小的工作。

南京汽车制造厂（简称南汽）的跃进牌轻型载重汽车的设计虽然有苏联产品做榜样，但由于缺少国际化的洗礼，有着太强烈的苏联特色，而且国家对轻型载重汽车产品尚无大手笔投资之力，所以在技术、工艺方面不如一汽有底气。

然而，南汽通过修理、修配各国著名载重汽车，积累下了丰富的经验，从这个角度来看，南汽具有其他汽车厂所完全没有的对国际先进设计、技术“解析”的经历，进入了专心技术优化、忽视外观造型的状态，这似乎与大众汽车早年的造车理念暗合，以至于跃进产品各系列的外观特征几乎一样，早年制造军车的经历又强化了这一状态。

上海牌58-I型三轮载货车的设计是典型的“资源集聚型”设计，依仗上海地区的技术优势和历经数十年成长的汽车配件制造企业和修配企业的分工合作，来制造整车。一方面理性地进行产品设计构想，另一方面又进行相对缜密的技术论证，并注重实际测试，虽然与四轮载货车相比三轮载货车是“简易产品”，但在设计、技术、工艺方面力争达到平衡、完美。特别值得一提的是，该产品设计十分注重实际需求，听取用户的反映，并努力在产品设计中加以改善，使得这一件作为“权宜”的产品升华为“权威”的产品。

本章列举的载重汽车从种类上讲涵盖了中型载重车和轻型载重车，从设计的条件上来讲涵盖了全要素建构型设计、技术复制型设计、技术积累型设计、技术集聚型设计、资源集聚型设计等若干种形态。

第一节　解放牌载重汽车

一、历史背景

中华人民共和国成立后，百废待兴。1949 年 12 月毛泽东第一次出访苏联时，对随行人员说：我们也要有像斯大林汽车厂这样的大工厂。1950 年 2 月，中苏双方签订了 156 个重点工业援建项目，“帮助中国建设一座现代化的载重汽车制造厂”是其中最早、最重大、最复杂的项目之一。在苏联的大力援助下，中央人民政府重工业部成立了以郭力为主任，孟少农、胡云方为副主任的汽车工业筹备组，在以苏联斯大林汽车厂总设计师斯莫林为组长的苏联专家的协助下，开始了厂址选择、勘探设计等紧张的筹备工作。1951 年初，遵照周恩来总理的指示，根据年产 3 万辆载重汽车的生产要求，确定长春西南郊孟家屯车站西北侧作为厂址的第一选择对象。

同年 3 月 19 日，政务院财政经济委员会（简称财委）审查批准，长春第一汽车制造厂（简称一汽）在长春孟家屯车站西北侧地区开工兴建。

一汽厂区地势平坦，南部略高，向北略微倾斜。长春市处于东北三省中心，东北地区有丰富的矿产资源，相当雄厚的工业基础，京哈铁路紧临一汽厂区，这些都为一汽的建设和发展提供了有利条件。

根据中央指示，汽车工业筹备组同苏方协商议定：中华人民共和国重工业部为总订货人，苏联汽车拖拉机工业部为总设计人，正式签订合同。由苏方负责设计，中方为设计提供资料。1951 年 4 月，政务院财委批准一汽生产吉斯 150 型 4 吨卡车（一汽编号为 CA10 型）年产 3 万辆的设计任务书。1952 年 4 月，政务院财委批准一汽初步设计。1952 年 7 月，中央决定在长春成立“重工业部汽车工业筹备组六五二厂

图 1–1　解放牌 CA10 型载重汽车

（一汽代号）”。同年 12 月 28 日，中央任命饶斌为厂长，郭力、孟少农等为副厂长，顾循为书记。在饶斌的主持下，一汽建设准备工作加快了进度。

1953 年 6 月 9 日，毛泽东主席签发了《中共中央关于力争三年建设长春汽车厂的指示》，并为一汽奠基题词“第一汽车制造厂奠基纪念”。7 月 15 日开工当天，万名建设者汇聚在会场上，由 6 名年轻的共产党员抬着刻有毛泽东题词的汉白玉基石进入会场，伴随轰鸣的推土机马达声，打下了中国汽车工业的第一块基石，由此开始了中国汽车工业史上一场空前的、规模宏大的建设工程。

工程整体规划项目共 106 项。其中，工厂区 55 项，宿舍区 23 项，其他 28 项，投资 6.17 亿元。建筑工程部直属建筑工程公司承担主要土建施工任务。当年木工场、

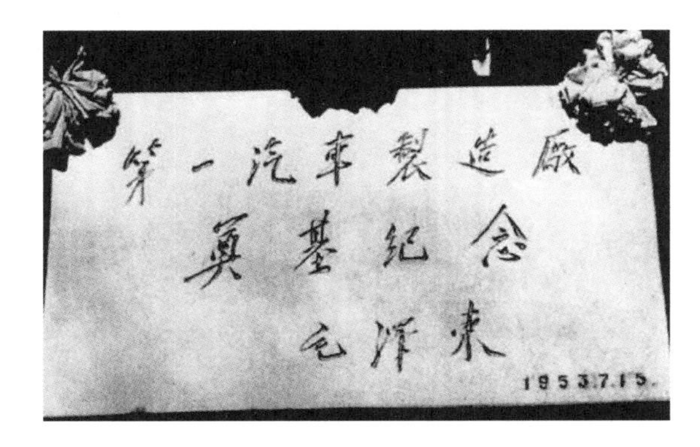

图 1–2　毛泽东为第一汽车制造厂建厂奠基题词

图 1-3　一汽厂房建设全面展开

辅助工场和热电站相继动工兴建，1954 年进入土建的高峰。为实现三年建厂坚持雨季施工、冬季施工、交叉施工，主要厂房一个个矗立起来，至1955 年底土建基本竣工。安装工程以第一机械工业部（简称一机部）所属华东机电安装公司和第一机电安装公司为主，1954 年 8 月陆续投入施工。设备安装、调试几条战线交叉作业，齐头并进。

图 1-4　正在吊装的一汽厂房主梁

图 1-5　一汽车身压制工厂 3 500 吨大压床在安装中

工厂于 1956 年 7 月 15 日建成。从破土动工到建成投产，装出第一辆汽车，结束中国不能生产汽车的历史，仅用了三年时间。三年中建筑面积总共完成 702 480 m^2，其中工厂区 382 274 m^2，宿舍区 320 206 m^2，安装设备 7552 台，铺设各种管道 86 290 m，电缆 47 178 m，制造工艺装备 2 万多套，保质、保量，如期建成具有当时国际水平的汽车厂，创造了史无前例的纪录。

在三年建厂的过程中，广大建设者为了开创中国的汽车工业，不畏困难，发扬了英勇献身的精神。一些汽车行业的专家，为了实现多年来制造国产汽车的夙愿，放弃了舒适的生活，从国外、从祖国南方大城市来到东北参加建设，贡献自己的技术和专长。参加革命多年的老干部，放下自己熟悉的工作转业到工厂，为了摘掉不懂业务的“白帽子”，刻苦学习文化技术，担负起领导工业建设的重任。一大批刚出校门的大学生，以能参加第一个汽车工业基地建设而感到自豪，满腔热忱地投入建设者的行列，贡献自己的青春。一批批南方大城市的老技工，为支援一汽建设毅然告别亲人．来到东北把自己的技艺传授给青年工人。以中国人民解放军建筑工程

图 1–6　一汽建厂时期正在安装的各种设备

第五师为主力的土建安装队伍，过去南征北战立下战功，现在来到汽车厂工地，头顶青天，脚踏荒原，做着最艰苦的工作，过着最简朴的生活，成为工地上一支最活跃、最过硬的突击队。

一汽的建成，是全国人民大力支援的结晶。在人力上，全国 28 个省市、上千个企业和机关、学校都为一汽输送优秀干部、专家和有经验的技术工人，培训了大批青年工人；在物力上，在中央有关部门的统筹安排下，全国一百多个厂矿为一汽承担建筑材料、机械设备、协作产品的生产任务。在最繁忙的日子里，每天都有二三百个火车皮，满载着全国各地支援的物资源源不断运到工地，全国人民都很关心一汽的建设，厂里每天都收到大批从全国各地寄来的慰问信、慰问品。长春市的机关干部、大中学生、解放军驻长部队官兵，一批又一批地到工地参加义务劳动。

图 1–7　1956 年 7 月 13 日第一辆解放牌汽车下线

一汽的建成凝结了全国人民的心血和汗水。

苏联对一汽的建设和投产给予了全面的援助，他们不但承担一汽的全面设计任务，还帮助制造了各种复杂设备，为一汽培训了 500 多名实习生。在土建和安装调试过程中，苏联先后派来近二百名专家指导土建施工和安装调试设备，提供了较完整的“生产组织设计”，包括机构设置、干部定员、职责分工，以及工作方法、工作条例等，使一汽一开始投产，企业管理各方面就进入正常运行的轨道。

图 1–8　1956 年 7 月 14 日，第一批解放牌 CA10 型载重汽车开出第一汽车制造厂报喜，全厂职工夹道欢呼

1956 年 7 月 13 日，第一批解放牌载重汽车在长春第一汽车制造厂试制成功，从此结束了我国不能生产汽车的历史，中国汽车工业发展史从这一天开始记录。14 日，第一批 12 辆 4 吨的解放牌载重汽车在欢声笑语和雷鸣般的掌声中徐徐驶出总装配线。

12 辆报喜车绕厂一周后，浩浩荡荡驶向市区。驾驶第一辆国产汽车的老师傅马国范非常激动，女司机王立忠更是引来人们羡慕的目光。此后，第一批下线的解放牌载重汽车还参加了 1956 年的国庆阅兵式，之后一部分汽车在天安门广场展出，无数群众争相目睹国产汽车的风采。

解放牌汽车投产后的几年里，一汽广泛调查该车型在北方极寒及南方潮湿条件下的使用情况，并着手改进产品设计，如改善了驾驶室的通风和转向沉重等问题。1960 年 6 月，改进后的 CA10B 型汽车投产，造型设计与前款 CA10 型基本一致。

解放牌汽车的问世，改变了中国城乡交通和公路运输的落后面貌。当时奔驰在马路上的汽车，每两辆就有一辆是解放牌。解放牌汽车结构坚固，维修方便，使用寿命长，跑遍了中国 960 万平方公里的国土，甚至登上了号称“世界屋脊”的青藏高原。

根据国防建设的需要，1958 年一汽还试制出了 CA30 型解放牌三轴驱动军用越野车。1963 年，按年产 3 000 辆纲领，国家投资 1981 万元，扩建成越野车生产阵地，到 1966 年末 CA30 型军用越野车年产达到 4 104 辆，支援了国防建设。

图 1-9　青藏高原运输线上的 CA10

图 1-10　一汽工人正在指导驾驶员进行简单的汽车保养

在生产能力上，1965年一汽共生产汽车34 155辆，突破年产3万辆的设计能力。1965年提出了产量翻番实现年产六万辆汽车的发展目标。国家拨款7 000万元用于扩建改建工程。1965年10月到1966年10月，按各阶段规划目标先后组织了三次“6万辆攻关战役”，终于在1971年汽车产量达到60 010辆，实现了生产能力翻番的目标。

在材料使用上，1956年解放牌汽车开始生产时，大部分钢材依靠国外进口，按重量计算当时进口的钢材占81%。一汽正式投产后，配合全国各大钢厂开展汽车用钢材的国内试制工作，在冶金部门的支持下，研制成功了我国自己的汽车用钢系列，使钢材自给率按重量计从19%提高到99. 3%。

一汽在发展自身的同时，根据国家要求，承担了二汽的包建任务，并将已开发的4E140产品转让给二汽。包建的项目有灰口铸造、可锻铸造、锻工、发动机、车身、标准件（一部分）、车厢、车架、车桥、车轮、底盘零件、总装配、通用铸锻、设备制造、设备修理、冲模、刃量具、夹具等专业厂和热处理（包括高频）及电镀系统，还承担了2.5吨越野车工装设计和14 061种（套）工装及318台组合机床、非标设备制造任务。在人力方面，一汽按1966年在册干部总数，抽出三分之一的技术、管理骨干支援了二汽，并为其培训了大批特殊工种工人。

这期间一汽还承担了繁重的援外任务，帮助朝鲜民主主义人民共和国建成了气门芯厂、气门嘴厂，提供设备80台，工艺装备468种5 847套件；帮助罗马尼亚建成模具厂，提供各种设备167台（套）及各种装备；援助阿尔巴尼亚恩维尔机械厂扩建工程。

从1957年起，一汽先后研制了70余种车型和30余种机型。但由于企业没有自主权以及其他历史原因，没有一项能够投入生产准备。随着企业自主权的扩大和上级领导的支持，一汽产品换型工作出现了转机。1981年12月，国务院以国函字198号文件批准一汽换型改造方案。1982年8月，国家经委批准了一汽的技术改造初步设计并将其列为国家“六五”计划的重点。换型改造工作分两个阶段进行，从1980年底到1983年7月，用不到三年时间完成了解放牌第二代新型载重车CA141的设计、试制、试验，正式通过了国家技术鉴定。从1983年7月开始生产准备，又用了三年多的时间完成了新车的生产准备和工厂改造。1986 年 9 月 29 日结束老解放牌汽车的生产，1987 年 1 月 1 日胜利实现了转产，同年 6 月产量水平达到设计能力。1987 年 7 月 11 日至 15 日，通过国家验收委员会正式验收。1988 年，一汽的 CA141 新型载重车的研制和换型改造荣获国家科技进步一等奖。

一汽，建厂时是建厂一条战线，这次改造是生产、换型两条战线。为了加快进度、节省资金，实现单轨换型垂直转产，换型采用了提前介入、合理交叉，以及计算机编制程序、网络计划、跟踪调度等科学管理方法，不仅保证了新产品转产的一次成功，而且在整个换型改造期间产量年年上升，汽车产量由 1983 年的 6.7 万辆，上升到 1985 年的 8.5 万辆。

通过换型，工厂的老化问题得到了初步解决。在换型改造期间，生产采用的新工艺、新技术共 74 项，新材料 62 项，新增和更新设备 7 630 台，其中引进国外关键设备 359 台。在这个基础上，共新建生产线 79 条，改造老生产线 124 条，工厂的工艺水平得到很大的提高，有的已达到国外 80 年代初的水平，同时要更新的产品性能测试手段也迅速得到应用。CA141 新车主要性能指标已基本达到国际同类车 20 世纪

图 1–11　正在进行强震实验的 CA141

70 年代末 80 年代初的水平。

换型后产品进入了系列开发的新阶段。这次换型改造得到的不只是一款高水平的 CA141 新车，而且是一个中吨位汽车的系列产品，并为轿车、轻型车开发做了一些技术储备。

CA141 新车有 4 064 种零合件，其中协作配套件 401 种，由国内 95 家企业供货。新车性能水平的提高对协作产品的品种和质量提出了更高的要求，从而带动了协作厂进行同步换型和改造。

一汽从 1980 年就同一些兄弟厂自行联合，相继成立了“汽车生产协作互助会”“解放汽车系列产品联合会” “解放汽车联谊会”等。1982 年 12 月，经国家经委批准成立了“解放汽车工业联营公司”，1986 年公司名称改为“解放汽车工业企业联营公司”，并经国家批准实行计划单列。一汽集团是以一汽为主体，跨地区、跨部门、多层次、多形式的，从事产品开发、生产制造配套、配件供应、销售、用户服务的汽车工业企业联合经营体。

企业集团的成立，深化了横向经济联合，推动了产业结构的合理化，促进了汽车生产的发展。长春、吉林两市四个地方企业，以投资分利形式参加一汽集团，开拓了横向联合的新格局，被称为“吉林模式”。大连柴油机厂参加一汽集团后，利用一汽开发的 6110 柴油机进行技术改造，使 CA141 新车增加了柴油汽车的新品种。一汽集团的成立标志着企业结构改革的深化，开始了从单一工厂体制向集团企业转变。

1987 年以后，一汽进入了新的发展时期。换型改造工程结束后，一汽抓住中国汽车工业结构调整时机，以“务实快上”的决策思想，将工厂发展重点移向轻型车和轿车。一汽人依靠国家政策和发扬自力更生精神，动员全体职工继续奋发拼搏，千方百计解决资金短缺等诸多困难，开创了发展轻型车和轿车的新局面，跨入了被称为“第三次创业”的征途。

轻型车方面，一汽在换型期间即筹划了轻型车基地建设，使年产 6 万辆轻型车规划纳入了国家“七五”计划。

为了搞出高水平的轻型车，一汽采取了自主开发与引进必要技术相结合的方针，先后从美、英、日等国引进了2.2 L系列汽油发动机技术及部分关键二手设备；引进了膜片离合器、驾驶室、带同步器机械变速箱等先进总成；自己开发了底盘等，使轻型车整车结构具有较高水平。

一汽已迈出了“第三次创业”的第一步，更加宏伟而艰巨的创业使命还等待他们去完成。一汽人决心继续发扬自力更生、艰苦创业的光荣传统，用十几年时间把一汽建设成为一个初具国际竞争实力的民族汽车工业集团，要在“七五”末期或“八五”前期达到年产19万辆汽车的生产能力，在2000年或稍长一点的时间达到年产60万辆汽车的生产能力。在这个过程中实现三个具有战略意义的重大转变：在产品结构上完成从中型车向轻型车和轿车，特别是轿车的转变；在企业结构上完成从单一工厂体制向集团体制的转变；在市场目标上完成从国内市场向国内外两个市场的转变。通过这三个重大转变，一汽将成为以生产轿车为主导、卡轿兼容、系列齐全，产品水平、市场竞争能力、经济效益、科研技术、管理水平在国内领先，在国际市场上具有出口创汇能力的现代化汽车工业联合企业。

二、经典设计

1. CA10型载重汽车的设计实践

解放牌CA10型载重汽车是以苏联莫斯科斯大林汽车厂出产的吉斯150型载重汽车为蓝本制造的，1943年苏联接受美国技术转让，斯大林汽车厂以美军万国KR-11为原型推出了替代吉斯-5型军用卡车的新车型，即吉斯150型载重汽车。

吉斯150型载重汽车是苏联生产多年的产品，该车型结构比较简单，坚固耐用，使用维修方便，对燃料、原材料、外协配套要求相对较低，比较适合当时中国道路状况不佳、使用条件较差、维修技术水平不高等客观条件，且在中国已有较好的使用经验。

从造型风格来看，解放牌CA10型车头的整体造型明显带有“美国流线型”风格特征，这样的设计能保持较低的风阻系数。这种风格在美国曾一度被广泛地应用

图 1-12　苏联吉斯 150 型载重汽车

到轿车、载重汽车、机车等产品上，成为当时象征“速度与未来”的大众风格。从苏联出版的《汽车设计教程》中，可以看出这种风格对其汽车设计的影响，特别是吉斯系列汽车。

从正面的造型来看，解放牌 CA10 型车头从左至右是“两个轮罩 + 发动机舱”

图 1-13　苏联出版的《汽车设计教程》上记载的吉斯载重汽车

图 1-14　解放牌 CA10 型载重汽车正面造型

的结构，形成一个对称的形态，发动机舱前宽大的进气栅顺着弧形外壳，形成汽车的“前脸”，展现出朴实、可靠、憨厚、任劳任怨的“表情”。左右两个挡泥板遮挡着前轮带起的泥浆，能有效地保持车身的清洁。

从侧面看，如果以一条线联结前后两个轮子的中心点，再以驾驶室最高点向两个轮子的中心点作连线，形成的几乎是一个 30°、60° 的直角三角形，所以整车具有很好的视觉稳定性，车身伸展有致，没有局促的感觉。造型设计上没有任何装饰及多余的部件，完全服从功能的需要。

图 1-15　解放牌 CA10 型载重汽车侧面造型

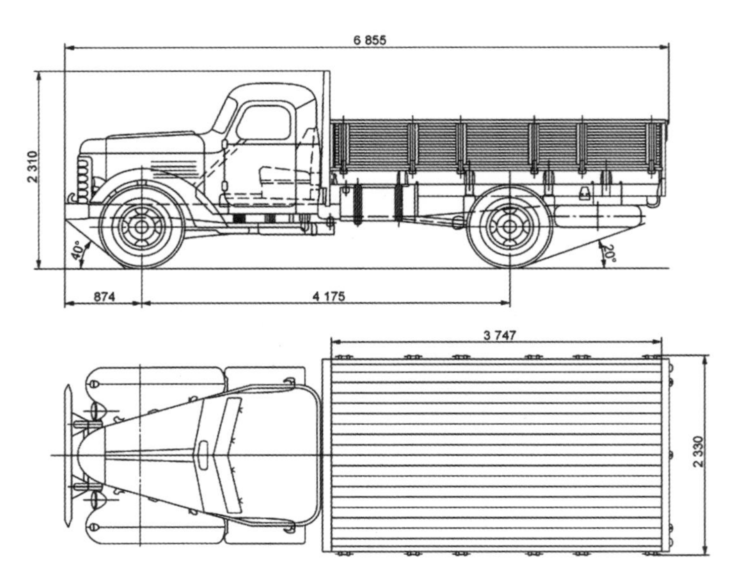

图 1–16 解放牌 CA10 型载重汽车尺寸参考

解放牌 CA10 型载重汽车的前大灯、转向灯、刹车灯、后视镜等部件均采用正圆造型，实现了一种设计逻辑统领全部部件设计的目的，造型十分简洁，加强了产品的力度。所有灯具都采用 1 cm 厚的玻璃为前罩，后罩为金属材质，被牢牢地固定在骨架上，后视镜则以斜杠连接，固定在车门上。

载货车厢是一个具有实用功能的部分，以直线为走向，追求装载最大化，实用性非常强。载货车厢采用栏板式，即装有可开启的挡货栏板，较短的为单开式，位于车尾。载货车厢的防护架也是栏板式车厢的组成部分，它与车厢板固定在一起，防止货物在运输中前移而危及驾驶室。车厢设计时使用了大量木材，为此每年要消耗 2 万余立方米的木材。

图 1–17 解放牌 CA10 型载重汽车的前大灯（左）、转向灯（中）、刹车灯（右）

图 1-18　CA10 型载重汽车发动机罩托举示意模型

图 1-19　CA10 载重汽车仪表盘设计

CA10 型载重汽车的发动机舱为两侧向上托举打开，在设计时已经考虑了平时和战时的两用需求，其发动机的关键零部件均设计在发动机的两侧，特别便于在战场上利用车身隐蔽维修。

CA10 型载重汽车的驾驶舱仪表盘均采用圆盘造型，其风格完全是德国工业同盟时代的仪表风格，所有操纵杆与驾驶员手接触处都采用圆球造型，驾驶盘材料为铁架外覆酚醛塑料，直径为 50 cm，与水平面约成 45° 角，整个驾驶舱造型简约、统一。

由于苏联地处纬度较高的地方，没有十分炎热的天气，因而所有的车都不会考虑在驾驶舱使用空调，为此 CA10 型载重汽车是通过开启前挡风玻璃来解决车内高温的问题的。为此中国特别在海南亚热带地区建立了试车场，全面测试汽车的性能。

解放牌 CA10 型载重汽车发动机上宽大的进气栅依附着弧形外壳向中心集中的地方是解放牌的品牌标志。标志中间是毛泽东亲笔手书的“解放”二字，这两个字是先前毛泽东为《解放日报》题字的“解放”二字的手写体，在色彩搭配上选用了中国经典的金色与红色，大红的底色将金色的“解放”二字衬托得熠熠生辉。“解放”二字的上方为一大四小的五角星，象征中国，两侧是象征速度的“风云”造型。

1986 年 9 月 29 日，第 1 281 502 辆老解放牌载重汽车开下了一汽的总装配线，这个数字几乎是当时全国汽车产量的一半，生产了整整 30 年的“老解放 CA 系列”终于停产。

图 1-20 CA10 型载重汽车驾驶舱，驾驶座前挡风玻璃可手动开启，通过进风调节驾驶舱温度

图 1-21 CA10 型载重汽车标志设计

2. CA140 型载货汽车的设计探索

1962 年，一汽开始进行 CA10B 型汽车的换代产品 CA140 型 5 吨载货汽车的开发工作。它采用新的顶置气门发动机、单片离合器、带同步器的变速箱、单级减速后桥、冲压焊接桥壳、车身、车架、车厢和悬挂系统。1964 年试制出 3 辆样车；1965 年又试制出 23 辆第二轮样车。鉴于第一轮设计中采用的新总成太多，为了尽快使整车定

图 1-22 设计人员正在完成 CA140 型载货汽车的造型设计

型投产，第二轮样车决定装用原来CA10B型载重汽车的变速箱、双级减速后桥和铸造桥壳，只采用新的车架、车身、车厢、悬挂系统和顶置气门发动机，即所谓“三车一挂一发”方案。驾驶室前风窗由第一轮的整块全景曲面玻璃改为两块平面玻璃。这批样车在新疆、云南、湖北、黑龙江和吉林等地区进行了使用试验，得到用户好评。1966年2月设计了第三轮CA140型汽车，后试制出6辆样车并在中南和西北地区进行了使用试验，1967年5月定型。但后来此项工作因故停顿下来。在1968—1969年包建二汽产品时，一汽把有关CA140的全部产品技术储备，都用到二汽产品上了。

1970年，一汽开发了平头5吨货车S2140，1971年5月试制出3辆样车。由于当时强调军民结合，而军方不要平头车，所以又开发了长头5吨车140型。

1972年末，考虑到二汽已决定生产CA140型5吨车，一汽不再想发展5吨车，因此转而在CA140的基础上开发6吨载货汽车，型号定为X140。在第二轮时就将载货量定为6吨，型号改为S150。后来考虑到在二汽建设期间国家不会给一汽大量投资来换型，在1979—1980年期间又转向在CA10B型汽车的基础上采用S150型汽车的车身的S10C型4.5吨载货汽车的开发。后者共试制出47辆样车，并进行了整车性能、可靠性和使用试验。但像其他一些产品一样，因各种原因，终未能定型投产。

图1–23　解放牌CA141型载重汽车

3. CA141 型载重汽车的设计起点与成果

早在 1980 年 7 月，一汽确定了关于解放牌载重汽车换代产品 CA141 型 5 吨车的研制任务。在《CA141 型 5 吨载重汽车设计任务书》中，提出了下列总设计原则：新型车要在老产品的基础上进一步挖潜改进；总成和零部件在满足性能要求的前提下，尽量不改或少改；要充分考虑换型过渡的可能性和现生产工艺的继承性；要充分利用现有设备和工装；要使新车型的各项性能赶上或超过第二汽车厂已经投产的 EQ140 型 5 吨载重汽车。根据上述原则，在调查研究的基础上，一汽于 1980 年 10 月开始 CA141 型汽车的方案设计工作。但当方案设计完成以后，发现原任务书中关于“轮距、轴距及车架的长度与 CA10B 相同”的规定，对提高汽车的一些主要性能不利。经审议，并经厂领导多次研究，于 1981 年 3 月下达了修改补充 CA141 汽车和发动机设计任务书的通知，据此进行第一轮试制图的设计。1981 年 5 月，除供油系统外，完成了全部设计，同年 10 月试制出第一辆样车，到年底共试制出 6 辆样车，并开始了全面试验工作。

1981 年 12 月进行了第一次工厂鉴定会。会议认为 CA141 试制图纸可以作为一汽“六五”换型改造工程扩初设计用图，初步试验没有问题的部分零件可以提前发图进行生产准备工作。据此，一方面发出一批生产准备用图，一方面继续进行各项试验。针对试验中暴露的问题，1982 年第一季度完成了第二轮设计。在此轮设计中，主要是缩短了车头前面两个悬置点之间的距离，改善了车厢和车架的刚度匹配以及发动机的悬置等。同年 4 月中旬开始第二轮试制，6 月末召开第二次工厂鉴定会。会议肯定了 CA141 新车主要性能已符合或超过设计任务书的要求，认为该车型的经济性和动力性比现产品有较大提高，但也提出了一些改进意见。

1983 年上半年，对第二轮 CA141 样车进行了全面性能试验、台架扭转试验、MTS 道路模拟试验及 5 万公里可靠性试验等。对发动机也进行了整机性能和 1 000 小时可靠性试验等。在这期间总共进行了 217 项试验，基本上完成了国家级鉴定试验准备工作。1983 年 9 月 23 日，在一汽召开了国家鉴定会，共有 67 个单位参加。CA141 型 5 吨载重汽车顺利地通过了鉴定。

（1）设计目标：造就成熟的汽车产品

CA141 的设计具有鲜明的工业设计特点，即在技术相对成熟的条件下，以整体产品优化为目标，推出在造型、色彩、材料等方面具有新颖性的设计，并以此协同各类总成、零部件设计的优化，结合创新或引进的国际成熟的加工工艺技术，来达成通过工业设计优化产品的目标。在这样一个过程中，首先不同于 CA10 时代以技术引进和实现制造突破为目标，CA141 的设计能够更加从容地考虑提升产品感性价值了。这一点从《CA141 型 5 吨载重汽车设计任务书》中表述的希望 CA141 成为“成熟产品”一词中可以强烈地感受到，在以后的各种设计和试制、评价过程中无不体现出这种追求。在这个过程中，反复被提及的关键词有“新车型美观的外观”“驾驶方便舒适性”“操作平顺性”等，都与工业设计密切相关。

其次，所谓成熟产品体现在对其形成系列产品具有重大的决定作用，也就是在此基础上稍作变化即能延伸出一系列各种不同特殊用途的产品。再则，产品向国际同类产品看齐，不管是设计理念还是技术手段，甚至产品评价标准尽可能地接近国际行业通用的水准。

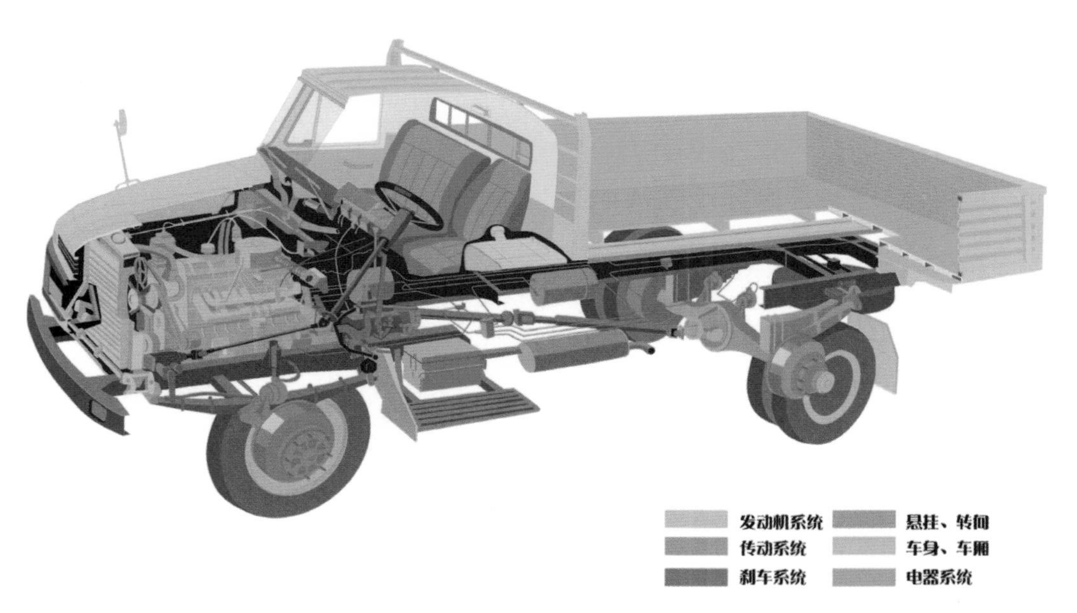

图 1–24　CA141 功能剖面图

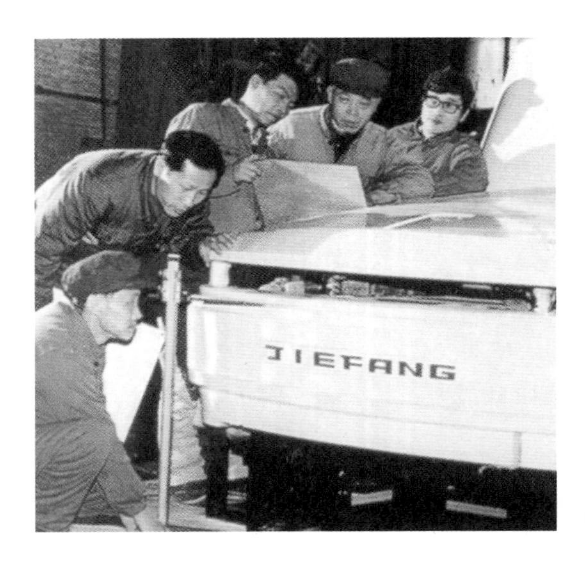

图 1-25　设计人员在对 CA141 做造型鉴定

（2）工业设计的能级进一步扩展

如果说 CA10 这一代产品中倾注的工业设计力量靠的是老一辈工程技术人员自发投入的话，到 CA141 这一代产品设计时，工业设计的工作已进入正向开发流程。

在产品整体设计上采用平直表面作为车身设计的主要语言，产品外观给人以“刚毅”的感觉。作为设计的重点，驾驶室造型设计强调为驾驶员提供良好宽阔的视线，因而采用了一体化的大幅玻璃，在左右两柱处增加了弧度，保证了车辆转向时有良好的视角。发动机罩顶部与侧面平直表面以较小半径的弧面相连接，在日常光线照耀下，显出了锐利的“筋线”，与侧面车身的加强筋形成呼应，这种横向的筋线达到了传递产品速度感的目的。

从正面来看，由于考虑到 CA10 原有零部件仍然要求被使用，“前脸”的设计也颇费了一番心思。左右前大灯置于一个塑料外罩统一的造型中，增加了整体感，中间进风口设计了一横条，上写品牌名称。上部进风口设计成线状，左右两侧置转向灯，由左至右形成视觉节奏。经过设计的“前脸”比较正确地传达了产品的特点、性格。

在似乎是“美学”主导的设计工作背后，设计师仍然在为其整体功能的优化而努力着。CA10 时代就确定了解放牌载重汽车“军民结合”的设计原则，到 CA140

时代，这种原则并没有因为考虑了市场因素而被削弱。CA10 确认的发动机舱“侧翼式”打开方式经过实践检验是极其合理的，但到 CA141 时代，整体造型发生了变化，如何保持这种产品优势成了设计攻关的一个课题。经过反复思考，决定采用“翻转型”方式打开发动机舱，在保持整体造型的基础上，保持了产品的特色功能。为此，其车头的扭力管总成采用了磁控旋弧焊工艺，并研制出专用旋弧焊机。该工艺的实际应用在我国汽车制造中为首创，也是在工业设计思想指导下进行新技术开发的有益尝试。

（3）工业设计奠定产品形象

所谓产品形象是指产品技术水平、外观、造型、品牌传播等要素构成的产品总体特征，这种总体特征往往决定了使用者对产品的总体评价。

客观而言，CA141 产品不属于个人消费品，更多意义上是生产工具，因此与日常生活用品对造型、色彩、材料、肌理很高的设计要求不同，但要能够充分表达产品的技术水平和品牌特征，以崭新的理念重新设计产品是十分必要的。另外，不可忽视的是，在 CA141 时代，国际工业设计的理念历经 20 世纪 70 年代中期以后的反思，以及以计算机技术发展为代表的新技术革命的洗礼，已经深入到各种产品设计的深层结构中，工业设计在缔造一个具体“物”的时候也应该承担其品牌塑造的任务。因此，CA141 的设计除了解放牌产品更新换代的直接目标之外，更深远的是对于解放牌系列产品形成设计、编制品牌基因，使其能够获得市场的认可和好评，推动产品的持续销售。从表面来看，直接作用于使用者的是一款完全不同于 CA10 系列的新造型产品，同时以三种鲜明的色彩在民用品市场拓展。产品以橘色、蓝色、白色一改过去军绿、青灰色的传统，首先给人以十分醒目的效果，取得了良好的第一印象，在这样的情况下，使用者有机会进一步了解产品的技术特点，进而产生购买的冲动。

通过国家级鉴定后，立即提出“三上一提高”（即上水平、上品种、上质量，提高经济效益）的奋斗目标，根据鉴定会的要求，陆续将 CA141 型汽车发往云南、新疆、兰州、乌兰浩特、襄樊、海南等地的运输公司进行使用试验。对试验中所暴露出来的问题，在 1984—1985 年间组织了攻关工作。

图 1–26　第一批 CA141 下线

此外，为确认 CA141 型汽车的水平，1985 年 2 月，与日本日野自动车工业株式会社签订了 CA141 型汽车试验评价合同。按这一合同要求，于 1985 年 6 月将两辆 CA141 型汽车发往日本进行试验评价。同年 9 月 28 日，派 14 人分两批赴日参加试验工作。在日本，从 1985 年 9 月 28 日到 1986 年 2 月 28 日，历时 153 天，共计进行 6 大项评价试验。试验结果表明，CA141 型汽车在外观、平顺性、手制动性等方面均较好，受到日方好评。

解放牌汽车第二代产品 CA141 型 5 吨载重汽车的开发成功，为一汽换型转产提供了成熟的产品。该车于 1986 年生产准备和调试完毕，于 1987 年 1 月正式投产，从而结束了“老解放”三十年一贯制的历史，使解放系列汽车进入一个蓬勃发展的新时期。CA141 型汽车的特点是可靠性高，动力性好，安全设施完备。驾驶员工作条件好，操纵轻便，维修方便，外形美观大方。因此，它一问世就受到国内外用户的欢迎。

三、工艺技术

一汽投产以后，在消化吸收引进苏联汽车制造技术的基础上，边生产边进行技

图 1-27　苏联专家指导一汽技术人员安装锻压设备

术改造，逐步研制和采用许多新技术、新工艺、新材料，对设备和工艺装备也进行了改造、改进，使一汽的工艺水平和制造技术水平不断提高。

在动力技术方面，为提高产品产量、质量，降低动能和材料消耗，增加效益，改善劳动条件，发动机厂不断挖掘潜力，从 1959 年开始，对 CA10 型发动机进行改造，主要将四叶直风扇改为六叶弯角风扇，化油器取消了限速器，排气歧管出口从后端（第六缸处）改到中间，飞轮由原来的 29 kg 减轻到 21 kg，最大功率由原 66 kW 提高到 70 kW，最大功率转数由原来 2400 转 / 分，提高到 2800 转 / 分。1982 年又将 CA10B 型发动机改为 CA10C 型发动机，主要将最大功率提高到 81 kW。1983 年

图 1-28　1959 年，一汽首批产品正在海南进行热带路试，以测试整车部件性能

1 月在 CA10C 型的基础上对汽缸盖的燃烧室、进气门和排气门系统进行了改造，试制出 CA15 型发动机，其最大功率提高到 85 kW，最低油耗不高于 326 g/（kW· h）。

从 1983 年开始，发动机厂和汽车研究所等有关单位合作，试制出具有 80 年代水平的 6102 新型发动机，它具有动力性好，油耗低等特点，最大功率为 100 kW，比 CA15 型提高 17.39%，扭矩为 372 N· m，比 CA15 型提高 5.55%，油耗为 306 g/(kW· h)，比 CA15 型降低 6.25%。

与产品外观密切相关的涂装材料方面，建厂初期，配合天津油漆厂等以借鉴苏联醇酸漆和沥青漆为主，实现了涂料国产化。随后根据国内涂料行业的发展和一汽的要求，首先采用了低氨基醇酸底漆。1979 年前后各主要零件均采用阳极电泳漆代替喷用醇酸底漆，为解决出口车的质量问题，与漆厂共同研制了无油合成氨基出口卡车漆，在汽车用漆方面实现了一次更新换代。随着解放牌汽车产品更新换代和国外涂装技术的引进，供漆单位沈阳油漆厂也引进了阴极电泳漆、新型的氨基面漆，使一汽汽车用漆一跃进入了世界先进行列。为使 CA141 型汽车各部件涂层达标，一汽工艺研究所还研制和选用了各种油漆材料，如漆前表面处理用的 300# 清洗剂、3# 低温磷化液、PVC 防声胶、苯乙烯改性醇酸漆、氯化橡胶底盘漆、防锈蜡、面漆保护蜡等，使一汽汽车用漆形成了系列化。

涂装工艺和涂装技术方面，采用漆前磷化工艺，对涂层的防腐蚀性能提高有很大作用。从 1959 年以后，工艺处对磷化工艺和材料进行研究，先后研制出 1#、2#、3# 磷化液和与之配套的清洗剂，使一汽生产的 CA141 型汽车的薄板件基本上达到了 100% 进行漆前磷化，从而增加了涂层漆的附着力和耐蚀性。

电泳涂漆工艺给解放牌汽车的防腐蚀性能带来了二次大的飞跃。由沈阳油漆厂和一汽合作研制的高泳透力电泳漆的应用，使解放牌汽车驾驶室在苛刻的使用条件下穿孔腐蚀的年限从一年提高到三年。而阴极电泳漆的应用又使使用年限从三年提高到六年。加上新型汽车面漆及带空调的喷漆室的应用，CA141 型汽车的油漆涂层质量达到了国外同类车的水平。

广泛应用自动喷漆技术，引进的 TRALLFA4000 型 6 个自由度喷漆机器人，自动静电喷涂机已在使用。超高速的静电喷枪及自动喷涂机也已进入一汽的研制计划。

一汽工艺研究所与有关单位合作研制的电阻带式远红外烘干技术，在厂内及国内均获得广泛的应用。与自行开发的静电粉末震荡涂装技术均荣获部及省的科技成果奖。

在CA141型汽车的车头锁上采用了自行研制的电解处理微孔铬新工艺，应用于装饰电镀自动线上，使零件镀层比原技术指标降低了一半，耐蚀性提高2~3倍。

同样技术应用于防护性电镀方面，由建厂时具剧毒的2.5万升高氢无光镀锌改进并发展到6万升无毒碱性光亮镀锌；镀锌后钝化处理由高铬酐钝化改进为省略污水处理的低铬酐钝化。

在功能性电镀方面，活塞环多孔镀铬由珩磨前松孔改为珩磨后松孔，使松孔层深度得以保证，提高了储油和耐磨性能。

为了满足产量、质量和工艺要求，在电镀设备和装备方面也有了相应的改进和提高，建厂时只有苏联设计的U形滚镀自动机（两台）和挂镀自动机（一台），后又开发了简易直线自动机五台；开发了桶式溶液过滤机并在行业中推广应用，发展为国家的定型产品。

驾驶室及其内饰件方面，一汽原来多采用传统的接触焊（点焊）焊接车身。1972年车身厂采用了自动仿形焊机，1975年在驾驶室装配台试制成多点焊机，代替手工焊枪焊接。1986年仿形焊接工艺应用于驾驶室前围焊接，并引进了西德点焊机器人焊接驾驶室顶盖。1988年开始试用国产点焊和弧焊机器人。1988年一汽采用高强度含磷钢板代替原普通钢板，使车身覆盖件钢板平均厚度减薄0.2 mm，每台驾驶室减轻自重25 kg以上。

作为一汽主要内饰件产品的座椅，其结构经过几次改进，质量明显提高。建厂初期生产的CA10型汽车座椅靠背是木框结构，1964年末改进成钢丝框结构，每套成本降低了20元，并延长了使用寿命。1983年，座椅靠背结构使用了钢丝底框，泡沫取代了棉垫，提高了舒适性。1986年7月，座椅结构由整个铁底板代替钢丝板，采用全泡沫结构，座椅高低、前后可以调整，进一步增加了驾驶室的舒适性和安全性，提高了驾驶室的美观程度，座椅自重明显降低。

图 1-29　一汽解放牌载重汽车班产百辆驾驶室装配线，是当时完成规划目标的主要措施

具体来看，以下工艺的改进是保证解放牌系列产品的重要条件，也是其工业设计展开和产品不断更新的基础。

1. 铸造工艺

以解放牌 CA10 型载重汽车的气缸、后桥铸铁件等关键部件的铸造完成为标志，其产品实现了铸铁件的全部自造。从 1965 年起，铸造厂针对造型工艺的发展情况，组织技术力量进行新造型方法的工艺试验，与济南铸锻研究所联合设计并于 1969 年建成国内第一条射压造型自动线，其后又自行设计并制造了国内中型造型自动线（即 01 线），于 1970 年投产。1974 年又设计制造了国内第一条水平分型脱箱射压造型自动线。1985 年为适应换型 CA141 的需要，一条自行设计和制造的大型高压造型自动线顺利投产。加上其他老线的改造，自动线造型已占全部造型生产线的 50%，为产品总装产量的提高提供了保证。

2. 热处理工艺

无罐气体渗碳炉的研制与应用：原来汽车齿轮的渗碳工艺是在有罐渗碳炉内进行的。其目的是为了韧性和塑性等要求较高的重载零件表面层硬化，提高其耐磨性和疲劳强度。这种设备的炉罐需要经常维修，每年要耗费大量的镍、铬。1963 年，开始着手无罐气体渗碳炉的研制工作。到 1965 年，先后研制成功 15 kW 低热值煤气加热辐射管、吸热性保护气体发生炉、可控气体发生器露点仪、镍触媒等项目，为无罐炉的设计制造做好了准备工作。1966 年 10 月，国内第一台煤气加热无罐气体渗碳炉制造成功，设备达到 20 世纪 60 年代初国际水平，填补了国内空白。煤气加热无罐气体渗碳炉只能在有煤气供应的条件下进行生产，有一定的局限性，因此，在制造第一台煤气加热无罐气体渗碳炉的同时，又着手进行电加热无罐气体渗碳炉的研制工作。1969 年 11 月，国内第一台电加热无罐气体渗碳炉建成投产。1972 年以后，又陆续制造了 5 台。电加热无罐气体渗碳炉的建成投产，使热处理生产能力有很大提高，此项技术已在全国大型企业中广泛推广和应用。

碳氮共渗工艺的研究：1970 年至 1976 年，热处理厂与汽车研究所、一机部第九设计院、清华大学、吉林大学、吉林工业大学和北京钢铁学院等单位合作，对碳氮共渗工艺进行了研究、试验。试生产和变速箱齿轮生产应用中的结果证明，碳氮共渗工艺可以提高生产效率 15%~30%，并具有工艺稳定、加工件表面光洁、零件变形小和节约动能的优点，而且渗层表面残余压应力可达 50~60 kg / cm^2，冲击韧性和耐磨损强度均高于渗碳层，零件抗接触疲劳强度及抗弯曲强度也优于渗碳件。因此，部分渗碳工件可以采用碳氮共渗工艺。1983 年工艺结论通过部级鉴定，并在连续式

图 1-30　一汽总装配线调试生产

无罐气体渗碳炉上应用。

压淬工艺的恢复和发展：汽车后桥从动圆柱齿轮从 1956 年生产调整开始就一直按照苏联设计的技术标准生产。在贯通式有罐气体渗碳炉中渗碳后，采用 C-502 气动淬火压床压淬，但零件始终达不到规定的技术标准。1964 年，热处理厂与工艺处等单位进行了工艺试验，当时确认零件采用自由淬火效果优于 C-502 淬火压床压淬，此后一直采用自由淬火工艺。1978 年全国行业检查发现，CA10B 型汽车后桥齿轮台架寿命最低仅达 14 万次，引起技术部门重视。1981 年对自由淬火工艺进一步考核，发现有部分零件不合格。1982 年，热处理厂、底盘厂、工艺处等单位联合组织力量对后桥从动圆柱齿轮进行质量攻关，改进了压淬装置，实现了对齿轮的齿顶圆、端面内孔全面控制，主动圆柱齿轮采取预先修整齿形的办法控制其齿形变化，还采用了圆弧滚刀等措施。1983 年又进行了重复试验。1984 年恢复压淬工艺。1985 年 9 月，热处理厂建成一条由两台气体渗碳炉、三台淬火压床、一套油冷却循环装置及控制温度系统组成的压淬生产线，实现了后桥从动圆柱齿轮大批量压淬生产技术。压淬后齿圈变形量小，变动波动范围窄，齿圈椭圆度及锥度变化量大幅度降低，提高了齿轮的接触精度与传动精度，齿轮的台架寿命比自由淬火提高 2.4 倍，1985 年在全国行业检查中取得第一名。

3. 机械加工工艺设备

建厂初期机械加工设备大多为标准设备，加工用刀具是苏联 20 世纪 40 年代至 50 年代的 W18Cr4V 普通高速钢及 BK、TK 系列的硬质合金。刀具结构大多为焊接结构。换型改造以后，工艺、设备、刀具都有了较大的发展和突破。采用许多专用机床、组合机床、高效自动半自动机床，关键零件或工序大多用具有 20 世纪 80 年代水平进口设备或用引进技术制造的组合机床和专用机床加工；采用相当于国际 ISO 标准 KPM 系列 20 世纪 70 年代至 80 年代的许多新牌号刀具材料及新结构刀具，满足了产品质量和生产能力达 9 万 ~10 万辆汽车的加工要求。

1985 年，一汽与大连机床厂及二汽合作，共同引进西德许勒公司的设计制造技术，联合设计制造了前轴加工自动线，还为变速箱厂和天津内燃机厂设计制造了 100 台

图 1-31　一汽机床厂工人正在讨论研发自动组合机床

组合机床，为国家节约大量外汇，并将组合机床设计与制造技术提高到一个新的水平。

利用微电子技术改造万能机床方面：到 1986 年底已有 85 台。底盘厂的 T86 镗床原坐标精度已从 30 μm 磨损到 50 μm，装上数显装置后，坐标精度和生产效率可提高一倍，投资费用 6 个月即可收回。发动机厂的缸体加工自动线，改为用 PCT40 或 S5-115 控制后，降低了机床故障率。机动系统正有计划有步骤地将单板机控制步进电机的经济型数控系统、微处理机、可编程序控制器（PC）、数显技术、小型计算机等微电子技术用于改造大型万能设备和自动生产线。

建立数控加工中心（MC）方面：1974 年引进数控加工中心首先用于红旗轿车的生产，并逐步掌握了这一先进设备。80 年代又引进立式和卧式各一台，用于新产品的试制，特别适用于多品种小批量加工箱体零件，可以一次安装工件完成铣、镗、钻孔、铰孔和攻丝等多道工序，提高加工精度。机床具有自动换刀、自动变换工作台、自动诊断故障、自动升降速、自动测量刀具直径和长度补偿、主轴冷却、自动排送切削、三轴联动、人机对话式编程刀具轨迹图形显示、语言编程、加工中屏幕背景编辑、软盘输入程序等多种功能，为新型发动机缸体、缸盖等关键壳体件的试制提供了可靠的物质手段。

夹具方面：建厂时期3万辆卡车生产纲领的加工流水线，主要为万能机床加上专用夹具所构成。苏联当时援建三千多套夹具，经过翻译消化图纸，参加安装调试，培养了一支夹具设计与制造的专业化队伍，并通过支援二汽得到了一次全面工装设计的锻炼。在先后参加红旗轿车、越野车的生产准备和技术改造工作中实行总厂和分厂两级设计又有所创新。换型中，全厂共新设计制造2 964套夹具，满足了CA141新车的生产准备需要。

在经历生产考验的基础上，已整理出多种通用功能部件，如三爪楔式气动卡盘、双爪动力拨盘、气动（或手动）滑柱钻模、多轴头零部件、各类夹紧油缸和汽缸、气动虎钳、拉床球面花盘、拨爪顶尖、分度台等，使夹具设计通用化、组合化，设计效率提高30%。

在提高夹具精度方面也做了大量工作，如高精度弹簧卡头，其定心精度可达10 μm，弹性卡盘和弹性心轴可达5 μm，还正在消化吸收日本、德国和美国的有关技术。

4. 磨削加工

1958年开始做高速磨削试验，1968年以后对3421和H–09等型号的9台曲轴磨床进行高速磨削改装。1972年至1975年又对3151、3161、MB1631及3A252等14台磨床进行高速磨削改装，磨削速度由35 m/s，提高到50~60 m/s，表面粗糙度降低一级，1976年为稳定高速度磨削的效果，在曲轴磨床上实现恒速磨削改装。

换型改造中引进自动化程度较高的曲轴磨床、凸轮轴变转速磨床、羊角成型磨床，变速箱中间轴采用多台阶砂轮磨，提高磨削效率，曲轴主轴颈连杆轴颈精加工工序全部采用兰迪斯–日平高精度磨床。该磨床带微电子控制砂轮进给、自动补偿、自动砂轮修正、自动工件定位夹紧、自动转位、自动测量，保证大批量生产尺寸精度≤0.03和圆柱度≤0.004的要求。

CA141车凸轮轴曲线精度要求比CA15车提高5倍，以保证发动机的配气性能。

为此，从日本引进双靠模变速磨削的凸轮轴磨床，保证了加工精度。同时配套研制的超硬磨料、高效磨削液及磨削液净化装置、砂轮动平衡装置与磨床配套已试验应用。

5. 齿轮加工

圆柱齿轮方面：高速滚齿的试验和推广。1975 年，高速切削试验成功。切削速度达到 80 m/min（原为 38 m/min），生产效率提高 40% 以上。

（1）高速插齿：从 1966 年就开始采用 750~1 000 次 /min 高速插齿。

（2）冷挤齿轮：用单轮和三轮冷挤代替剃齿工艺，既改善了齿面粗糙度，又提高了生产效率。在国内首先成功地在大量生产汽车齿轮中采用以挤代剃工艺。

为了进一步提高齿轮精度和改善表面粗糙度，克服热处理变形，新变速箱已开始采用磨齿（蜗杆砂轮磨齿机）。为了提高齿轮强度，磨齿后还采用强力喷丸工艺。

弧齿锥齿轮方面：产品上由原来的单一品种双级桥开发了多种单级桥，由原来的正交轴弧齿锥齿轮开发出准双曲面齿轮。

正交弧齿锥齿轮（CA141-01、02、03）由原来的普通滚切法加工改为刀倾刀转法加工。

准双曲面齿轮加工所采用的机床、刀具、切齿计算方法，皆是国外先进水平，加工齿轮台架寿命已超过 200 万次，在国内同类产品中处于领先地位。

直齿锥齿轮加工：直齿锥齿轮一直采用粗铣精刨，后来试制成功直齿圆拉机，1976 年引进美国格利森圆拉机，提高了齿轮加工效率和质量。1987 年又引进了圆拉刀磨齿机床，产量可供全国各用户。

6. 粉末冶金工艺

一汽于 1958 年开始研制粉末冶金零件，粉末冶金具有独特的化学组成和机械、物理性能，而这些性能是用传统的熔铸方法无法获得的。运用粉末冶金技术可以直接制成多孔、半致密或全致密材料和制品，如含油轴承、齿轮、凸轮、导杆、刀具等，是一种少无切削工艺。1965 年正式投产。品种由原来的 6 种发展到 20 多种，年产量由 20 万件提高到 400 多万件。

烧结方面：1968年自行改造两台天津生产的烧结炉，显著提高粉末烧结表面质量。1969年在国内第一个实现粉末冶金铁基零件氰化处理工艺，试制成的中间座圈——轮毂内端油封，年经济效益达60多万元。1979年发明渗水处理工艺。1983年在国内首先对粉末冶金铁基零件进行激光热处理，耐磨性提高10倍。

整形方面：1971年将整形量分成整容量和内缩量（或外扩量），为正确确定有关模具尺寸提供理论根据。在这种理论指导下于1972年自行设计制造了国内第一台卧式整形机，实现内缩全自动整形，提高工效4倍。1980年自行设计制造气门导管双向自动整形机一台，实现外扩全自动整形，提高工效4倍。接着又制造了两台全自动整形机，基本实现整形工序全自动化整形。1976年至1983年对粉末冶金Fe–C–S系材料进行了全面探讨，研制出Fe–C–S新型减摩材料。这种材料不但成本低，而且耐磨性好。气门导管应用后，其使用寿命保证10万公里大修水平，年经济效益达24万元。

7. 冷挤压工艺

1971年一汽将球头销由车削加工改为冷挤压加工，材料利用率由55%提高到80%；1979年冷挤球头销的凹模实现硬质合金化，1984年冷挤球头销的J31–315压床实现上下料自动化；以后又将球头销用料由18Cr Mn Ti改为45号钢，热处理工艺由渗碳改为高频，降低了成本，使加工球头销的技术在国内处于领先地位。

一汽还将活塞销、钢板弹簧销、气门帽、气门弹簧座等一批零件由原来的切削加工改为冷挤压加工，节省了材料，降低了成本。

由于引进了意大利的长杆冷镦机，能加工长度和直径比达15倍的长杆螺栓。由于引进西德的S2五工位冷挤机，能冷挤管接头、连管螺母这样难度较大的冷挤压件。

加工螺栓原来在冷镦机上镦圆头，修边机上切成六方头，搓丝机上搓出螺纹，要三台机床、三道工序完成。1976年，自行设计制造了247–12多工位三合一冷镦机，使三道工序、三台机床才能完成的工作在一台机床上就能完成，节省了面积和人员，提高了效率。

M18、M20以上的大规格螺母，建厂时工艺为自动车切削加工，1966年改为热挤压加工，虽节省了材料，但下道车削工序长。1974 年将热挤压改为分工序冷挤压，取消了加热油炉和车削工序，有了较大进步。但是还需棒料切断、镦球、成型冲孔三道工序，三台机床。1987 年，又将分工序冷挤压工艺改为 241-24 多工位螺母冷镦机生产，在一台机床上从棒料直接生产出六角螺母，提高了工效，节省了设备、面积和人员。

建厂时轮毂螺杆在 A135 三击冷镦机上生产，打三下生产一个零件，1967 年改造了 A135 机床的传动系统，打两下生产一个零件，提高生产效率 50%。但是该机床只能采用细料镦粗工艺，产品质量存在杆部镦不满，两端同心度差等问题。1986 年，改为用国产 246-400 多工位冷挤压机生产，由细料镦粗工艺改为粗料缩细工艺，解决了建厂以来多年的质量问题，效率提高一倍以上。

轮毂螺母原来一直采用切削加工工艺，材料利用率只有 42%，1988 年，试验成功了一次冷挤成型的新工艺，材料利用率达 90% 以上，该工艺在国内外处于领先地位，已批准为国内专利。

花键冷挤压加工技术。传动轴上花键原来是切削加工，1968 年实现无屑加工法，即用引进专机以成型轮作行星式滚打方式冷打出花键。1973 年，自行开发成功并投产多滚轮冷轧刹车凸轮方花键的新工艺，比铣削工艺提高效率 5 倍。

手刹车凸轮花键采用整体凹模正挤（即轴向挤压），在原来冷打花键、多滚轮冷轧花键的基础上，又开辟了一种投资少、产品精度高的无屑加工花键冷挤新工艺。

8. 焊接工艺

1978 年散热器厂水箱上下储水室总成生产采用中频钎焊，用机器代替手工，工艺稳定，焊料和焊剂填充均匀。原越野车分厂的扭力杆生产采用了相位摩擦焊工艺，代替了闪光对焊。

1984 年工具厂在模具生产中采用 20 号钢、A3 钢、铸铁作基体，在刃口部位堆焊硬化层，焊后空冷硬度达 HRC55 以上，从而缩短了生产周期，降低了成本。在一汽产品换型中有 50% 的冲模采用堆焊工艺。

1986 年 CA141 型载重汽车翻转车头的扭力管总成采用磁控旋弧焊工艺，并研制出专用旋弧焊机。该工艺的实际应用在我国汽车制造技术中是首创。

9. 激光加工工艺

1976 年，一汽制造了国内第一台直管式二氧化碳激光切割机，用来切割红旗轿车所用的 21 种零部件，激光切边代替了冲模切边，使我国的激光切割技术第一次应用于工业生产上，填补了国内空白。

1983 年，一汽开始对发动机缸体、缸套激光淬火研究。经过 6 年多的试验，该项新技术无论在工艺、设备、工装夹具等方面都由试验阶段逐步完善、深化，转入批量生产阶段，还购买了 8 台 HJ-3 型大功率二氧化碳激光器，拟进一步应用于汽车生产上。

1987 年，一汽开始对汽车排气阀进行激光合金涂敷处理。该项工艺是用进气阀材料 4Cr10Si2Mo 代替昂贵的 21-4N 材料。为了保证排气阀的耐热性、耐蚀性和抗高温疲劳性，在排气阀的工作面涂敷一层耐热合金粉，用以降低汽车生产成本，提高使用性能。经激光涂敷处理的排气阀已进行装车试验，这是我国在汽车生产中使用该工艺的第一次尝试。此外，还用激光对高速钢刀具刃口和搓丝板进行淬火处理试验、奥迪轿车底板拼焊试验、变速箱齿轮、齿环焊接试验等。

四、品牌记忆

1.“解放 CA10”名称的由来

1953 年下半年，援建一汽的苏联莫斯科斯大林汽车厂提出为新车命名问题，由一汽副厂长兼总工程师孟少农转告到国内，当时的一汽厂务多次开会研究，并搞了征集活动，最终是如何确定为“解放”的车名有两种说法。一种是由一机部副部长段君毅将讨论和征集的若干名称向毛泽东做了汇报，毛泽东给新车定名为“解放”，另一种是段君毅在局会议上提到命名的问题，朱德说，我们的部队叫解放军，汽车也叫“解放”吧，毛泽东表示赞同，确定新车就叫解放牌。无论是哪种说法，都可

图 1–32　雷锋与解放 CA10

以确定最先生产的国产汽车，是由毛泽东亲自定名的。由党和国家最高领导为一种产品命名可谓绝无仅有。

关于厂名的来历，据孟少农介绍："当初苏联方面要定汽车厂的名字，有人建议叫中国第一汽车厂、长春汽车厂等，后来请示了一机部部长黄敬，他说还是叫第一汽车制造厂吧。工厂代号苏联定的是 A3–1，我们认为应该有一个我们自己的简单代号，于是就提出来 CA，A 是第一的意思，C 既有长春的意思，也有中国的意思，当时后者是主要的。"

2. 雷锋和解放牌汽车

雷锋同志作为一名普通的中国人民解放军战士，如同憨厚朴实的解放牌汽车，不仅在他的驾驶员岗位上兢兢业业，而且短暂的一生中助人无数。毛泽东主席于 1963 年 3 月 5 日亲笔为他题词"向雷锋同志学习"，并把 3 月 5 日定为学雷锋纪念日，"雷锋精神"激励着一代又一代人学习。当时，雷锋就是驾驶解放 CA10 谱写出他的壮丽人生。

3. 纸币上的“老解放”

由天津印钞厂印制的1953年版壹分纸币，其正面主景图案为一辆满载货物的“解放CA10”载重汽车，可见其对当时中国人生活的重大影响。

在1957年第二届中国出口商品交易会上，约旦商人毕特先生购买了三辆解放牌载重汽车，这是解放牌载重汽车第一次出口。

解放牌汽车还曾大量出口到阿尔巴尼亚等多个国家，它的身影还出现在了阿尔巴尼亚流通纸币的图案中。在实行改革开放之前，中国曾长期无私地援助阿尔巴尼亚，“解放CA10”也作为重要的援助物资在列，大量的CA10增强了阿尔巴尼亚建设的公路运输能力，为此，阿尔巴尼亚将其印在1964年版和1976年版面值5列克的发行纸币上以纪念中国的无私援助。

五、系列产品

1. CA10C型

早在20世纪70年代，为提高CA10B型汽车的动力性，就曾着手进行提高其发动机压缩比的试验工作（当时使用的是76号汽油）。在加强了活塞环岸的强度后，曾将压缩比提高到6.7：1。但由于当时缺少76号汽油，工作无法继续进行。1977年在燃用70号汽油的条件下，又开始对CA10B型发动机进行挖潜。1978年末完成了压缩比、进气管形状和化油器的选择试验，1979年先后完成了基本性能试验、200小时强化试验和使用试验，1980年9月正式转产CA10C型发动机。该发动机与CA10B型发动机相比，具有较高的动力性和经济性，其功率提高15.79%，扭矩提高12.9%，比油耗下降3.92%；在此基础上，广大用户要求将CA10B型汽车的载重量由4吨提高到5吨。经分析认为，将载重量一下子提高到5吨有一定困难，因此决定第一步先将载重量提高到4.5吨，并将改进后的车型定为CA10C型。

1981年2月下旬，开始CAl0C型4.5吨载货汽车的研制工作。由于增加0.5吨载货量几乎都是加在后轴上，故加强了后悬架；由于总质量的增加，所以适当提高了刹车阀的工作气压和轮胎气压。到1981年11月，仅用9个月的时间就全部完成

图 1-33　CA15 型载重汽车

了该车型的设计、试制和试验工作。试验结果表明，与 CA10B 型汽车相比，CA10C 型汽车的最大车速提高 5.7%；吨百公里油耗降低 7%~13.8%。1981 年 12 月 12 日 CA10C 型汽车通过厂级鉴定，1982 年 1 月正式转产。

2. CA15 型

CA10C 型 4.5 吨载重汽车投产后，颇受广大用户的欢迎。但是，广大用户仍要求进一步将载重量提高到 5 吨。在调查研究的基础上，从 1982 年 5 月开始研制 CA15 型 5 吨载重汽车。设计要求是，在保持解放牌汽车可靠耐用的基础上，继续挖潜，进一步提高发动机的功率和扭矩；适当加长车厢、车架和轴距；适当加强制动系统和车架；采用新型后视镜，提高行车安全性。根据上述要求，进行了产品设计。1982 年 8 月试制出两辆样车，进行了性能和 25 000 km 可靠性试验；同年 9 月又试制出 6 辆样车，进行了使用试验；同年 10 月完成发动机的台架性能试验、整车性能试验和道路模拟试验。1982 年 11 月 12 日通过厂级鉴定，1983 年 1 月 1 日投产。CA15 型载重汽车的外形与 CA10C 型相似，动力性指标与 CA10C 型相当，但经济性却比 CA10C 型提高 8%。

图 1–34　CA30 型越野汽车

3. CA30 型

1956 年曾进行过越野汽车的开发准备工作，并曾进行了总布置设计。后来由于苏联提供了一套吉尔 157 型汽车图纸，就以此为基础进行了设计工作。1957 年 3 月投入生产准备。1958 年国庆节前试制出 CA30 型越野汽车，经短期试验后就投入批量生产。投付使用后，发现不少质量问题，因此 1961 年组成有部队同志参加的试验组，在广州和海南岛等地进行了试验以确定产品质量缺陷的性质。1962—1963 年进行了改进设计和样车试制，并在一些地区进行了试验。经确认定型后，于 1963 年正式投产，并将型号改为 CA30A。

1967 年以后，又在 CA30A 的基础上进行了 CA30B 和 CA30C 的开发工作。CA30B 装有 140 型发动机，1968 年试制出样车，本想批量投产，但由于各种原因，未能如愿。CA30C 是将 CA140 型汽车的驾驶室装到 CA30B 型汽车上，也只是试制出样车。这两种车型均为 3 吨级。

1970 年，为了适应部队的需要，开发了 CA230 型 0.8 吨越野车（中型吉普车），试制 40 多辆，后因与南汽开发的 1 吨越野车相近而未继续进行下去。

此外，这一时期还开发了其他一些车型和机型。据不完全统计，1980 年以前，共开发车型 70 余种，机型 30 余种。

图 1-35　工人正在加工 CA30 型越野汽车的零件

党的十一届三中全会之后，扩大了企业的自主权，使企业由生产型向生产经营型转变，产品开发工作更加受到重视。1979 年 9 月，一机部决定将汽车研发改由一汽统一领导，1980 年 5 月正式实现汽车研发与设计合并，从此，产品开发工作进入一个新的历史时期。“六五”计划期间是改进解放系列老产品和开发新产品的黄金时代，是实现解放牌汽车产品换代的峥嵘岁月。

4. 柴油变型车

柴油车有省油、寿命长、污染小、高原适应性强等优点，深受用户欢迎。为了开拓市场，从 1981 年下半年开始，进行了在解放牌汽车底盘上试装 6110A 型柴油机、6100B3Q 型柴油机的研制工作。1982 年初完成了 CA10CK2 型柴油车的设计，年中试生产 200 辆并投放市场。1982 年还进行了将 6102Q 型柴油机和 6105Q 型柴油机试装到解放牌底盘的研制工作，以及 CA15K 型柴油车（装 6110A 型柴油机）的设

图 1-36　由解放牌 CA10 型载重汽车改造的起吊车

计工作。之后，又相继完成了 CA15K2 和 CA15K3 型柴油车的设计试制和试验工作。这两种车均在 1983 年投入生产。

图 1-37　由解放牌 CA10 型载重汽车改装的消防车

图 1-38　根据 CA10 改型的洒水车

图 1–39　使用解放牌 CA10 型载重汽车底盘的上海公交车，服务上海 30 年，既经济又牢固

5. 节能变型车

平原地区对汽车动力性的要求较低，适当降低动力性，可以提高经济性。1981 年设计、试制和试验了经济型 CA10CJ 汽车及特经济型 CA10CT 型汽车。比油耗分别降到 306 g/（kW · h）和 300 g/（kW · h），节油分别达 7.8% 和 10.9%。1982 年在研制 CA15 型载重汽车的同时，还同步研制了 CA15J 型经济型汽车，比 CA15 型节油 5.7%。

6. 高原变型车

标准型汽车在高原地区使用条件下，其功率下降较大。应高原地区用户的要求，在1981年开始研制高原发动机，并准备设计CA10CM型高原用车。1982年完成台架模拟试验，1982年底去云南进行实地使用试验。1983年开发了CA15M型高原车。

7. 高动力型变型车

为满足山区和丘陵地区对载货汽车动力性的要求，在 1981 年开始进行 CA10CG 型高动力型变型车的研制，1982 年已投放市场。该车的最大功率为 84.5 kW，最大扭矩 353 N · m，而吨百公里油耗只比 CA10C 标准型汽车高 1.0%。此外，还开发了 CA10CL 型长轴距变型车等。

图 1-40　使用解放牌 CA10 型载重汽车改装的油罐车是部队的制式装备解放 J3-J6 系列

8. 解放牌专用车

1980 年我国以解放牌底盘为基础的改装车虽已有 50 多种，但仍有 21 种需急速发展。在 1980 和 1981 年调查的基础上，决定首先从公共汽车专用底盘开始进行开发工作。1981 年下半年，完成了 CA10CD2、CA10CD3、CA10CD5、CA10CD6 等长途客车底盘的开发，并于 1981 年和 1982 年相继投产。1982 年的下半年，又先后完成 CA10CD8/CAI 开发工作。

此外，1982 年应养蜂研究所的要求，开发了 CA10CR 型养蜂车；应农业部的要求，开发了 CA10CP2、CA15P2 等轻泡货物车；应消防部门的要求，开发了 CA10CH 型特种消防车。1983 年完成多种 CA15 系列产品的开发。

9. CA30A 型越野变型车的开发

为了充分发挥越野车厂设备的生产能力及满足有关用户的要求，设计部门组成调查组，走访了用户。1981 年研制成 CA30A20 型（4×4）2 吨越野载货汽车及 CA30A25 型（6×4）8~10 吨越野载货汽车；1982 年，应林区用户的需要，开发了 CA30A26 型（6×4）7 吨越野林区用车等。

10. CA150P 型载货汽车

CA150P 6 吨平头载货汽车的开发工作，系根据 1982 年《关于下达 6 吨平头载货汽车主要设计参数要求的通知》进行的。该车驾驶室采用平头、全景曲面玻璃，为金属封闭式，可向前翻转 50°~ 60° 。车架形状、尺寸基本与长头车相同。1982 年 3 月 30 日，工厂审查了 CA150P 的设计方案，1982 年第四季度开始设计，年底试制出两台驾驶室。1983 年完成全部设计，1984 年试制出两辆第一轮样车，随后进行了整车性能试验。同年 9 月，以技贸结合方式，引进了日本三菱公司的 FK 驾驶室技术。

另外，在研制 CA150P 型载货汽车的同时，还同步开发了 CA150PY 右置方向盘变型车。

11. CA151 型、CA151K 型载货汽车

该两种车型均系 6 吨车，是根据中汽公司“六五”产品发展规划要求开发的。1982 年 4 月，决定开发 CA142 型（即后来的 151 型）6 吨载货汽车。它是以 CA141 型 5 吨车为基础，采用 6102-1 型发动机，规定最大功率不低于 107 kW，扭矩不低于 402 N · m，比油耗不高于 313 g/（kW · h），对刹车系统进行改进，适当加长轴距，重新设计悬挂。1982 年 6 月按要求完成设计，1983 年试制出 6 辆 CA151 型汽车，进行了整车性能和可靠性试验。CA151K 型汽车是从 1984 年 1 月开始开发的，装用

图 1-41　CA150P 型载货汽车

6110 型柴油机，1985 年试制出 14 辆样车，亦进行了整车性能和可靠性试验，并根据试验中暴露出的离合器、变速器损坏等问题，在 1985 年第四季度进行了第二轮设计（设计中采用了日野 6 挡变速器），试制出 8 辆样车。通过试验，效果良好。

12. 重型载货汽车

伴随着 CA141 和 CA151 系列产品的开发，1982 年开发了 CA150K2（6×4）和 CA150K3（6×2）两种 9 吨长头车。前者主要用作林业牵引车，后者用于公路运输。1985 年开始开发的 CA155P 型 8 吨平头载货汽车，是与丹东汽车改装厂联合进行开发的，其主要总成选用国内现有产品，驾驶室采用日本三菱公司的。1985 年完成设计，并试制出 4 辆样车，开始进行试验。

13. 轻型车产品

根据中国汽车工业公司关于解放汽车工业联营公司产品系列发展的意见，1983 年制订了轻型货车及其主要变型车的发展规划。在首先开发的 CA485 型轻型发动机的基础上，1983 年开展了 1020 和 1040 轻型车的设计，各试制出一辆样车，进行了简单的试验后，就转向 625LT 轻型厢式货车的设计工作。后来由于轻型车的引进谈判工作提到日程上来，致使 625LT 的开发工作停了下来，但其底盘部分转用到后来的 CA120 和 CA130 轻型车的设计工作中去了。轻型车产品的开发，仅仅是开始。

14. 解放牌 J3 型平头载重车

1995 年 5 月，具有划时代意义的第三代解放牌 J3 型 5 吨平头柴油载重车 CA150PL2 全面推向市场，这标志着一汽 40 多年只生产长头载重车的历史结束，开

图 1-42　解放牌 J3 型平头载重车

图 1-43　解放牌 J4 型重型平头载重车

创了一汽商用载重车长、平头两大系列并举的新格局，同时彻底实现了解放牌载重车的柴油化。

与以往两代（CA10、CA141）不同，第三代产品最突出的特点就是平头化和柴油化，这也是解放根据国外发展趋势对产品做出的最重大的调整。

15. 解放牌 J4 型重型平头载重车

20 世纪 90 年代末，一汽推出了解放牌重型 9 吨平头柴油车 CA1170P2K1L2 和 16 吨平头柴油车 CA1260P2K1T1L2 两个载重车系列产品。解放牌柴油产品采用了从日本三菱引进的驾驶室技术，产品载重量由 5 吨提升到 9 吨，一汽产品进入了准重型行列，使解放由单一的中型载重车品牌逐渐向重型化发展。随着 16 吨平头柴油车的问世，解放品牌形成了中、重型产品全面发展的格局。

16. 解放牌 J5 型全能型平头载重车

2004 年 7 月 15 日，解放第 5 代产品奥威重卡驶下总装配线，使一汽解放以高起点切入重型载重车市场。在奥威投放市场之后，解放牌 J5 型平台自主产品悍威、大威、骏威系列卡车相继投放市场，解放牌中重型车的产品结构完全调整到位，形成低端、中端、高端三个载重车产品平台。解放 J5 系列产品成为解放拓展市场的主力军，引

图 1–44　解放牌 J5 型全能型平头载重车

领中国商用汽车新潮流。

无论是覆盖件、装饰件的设计都强调整体化，融合中国京剧脸谱造型特征的驾驶室采用高强度钢板，车门处厚达 1.0 mm。率先采用车门防撞梁结构，符合欧洲法规安全要求。驾驶室为四点悬浮设计，减少了震动，同时根据不同车型可延展设计。平台型的产品设计开发涵盖了 8~24 吨的全系列产品，其中配置了自动变速箱，首次让其作为载重车的标准配置，达到了节油、减少驾驶员疲劳的目的。

图 1–45　解放牌 J6 型高级全能型平头载重车

图 1-46　解放牌 J6M 型驾驶室，是该系列中最舒适的设计

驾驶室引入了轿车化的精细设计，采用 T 形环抱仪表板，还可以选装电视、冰箱、3G 智能系统、电加热座、独立暖风等，仪表板降低了高度，以求得更好的视野，后窗也进行加大设计，使产品的舒适度大为提升。

17. 解放牌 J6 型高级全能型平头载重车

从 2001 年 5 月开始，解放全新换代载重车 J6 系列的产品开发正式启动。从未来商用汽车市场竞争需求出发，解放牌 J6 型产品主要定位于国内高端市场，面向当代欧洲先进载重车技术水平，抵御日后进口车型的冲击，并逐步实现出口欧洲市场的战略构想，同时更要兼顾到国内中低端市场的需求，并在 2010 年之后逐步取代现有车型，最终成为一汽引领市场的新一代重型载重车主导产品。

图 1-47　解放牌 J6 型驾驶室设计十分强调人性化

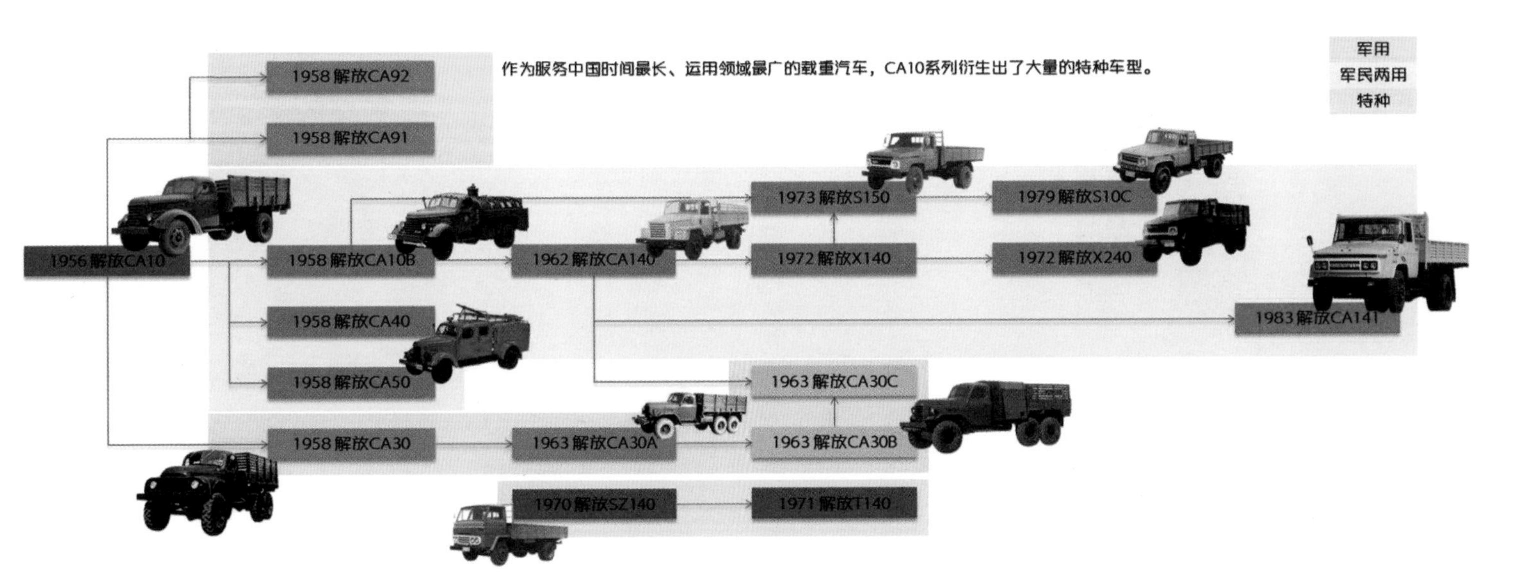

图 1-48　解放牌载重汽车主要产品设计发展谱系图

第二节　东风牌载重汽车

一、历史背景

1952年底，在一汽建设方案确定之后，毛泽东主席就做出了“要建设第二汽车厂”的指示。次年，一机部组织拉开了二汽筹建工作的序幕，并在武汉成立了第二汽车制造厂筹备处。1953年至1955年，在两年多时间里，筹备处在武昌选择二汽厂址，编制总体平面布置方案，并与苏联专家接触谈判。

1955年春，国家建委、一机部和汽车总局指出，“二汽厂址定在武汉，从经济条件讲，城市利用率大，投资较为节省；武汉位于全国中心，产品好销好运；但从国防条件看，武汉离海岸线约800 km，工厂比较集中，万一发生战争，正处于敌人的空袭圈内。武汉厂址介于沙湖与东湖之间，空中目标显著。”因此否决了在武汉设址的方案。

1955年9月7日，国家计委正式决定二汽厂址由武汉迁至四川成都东郊的保和场一带。甚至在成都郊区牛市口附近建了近2万平方米的宿舍。但是因为高层在厂址和规模方面一直未达成共识，到1957年3月27日，汽车总局只好宣布第二汽车厂暂时下马。而此时已经集聚起来的千余名有志于祖国汽车工业的干部，由中央组织部和一机部干部局统一分配到机电部、国家科学技术委员会、第一汽车制造厂、富拉尔基重型机床厂、洛阳拖拉机厂、沈阳重型机器厂、武汉锅炉厂、南京汽车配件厂、长春客车车辆厂、兰州石油机械厂等二十几个单位，去充实这些单位的领导力量和技术力量。

第二个五年计划期间，在1958年6月下旬前后，第二汽车制造厂的建设又重新提了出来。当时入朝志愿军要回国，讨论部队如何安排的问题时，毛泽东指示调一个师到江南建设第二汽车厂。李富春副总理指示，“长江流域就湖南没有大工厂，二汽就建在湖南吧！”。该年底，一机部六局（即汽车总局）组织力量在湖南开展了选址工作。

1960年2月3日，汽车总局向一机部写出建厂若干问题的报告。报告说：“二汽于1957年下马，我国已通知苏联取消这个项目。1958年，中央又重新提出上马。同年冬和1959年春，我们在湖南进行了初步选址工作，我们倾向长江方案，故建议部尽速确定。”1960年4月19日，一机部批复同意筹建二汽，并且还办了一个800人的技工训练班，但由于国家当时正处于经济困难时期，所以二次上马仍然停留在纸上谈兵的阶段，一直未能付诸实施。

经过两上两下，终于在1965年底开始了正式筹建。同年12月，中国汽车工业公司决定成立第二汽车制造厂筹备处，由饶斌、齐抗、李子政、张庆梓、陈祖涛五人组成领导小组。接着，中国汽车工业公司向长春汽车分公司发出包建二汽部分专业厂的通知，包括二汽车身厂、车架厂、车轮厂、中小件冲压厂四个专业厂的二汽冲压片由第一汽车制造厂车身厂包建。五人领导小组成员之一陈祖涛委派李跃主抓二汽冲压片筹建组工作，一汽车身厂委派该厂技术发展科科长赵志伟主抓二汽冲压片的包建工作，叶华美为包建厂代表。

由此，二汽的筹建工作在长春逐步展开。在建厂方针、人员组织、工艺设备、产品设计试制以及到基地勘测选厂等各个方面进行紧张的筹备工作。

1966年4月，二汽冲压片筹建组派钱云良等人参与陈祖涛领导的选厂工作，到湖北十堰地区勘测选厂。1966年9月到10月，二汽车身厂筹建组的杨树忠、冯汉章、孙儒、叶华美、王文德、程文方、杨开河等人又先后进基地进行现场踏勘地形，勘探分析，并参加了10月份在湖北省均县老营召开的、由一机部副部长白坚主持的第二汽车制造厂总体布置现场审查会议。会议期间，随着二汽总体布置的基本明确，确定了二汽车身厂厂址在十堰地区张湾西南的镜潭沟内。会议期间，还明确了二汽冲压片各专业厂筹建组的负责人，二汽车身厂负责人为冯汉章。经过几次现场勘测和走访有关单位，掌握了关于镜潭沟的地理、水文、气象等宝贵资料，使工厂设计有了依据。在这个基础上，1966 年 11 月，《二汽车身厂工厂设计纲要》（第一版）由二汽车身厂筹建人员在基地制订出来。纲要对二汽车身厂的车间布置、工艺投资、能源消耗、人员组成、设备类别、建筑面积都有了较完整的设想。

老营会议之后，二汽的筹建工作在《第二汽车制造厂建设方针十四条》（简称《十四条》）和第一版《二汽车身厂工厂设计纲要》的指导下，1968 年立即开展了紧张的工厂设计工作。下半年，二汽车身厂筹建人员又参与了车身产品设计、试制试验、定型工作。

除了从事二汽车身厂工厂设计和产品设计的人员几年来进行了大量的筹建工作之外，一机部华中勘测大队、铁道部第二设计院、中南建筑设计院等单位从 1966 年春开始，也在建设现场紧张地进行实地勘测、工厂土建设计和铁路设计，为二汽即将开始的大规模建设做准备。

1969 年 6 月至年底，二汽车身厂基地筹建工作主要是为大批职工陆续进厂做准备。由于当时二汽建设总指挥部制订的是“先工业后民用，先厂房后家属区”的建设方针，因此迎接工人进沟不可能盖正式家属宿舍，而只能搞芦席棚简易住房。在镜潭大队农民的支援下，先后盖起了芦席棚食堂、芦席竹木泥四结合的临时住房和临时机加车间共约 3 000 m^2，还沿河沟修了一条“水上公路”，挖了一个深 8 m、直径 4 m 的水井，架设了 1 500 m 电线。在 1969 年底，还建了一栋 1 132 m^2 的三层楼房。

当时建厂的指导思想被浓缩到《第二汽车制造厂建设方针十四条》之中，其主要精神为：在建厂总的指导思想上，要创中国式的汽车工业发展道路，使我国汽车工业的布局、品种、产量和技术水平大翻身；在工厂生产组织方面，改全能厂为专业厂，扩大各专业厂的职权。工厂内不设脱离生产实践的研究、设计、试验机构，实行设计研究、试验试制和生产相结合；在工厂管理方面，要建立一套有利于发展社会主义经济的科学管理规章制度；在产品开发方面，产品必须从我国的实际情况和方便用户出发，总结我国汽车工业的经验，自行设计并建立自己的汽车系列，以适合我国的自然条件。产品要好用、好造、好修、省油，做到技术先进，坚固耐用，成本低廉，保持世界第一流水平；在工厂设计、土建设计、工艺设计方面，要赶超世界先进水平；在工装设备方面，必须大量采用新设备，特别要广泛采用简易、高效、专用、组合的设备。在《十四条》的总体指导下，1969 年初，在湖北省的十堰市召开了二汽建设现场会议，成立了第二汽车制造厂建设总指挥部。下半年，十万建设大军陆续进入十堰基地，9 月 28 日，第二汽车制造厂大规模施工建设正式拉开序幕。到 1973 年上半年，二汽各生产车间土建安装基本完成。

1975 年 6 月 15 日，车身厂和各专业厂的两吨半越野车生产阵地基本建成。7 月 1 日，二汽隆重召开庆祝大会。之后，正式转入连续生产。到 1975 年底，车身厂在进一步完善两吨半越野车生产能力（零合件 53 种，打通生产线 8 条，设备安装 46 台，技术革新 15 项）的同时，生产驾驶室 1 636 辆份，超额 136 辆份。

1978 年，离二汽 1969 年全面建设已经过去了 9 年。尽管有 EQ240 军用越野车“撑门面”，但是由于战争的阴影渐渐远去，每年只有 1 000 多辆的订单，再加上二汽建设用钱多，每年都要“计划亏损”几千万，1978 年计划亏损更是达到 3 200 万，成为全湖北省最大的亏损户。1978 年元月 10 日，李先念副主席到十堰二汽视察，对二

图 1–49　早期汽车的设计和试制工作都是在用芦席棚搭建的简陋厂房里面进行的

图 1-50　初步建成的 EQ240 生产线

汽的生产建设给予了进一步的推动。二汽党委做出在本年内扭亏增盈的决策，确定打好“上能力、保质量、降成本、增产量”四个硬仗，号召要打好产品质量攻关的“背水一战”。车身厂闻风而动，在 1977 年提高产品质量整顿企业管理的基础上，进一

图 1-51　1975 年 7 月 1 日，二汽第一个基本车型 EQ240 顺利下线

图 1–52　第一批 EQ240 行驶在厂区

步把提高产品质量、整顿企业管理当作中心工作来抓，成立了提高产品质量、整顿企业管理会战指挥组，从“提高产品质量，整顿企业管理”“两吨半越野车质量攻关”“五吨车生产准备”“产品试制”“机械设备攻关、完好升级”“工装攻关、完好升级”“动力设备攻关、完好升级”七个方面展开工作。同年 3 月 5 日，总厂部署四个战役，“五一战役”“七一战役”“十一战役”和“年底战役”，要求第三季度五吨车正式投产，在确保质量的前提下，力争“十一”前完成国家下达的全年汽车生产任务，第四季度再增产一批，为第二年扭亏增盈创造条件。

这一年的 3 月 25 日，省里召开工业学大庆会议，刚刚担任二汽第一书记、厂长的黄正夏在大会上表态：“首先，我们绝对不超过 3 200 万的计划亏损；第二，我们争取超产 2 000 辆 5 吨民用车，亏损不超过 2 000 万元；第三，我们还想争取超产 3 000 辆 5 吨民用车，力争今年全面扭亏为盈。”二汽扭亏为盈的战役却从此打响。

“国家在 1978 年底才正式提出改革开放，这次视察，实际上为二汽较早迈步改革开放指出了方向，EQ140 的生产，也和先念同志的指示有关。”黄正夏说。当时，EQ140 已经经过 5 吨试验，还有 64 项问题没有解决。为了赶在 1978 年投产，并实

图 1-53　新改建的 EQ140 生产线

现扭亏为盈，孟少农采取了边发现问题边改进的策略。4 月份就装车 20 辆，质量问题减为 12 项，至 6 月，二汽形成第二种基本车型——5 吨民用载重汽车生产能力，并开始投入批量生产。“七·一”之后，车身厂以完成 2 000 辆生产任务为中心，在生产过程中，加强管理，继续提高设备、工装的完好及技术状态，提高产品质量。7 月 15 日，形成批量生产能力，并立即产生了良好的市场效应。

图 1-54　正在进行路试的 EQ140

1978 年年底，二汽超过了国家原定的 2 000 辆的计划，生产了 5 120 辆汽车，第一次向国家上交利润 130 多万元，其中 EQ140 生产 3 120 辆，有 10 辆 5 吨民用载重车车头参加了国庆游行展览，由 1977 年的亏损132.71 万元转变为盈利 34. 86 万元。

1980 年 7 月，邓小平视察二汽，对二汽发展 EQ140 这样的民用车型表示了肯定："你们注意军车很好，但是从长远，从根本上来说，还是要发展民品。"从此之后，二汽更加扩大了对于民用车型的投入力度，将民用车产能调高到总产能的 90%。

图 1–55　完成第二轮改型的 EQ140 广受民用市场好评，被广泛采购

图 1-56　驻港部队士兵站在 EQ140 上进入香港（1）

EQ140 的销量已经超过 100 万台，由于价格低廉，质量可靠，目前仍然在生产当中。当时主持开发的负责人黄松这样评价道："140 真正让二汽开始赢利，是东风能够起家、生存下去最早的一个动力和基础。如果没这个车的话，东风公司不能发展到今天。"

图 1-57　驻港部队士兵站在 EQ140 上进入香港（2）

1997 年 7 月 1 日，中国人民解放军首批驻港士兵就是乘坐着 EQ140，通过落马洲口岸和文锦渡口岸进入香港。这也成为 EQ140 历史上的重要时刻。

二、经典设计

1.“越野车”设计奠定专业厂地位

1968 年初，长春汽车研究所和长春工厂设计处的一部分人员在饶斌、张庆梓直接领导下进行二汽产品设计、试制工作，产品设计办公室设在南京汽车制造厂。其中车身设计组组长是梅世和，参加人员有吴达兴、许春林、施莉等。另外，负责车身厂工艺设计的王文德、程文方等人多次配合了产品试制工作。设计品种为两吨越野车和三吨半可翻驾驶室民用载重车，分别在南京汽车制造厂、上海安亭汽车制造厂、合肥巢湖劳改厂和武汉汉阳汽车配件厂进行试制。后来三吨半可翻驾驶室民用载重车被否定，两吨越野车在 1968 年 7 月被北京产品更改吨位会议更改为两吨半越野车，平头车身又改为长头车身。因此，产品设计试制工作只好重新进行。1968 年 9 月在长春一汽产品设计处成立二汽临时产品组，以一汽产品设计处的人员为主，二汽宋祖慰、许春林等人参加，进行两吨半越野车车身设计（当时确定此车车身通用于三吨半越野车和五吨民用车）。有关部门要求在 1969 年 5 月前拿出三辆样车，限于设计的时间很少，二汽临时产品组确定二汽两吨半越野车车身基本参照 1964 年一汽准备为 CA10 解放牌汽车换型而设计的 140 车型的结构来设计。

1968 年 12 月，针对二汽筹建工作中出现的一些问题和部分包建厂包建不力的情况，一机部领导重申 1965 年末中国汽车工业公司的包建意见，要求各包建厂加强建设力量。为此，第一汽车制造厂车身厂革命委员会专设了二汽办事组（简称二办），由一汽车身厂革命委员会负责人赵炎负责。在二办领导下，二汽车身厂、车架厂、冲压厂组成三个筹建大队，二汽车身厂筹建大队又成立了车身产品试制大队，负责人有黄志浩、杨树忠等人。车身产品试制大队一成立，立即配合二汽临时产品组进行产品试制。为了赶在 5 月前完成三辆样车的任务，采取按总体轮廓尺寸边敲零件

图 1-58　正在进行爬坡试验的 EQ240

边完善设计的办法。由于设计试制过分仓促，以后陆续暴露各种产品质量问题是难免的。1969 年 2 月份，试制大队试制出两吨半越野车第一辆样车驾驶室，同年 4 月 18 日，第一辆两吨半军用越野车样车装配完毕。8 月，一机部军管会在北京前门饭店召开二汽两吨半军用越野车定型会议，二汽车身厂试制大队的杨开河、李根发参加了会议。这次会议对试制的两吨半军用越野车基本肯定之后，二汽车身厂筹建大队开始着手搞工装、冲模、夹具设计。同时，二汽临时委派吴达兴到吉林省磐石县进行两吨半越野车 25 000 km 的道路试验；在武汉洪山宾馆由一机部、武汉军区主持又一次召开两吨半军用越野车产品定型会议，梅世和等人参加了会议。至此，两吨半军用越野车的设计、试制定型基本宣告结束。

2．“民用车”设计实现专业厂转型

EQ140 型 5 吨载货车当时是在“以军为主、军民结合”的原则上，在 EQ240 的基础上发展起来的民用载货车，它与一汽的换代产品基本上是处于同一产品等级，一汽也将自己的五吨载货车 CA10 的技术无偿转让给了二汽。在开发过程中，一机部曾明确指示：“EQ140 载货车要保持解放牌 CA10 的主要优点，性能指标不亚于 CA10。”在二汽从事 EQ140 产品开发的设计人员很多都是当年开发 CA10 的人员，他们把 CA10 的设计成果融合到了二汽的产品当中。开弓没有回头箭。关键时刻，获得美国麻省理工学院硕士学位的孟少农从陕西汽车厂调到二汽任副厂长、总工程

师，和陈祖涛一起，成为二汽技术上的领导人物，重点组织攻关，提高产品质量。

第二汽车制造厂的兴建源于 20 世纪 50 年代以来“三线”建设的特殊背景，即准备在外敌入侵、沿海工业遭到打击时，仍能保持工业基础，保证重大工业产品的生产，保障战时物资供应。因此与一汽建设时的“全能厂”建设目标不同，二汽是以“专业厂”作为建设目标的。所谓的“专业厂”就是单一以军工汽车及相关产品生产为目标的企业。这样的定位反映在其产品设计方面也走过了一条从“通用设计”到“民用转向”到“集成设计”的道路。

EQ240 型越野车产品是二汽的看家产品，也是当时部队的制式装备，因为当时二汽采用分包制建设，由老工业基地承包建设其中一个专门厂实施对口建设，如上海汽车底盘厂承包底盘厂，并由一汽的二办统筹，由于要兼顾各种集成起来的技术和工艺，也因为是比较单纯的军用产品，因此在外观设计方面显得比较中庸，但使用功能却不曾因此而打折扣。

战争的检验使得 EQ240 注重通用设计，产品结构简单、结实，部件能够互换，便于快捷生产。造型不追求个性。

EQ140“民用转向”真正启动始于 1978 年，随着部队采购车辆数量的锐减，民用型 EQ140 设计成了二汽生死存亡的决战产品。

EQ140 整体造型采用了平直表面，发动机舱盖折边清晰可见，被设计成顶置翻

图 1-59　二汽领导与设计团队一起攻关

图 1-60　东风牌 EQ140 型载重汽车

盖式，从正面前大灯、转向灯等部件进一步与车身融为一体，更具有了“现代产品”的特点，从侧面看造型线条干练、硬朗、冷峻，静态形象略有动感，符合产品特性。

EQ140 产品色彩以灰蓝、蓝色为主，也有军绿色。EQ140 改进型设计更具有流畅的风格。进气栅以竖式线条装饰令人感受到产品的“野性”和爆发力，在很长的一段时间内，这个设计是东风车的符号，早期产品配合浮雕式的毛泽东手书“东风”两字作为商标，后期产品镶嵌东风标志。考虑到原零配件的通用性，前大灯雾灯仍为圆形，但却被设计成嵌入到一个长方形的面板之中，进一步与车身其他部位的设计形成了统一的风格，早期面板多为银色，后期大多为深灰色。

图 1-61　EQ140 驾驶室

图 1-62　EQ140 原型车，是一汽严格按照设计流程正向开发的第一款中型载重汽车

图 1-63　美国万国牌载重汽车

早期产品驾驶座挡风玻璃可以像CA10那样打开，后期产品为一体化前挡风玻璃，改善了驾驶者的视野，也增加了产品造型的流畅性。由于外形都是平直表面，对于驾驶室内部空间而言显得比较宽敞。仪表台、车门内饰仍沿用钣金工艺，除必要的加强筋外几乎没有多余的装饰。综合式仪表盘便于驾驶员在驾驶时即使用余光也能在极短的时间内看到主要数据。考虑到操纵时的方便，在方向盘下面增加波浪形的造型，可以增加双手力量的传递。

二汽所生产的EQ140型载重汽车是由一汽援助二汽的研究室所携带的CA140型载重汽车全套图纸改进而来的。从EQ140早期量产型号上可以看出，其和参考原型

图 1-64　乌拉尔机车厂生产的嘎斯 52 型载重汽车，参考美国的万国牌汽车

图 1-65　第一次改型后的军用型 EQ140

车——乌拉尔机车厂所生产的嘎斯 52 型载重汽车在造型上保持了高度的一致性，嘎斯 52 型载重汽车则参考美国的万国牌汽车。EQ140 型载重汽车车头纵向的栅板带有强烈的“乌拉尔”色彩，该风格在苏联援华装备项目中的“东方红”型拖拉机的栅板上也有体现，这种设计的特点是：在不降低发动机防护安全与通风性能的基础上，减少冰雪对核心部件的磨损。然而，尽管该款设计有着诸多优点，但其过于老旧的造型始终无法使人满意，至 1979 年，我国对越自卫反击战对运输装备的大量需求终于推动了 EQ140 的改型。战争开始时，二汽产品 EQ240 型越野车成了当时对越作战物资及兵员运输的主要力量，为进一步提升战场投送能力，军方要求二汽提供更多

图 1-66　第二轮改型后的 EQ140

的轻型运输车辆，于是设计生产军用型 EQ140 的任务被提到了最优先位置。针对前线战况，二汽对 EQ140 进行了与时俱进的重大改进。

新型军用型 EQ140 在保留了“乌拉尔”前栅的基础上舍弃了原先造型饱满的“万国风”，万国迄今依然是美国国内首屈一指的农割机制造企业。作为第二次世界大战时期美英援助苏联《租借法案》的一部分，美国向苏联提供了万国牌汽车全套图纸，这其中还包括斯蒂贝克 US6 载重货车、M3-李中型坦克、丘吉尔重型坦克及 GE 通讯器等一大批装备及全套图纸。更新后的 EQ140 采用了轧制钢板“倾斜”造型，这一设计大幅降低了车体正前方的被弹面积，并增加了轻型武器的跳弹概率，同时为

图 1-67 正在等待出厂的小窗东风 EQ140

了对应南方湿热的环境，增加了可以打开的前窗，以加速驾驶室内空气流通。而且，军用型 EQ140 相较早期车体耗材更少，成本更低，更适合战时量产。首批 120 辆军用型 EQ140 入越后缓解了我军前线兵员及物资运输的压力，提升了战场的投送能力。军用型 EQ140 同时也是前线伤员最渴望见到的“战友”，故军用型 EQ140 被前线士兵们亲切地称为“老军帽”。

1989 年，伴随着中国市场化程度的提升，EQ140 开始了面对民用市场的第二轮改型，通过“前脸”重点设计，散热格栅由直线改为折线，使改型后的产品一扫此前“眉头紧锁”的风格，替换以“目光炯炯”的洒脱造型，同时也体现出产品精加工的技术美学的特征。其饱满、平坦、方正的前脸与箭型的车身无疑是时代的缩影，经过技术“洗礼”的设计者们还努力表现了对共和国“走进新时代”的高度理解，并将之投射到产品上，透露出对美好未来的无限憧憬。改款 EQ140 由于依然没有装配空调，所以保留了前窗可以打开的设计，被当时的驾驶员称为“小窗东风”。

真正实现最大批量生产的产品是在第二轮设计成果上的改良版，称之为第三轮设计，重点设计是驾驶室，设计了钢化全景曲面风挡玻璃，视野开阔、安全。驾驶室通风性能好，车顶开有顶窗，窗上装有两个圆形百叶窗式导风板，可以改变气流方向。前围上开有两个进风口。驾驶室结构刚性好，采用双层后围。室内装有散热

图 1–68　第三轮设计定型的 EQ140

图 1-69　尝试第四轮改型的 EQ140

量为每小时 2 400～2 500 C 的暖风机，冬季取暖效果好。安装独立式新仪表板，整个仪表板为软化结构，装有收录机。车门内板装有软化内护板。刮水器采用电动，带动二个刮片，片长 400 mm，可安装自动喷水洗涤装置。两个长方形大镜面后视镜，装在翼子板上。以上均使 EQ140 驾驶室视野好、舒适、安全、外形美观。发动机罩采用中心锁，车头为整体式结构，刚性好，噪声小。

进入 20 世纪 90 年代，EQ140 在生产线自动化水平大幅提升的背景下又进行了最后一次改进，或称为第四轮设计，增配了空调，且车头采用了强度更高的一体成型铸造模式，车辆整体造型也更为流畅，更符合空气动力学标准。然而，这款极为国际化的设计在当时却并未受到国内消费者的青睐，故未能大量投放市场。

3．"平头车"设计初步接轨国际

二汽曾在越野车设计阶段尝试过平头车设计。因为平头车在相同长度情况下载重量大于长头车，从 20 世纪 70 年代末开始，世界上一些著名的载重车制造企业纷纷转向这种造型。二汽在 EQ140 立足已稳的情况下，开始关注大功率平头车设计。

20 世纪 90 年代初，第二汽车制造厂更名为东风汽车公司，推出 EQ153 型 8 吨平头柴油车（简称八平柴），这款车最早由东风汽车公司于 1989 年开始引进日本日产柴油车技术研发，并于 1991 年投放市场，它是国家"八五"计划期间重点攻关产

图 1-70　没有挂载的 EQ153 型 8 吨平头柴油车车头

品之一，也是东风汽车公司自行设计与引进消化、吸收国外先进技术相结合而开发的范例。

EQ153 是东风第一款重型车，在此基础上开发的三轴自卸车东风 EQ3208 系列，一度成为东风主打产品。该车整车布局先进合理，造型美观、乘坐舒适、视野开阔、安全可靠、油耗低、噪声小，达到 20 世纪 80 年代国际水准。造型整体性特征明显，所有零部件镶嵌于驾驶室整体造型中，具有典型的工业设计思考方式。

EQ153 的研发对东风汽车公司关键零部件水平提升至关重要，驾驶室、车架、车桥等总成引进日本日产公司技术，发动机引进康明斯 B 系列产品，对东风的发展起到重要作用。它的推出，使东风卡车从长头车为主转向平头车为主，满足了 20 世纪 90 年代初国内重卡车市场的需求，也标志着康明斯车用发动机进军中国市场。当时东风卡车批量装配康明斯 B 系列发动机，该机型在国内率先采用了涡轮增压器，特别适合高原地区的行使工况，也使东风在 90 年代初期一举拿下了西南、西北等高原地区的卡车市场，成为当时中国卡车行业的一面旗帜，秉承东风一贯的品质，再次将国产卡车推向顶峰。现今 EQ153 已不再生产，但是却为以后建设设计及技术含量更高的制造平台奠定了基础。

三、工艺技术

工艺设备选型的指导思想是，用聚宝的方法把一汽和其他厂已出现的赶超成果和先进技术，经过试验集中移植到二汽来，设备采用“四化、八字”方针，所谓“四化、八字”即标准化、系列化、通用化、自动化，简易、高效、专用、组合。在工厂布局方面，受“靠山、分散、隐蔽”口号的影响，原则上要求一个厂一个沟，并且力争少占农田，生活设施尽量上山。在产品主次安排上，先军后民，以军带民，适应备战需要。为了抢时间加快建设速度，工厂设计工作和产品试制工作又进行了大幅度交叉。参加二汽车身厂的筹建人员，特别是一批技术骨干，开展了大量艰苦细致的工作。工厂设计的全面技术工作由叶华美负责，其中王文德、周兴贤、盛云呈等人负责焊接工艺，程文方、汪柏茹、李涵等人负责冲压工艺，何席儒等人负责油漆工艺（1968 年之后油漆工艺主要由一汽工艺研究所负责，由刘蓝芬、关秀卿、何席儒等人成立一个油漆小组）。二汽车身厂筹建人员在长春工厂设计处和一汽的支援协助下，进行工艺设备选型、提供参数、准备订货、配合制造厂家设计试制以及绘制工厂车间工艺平面布置图等大量技术工作，同时还对四大指标（投资、建筑面积、设备、人员）、厂内运输、经济指标、能源消耗、材料消耗等进行了较详细的计算或估算，于 1969 年 9 月编制出第二版《二汽车身厂工厂设计大纲》。由于一汽的坚强后盾，二汽的工艺技术得到快速整合，并很快形成了生产能力。

由于大量的工艺技术与一汽相同，在此不再重复，但在后期的工作中，根据当时国际汽车工艺技术发展的成果，二汽的工作重点放在了驾驶室的改进和制造方面。1983 年，为适应产品开发上质量、上品种、上水平，全厂各部门共同协作，完成工厂改造项目共计 13 项，搬迁安装设备 81 台。具体工作重点如下：

一是围绕曲面玻璃驾驶室生产准备投产总目标，集中力量进行工厂技术改造，将专用性较强的焊装线（前围、后围、总装）逐步改造为多品种混流生产线。上半年车身厂坚持一手抓生产，一手抓调试，正确处理生产与调试、生产与改造的关系，实行工人、技术人员、干部“三结合”攻关，实现了驾驶室发送站、附装搬迁、前围线改造等重点项目投产，做到了一次投产成功。接着重点突出地抓了曲面玻璃驾驶室和三吨半新车头生产调试。调度科、工具科见缝插针安排生产调试，组织“三结合”队伍，调试工装进度较快。曲面玻璃驾驶室零件 81 种，调试结论 60 种；冲模 176 套，调试结论 126 套。三吨半新车头零件总数 65 种，调试结论 42 种；冲模 119 套，调试结论 61 套。通过调试，批量地生产了曲面玻璃驾驶室 210 辆，进一步

图 1–71　EQ140 车体总装车间（1）

图 1–72 EQ140 车体总装车间（2）

考验了产品设计、工艺和工装质量。生产人员熟悉了生产过程，为大量投产和全面实现混流生产打下了良好的基础。

二是围绕实施驾驶室磷化底漆线技术引进项目，开展各方面的前期工作，1983年车身厂先后派出三批人员到英国履行合同，参加工艺总图设计、设备设计工作。合同正在积极地执行，工程建设现场拆除改建工作进展顺利。开闭所建设搬迁克服电缆供应困难后高速地全面建成，在不停产的条件下一次送电成功，为磷化全面开工建设创造了条件。驾驶室内饰软化件技术引进工作已签订合同，正积极地开展筹建工作。

平头系列驾驶室开发工作在积极落实技术引进的同时，产品科本着自力更生的精神，完成了产品设计工作，试制完三辆样车，装车后得到了普遍好评。年末，调度科具体组织内饰车间产品科紧密配合总装厂，按要求完成了代号为“8321”的三吨半平头越野车生产任务。驾驶室设计制造技术引进工作，经多方面准备工作后确定了国外引进合作厂家，这一切对加速车身厂的技术进步起着良好的推动作用，特别是调度科工作重点逐渐转到新产品生产准备，是车身厂从单纯生产型转到生产经营型的一个具体体现。

平头车的设计、制造对二汽而言可以追溯到建厂初期，在构思军用越野车的时候曾经尝试过。

后期 EQ153 型 8 吨平头柴油载重车是 1989 年开始引进日产驾驶室、车总、车桥等总成，通过技术消化而设计的产品，工艺技术方面具有以下特征。

可靠性：可靠性的研究是在车身厂生产的产品上进行分析并根据国外资料提出的。在我国的使用条件下，保证主要零件 10 万公里无开裂或损坏现象，第一次大修里程应达到 30 万公里。门锁、玻璃升降器、雨刮器、暖风装置等附件设备达到国家标准和国际标准。所以，驾驶室尽量采用薄钢板，有镀层防锈钢板、塑料等轻材料，以便减轻重量。在结构上驾驶室采用封闭式全金属焊接体壳，确保了驾驶室强度和刚度，同时减轻了驾驶室的重量。

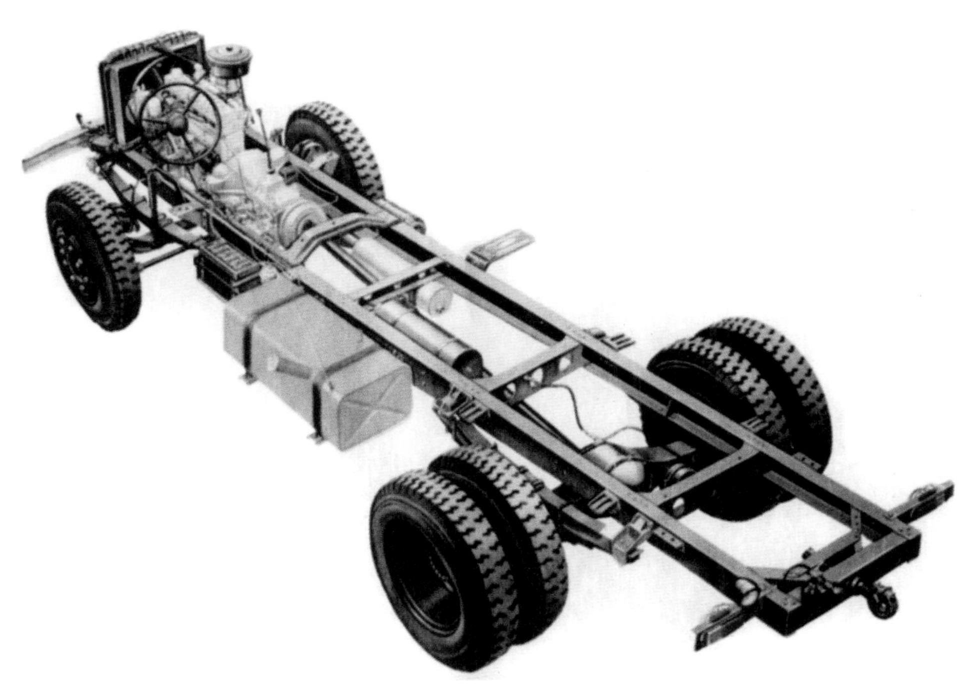

图 1-73　EQ140 底盘，结构简单、牢固，便于维修，是集成技术优化的成果

图 1-74　二汽试制的 1 吨平头越野车

舒适性：平头驾驶室安装在前桥上方，行驶中受到前桥传上来的力以及车架扭转变形所产生的力的作用，故平头驾驶室受外力影响要比长头车严重些。为了提高驾驶员及乘客的舒适性，除了在底盘悬架上做些改进之外，车身内部设计中司机及乘客座椅采用蛇形弹簧，上铺设泡沫塑料及透气性好的针织面皮。另外，座椅与靠背的结构上，使该座椅可做前后调节 ±70 mm，上下调节 ±35 mm。靠背可调 10°，可以满足不同身材司机的工作要求。驾驶室采用三点悬置，经试车，这种悬置抗扭性能好。在前悬置装有减震良好橡胶垫，在后悬置装有 U 形减震弹簧和减震器。通过长途试车，司机反应该车比国外同类产品减震性能好，不易疲劳。前围装有软化的仪表板、前围内护板、遮阳板。全景、明亮的前风窗玻璃、用弹簧钢丝绷起的人造革顶棚，这些都给人们以安全、舒适、宽敞之感。

方便性：本产品在设计中对司机进出驾驶室、操作、维修、调整的方便性给予十分重视。由于平头车较高，所以设置三级踏板，按一般人体的高度和进出方便定出三种不同的高度（见驾驶室主要参数表）。司机经常用的变速杆、手刹车、转向灯开关、喇叭开关及各种主要指示灯及仪表，都根据使用次数的多少进行合理布置。

为了修理发动机、水箱及其他底盘总成，采用两种驾驶室可翻转装置，即扭杆式翻转机构和液压式翻转机构，可以分别用在单排座驾驶室、单排座带卧铺驾驶室和双排座驾驶室，可使驾驶室翻转成不同的角度。单排座平头驾驶室可翻成 40°~50°，单排座带卧铺及双排座平头驾驶室可翻成 50°~65°。这样的可翻驾驶室，对于维修、保养、检查、调整、拆装发动机、水箱等总成带来极大的方便。

经济性：该系列驾驶室的造型满足空气动力性的要求，经过对 EQ150 平头驾驶室 1：4 缩小模型的研制和低速风洞试验，不断完善改进其造型。目前空气阻力系数已经达到 0.64，当去掉车身附件——后视镜、雨刮器时，空气阻力系数为 0.60，已经达到欧洲标准（0.58~0.62），从而降低了汽车燃料的消耗，提高汽车的动力性能。在车身结构设计时，尽量采用高强度薄钢板。例如，覆盖件采用的钢板厚度为 0.8~0.9 mm，梁用钢板一般采用 1.5~2.0 mm，个别零件采用 2.5 mm。此外，仪表盘、杂物箱、扶手、前围面罩采用轻质塑料；仪表框、内护板、顶棚等采用软质发泡塑料，使驾驶室重量减轻，以便提高经济性能。

视野性：司机坐在正常位置时，垂直方向上视野不小于 12°，现已达到 13.5°，下视野不小于 20°，现已达到 25°，在水平方向可见度不小于 200°。

图 1-75　二汽试制的 2 吨平头越野车

四、品牌记忆

宋谘景，曾任上海汽车发动机厂党委副书记，第二汽车厂政治部组织处副处长，他回忆道：上海作为国际大都市和我国主要工业基地之一，汽车零配件制造业发展较早，在生产经营、工艺技术、人才等方面占有优势。20 世纪 60 年代后，上海汽车拖拉机工业形成了专业化生产的格局，在出产品的同时，培养造就了大批各类专业人才，为支援全国汽车工业建设在物资和人才方面奠定了基础。20 世纪 50 年代，国家确定沿海工业支援内地发展工业的方针，要求这种支援是真心实意的。因此，当国家实施第一个五年经济建设计划，建设第一汽车厂重点项目时，上海支援了一批优秀高级工程技术人员和能工巧匠，为第一汽车厂消化国外引进技术、迅速出车和形成大批量生产能力注入了强大活力。1964 年底，国家确定筹建第二汽车厂，当时

图 1-76 二汽产品样本上介绍的系列变型车、专用车，主要是基于其主干产品和成熟的技术加以拓展，涉及的品种繁多，应用面很广，从另一个角度证明了其基本型产品设计所预设的拓展能量

图 1-77　用 EQ140 底盘、发动机制造的公共客车历来是广交会上的明星产品

筹建二汽的主要负责人把上海汽拖行业实行的专业化生产和管理模式作为该厂建厂方针之一，并以小厂包建大厂的方式，要求上海包建五个专业工厂。1968 年，国家计划委员会下达《关于上海市负责包建第二汽车厂建设项目任务书》。1970—1971 年，上海支援该厂众多的优秀干部、管理人员、技术工人、大批的物资和设备，培训了大批青年工人，保证了所包建的各专业厂的建设，生产任务出色完成。此外，1967—1971 年，汽拖行业的 16 家企业对四川、江西、青海、云南、贵州等省市汽车工厂建设做了全力的支援，对受援工厂的生产任务完成和企业管理的加强起了重要作用。

宋咨景老先生曾经于 1970 年负责包建二汽传动轴厂办公室的工作，翌年带领支援人员队伍参加传动轴厂的建设。1972 年调二汽总厂政治部组织处任副处长，8 年后因病被调回沪原行业工作，退休前参与编纂《上海汽车工业志》的工作，因此对上海汽车工业支援一汽、二汽等建设情况了解掌握较多。

1954 年 6 月，为支援国家汽车工业重点建设工程，上海抽调了 30 余名优秀的高级工程技术人员和 767 名四级以上的技术工人，支援第一汽车厂等单位的建设。

这些人员，在该厂建厂初期的设备安装、调试和以后的生产中，发挥了重大作用，其中大部分成为各部门的重要技术骨干，少数成为车间领导，20 年后其中有的成为第二汽车厂各专业厂和处室的领导，为发展全国汽车工业做出了重大贡献，如原上海市公共交通公司总工程师张德庆（留美硕士），在长春汽车研究所任所长期间，领导全所先后取得科研成果 358 项，其中为第一汽车厂服务的质量攻关课题 128 项，为解放牌 5 吨载重汽车形成大批量生产能力创造了条件。1953—1964 年，他先后主持试验研究汽车增压器（为克服汽车在高原行驶时缺氧，使沸点降低、发动机冷却的关键技术），高原煤气车选用无烟煤、天然气（主要是甲烷）作为汽车燃料，柴油汽车燃用大庆原油、渣油等项目，获得成功。这些试验成功的项目被广泛推广，为国家创造了巨大的经济效益，在技术上填补了多项空白。由于他在工作中做出了一系列的显著成绩，被选为第一、第二届全国政协委员，第三届全国人民代表大会代表，中国科学院学部委员，中国机械工程学会常务理事。他是上海在人才方面支援全国建设的一位杰出代表，是倾力支援的典型。

图 1-78　东风天龙载重汽车

20世纪70年代初，第二汽车厂的厂房耸立在祖国的鄂西北山区——湖北省十堰市。上海市汽车拖拉机工业公司根据上海市机电工业局下达的包建第二汽车厂任务，确定以上海汽车底盘厂为主，上海汽车传动轴厂配合，包建二汽传动轴厂，达到年产传动轴12.5万辆份、减震器15万辆份的生产能力。以上海汽车配件厂为主，上海制动器厂配合，包建二汽水箱厂，达到年产水箱节温器15万辆份及空气滤清器、机油滤清器、真空增压器12.5万辆份的生产能力。中国软轴软管厂配合黄河仪表厂包建二汽仪表厂软轴软管部分，达到12.5万辆份的生产能力。上海汽车钢板弹簧厂包建二汽钢板弹簧厂，达到生产7.5万辆份的生产能力。上海标准件公司包建二汽标准件厂。此外，上海汽车厂、上海汽车发动机厂、上海合金轴瓦厂、上海粉末冶金厂、上海工农动力机厂等抽调部分职工支援。以上多项支援工作于1971年基本结束，涉及上海120多个单位，支援管理干部、工程技术人员和技术工人1 363人，代为培训青年工人2 000名，自制专用设备186台、工艺装备2 200多套及众多的生活用具（主要是上海汽车底盘厂支援），保证了第二汽车厂的建设按计划完成、出车，为二汽建设出了一份力，如由上海汽车底盘厂为主包建的二汽传动轴厂，当时本厂和传动轴厂抽调了近300名优秀干部和技术骨干及炊事员支援该厂。所有支援人员怀着为祖国汽车工业打翻身仗的决心，克服家庭的种种困难，放弃上海优越的生活条件，奔赴鄂西北山区去建设二汽。由于选调干部和技术工人多数是原单位的厂级领导、技术科长、车间主任和生产能手，具有丰富的企业管理经验、较高的技术专长，善于组织生产。而且在抽调干部和技术骨干时，又按业务、按岗位、按工种对口的要求挑选，所以他们一到职上岗，工作就能得心应手，使这个厂的设备调试、试生产的工作，迅速走上了正轨，继之企业管理八项基础工作整顿，都处于全二汽系统各单位的前列。总厂领导特别是饶斌同志把传动轴厂看作是上海包建工作的先进典型，倍加关爱，多次亲临该厂调查研究，指导工作，召开现场会，在全二汽推广该厂的有关经验，如1977年，全二汽系统提高产品质量、开展文明生产的现场会就在该厂召开。当时任中共第二汽车厂委员会第一书记兼革委会主任的饶斌同志亲自到会讲话，并确定传动轴厂为全员质量管理的试点单位。会后，传动轴厂厂部根据饶斌“产品质量是发展二汽的生命线”的讲话精神，借鉴上海工厂所创的管理模式，加强“一序一卡”管理，结合学习日本汽车厂和北京内燃机厂全面质量管理的经验，对全厂干部和职工开展全员培训，进一步充实干部、职工全面质量管理的知识，建立以部件为单元的全面质量管理点，完善检测手段，运用“不良品统计管理图”和工位器具（防止产品磕碰伤）等措施，保证了传动轴、减震器、转向机等产品质量稳定提高。以后，该厂把上述行之有效的管理固定为企业管理制度加以贯彻，并且与产品创优活动结合起来。经过全厂职工几年的不懈努力，1986 年 2 月，传动轴厂生产的 EQ140 减震器荣获国家银质奖。由于传动轴厂在生产、后勤保障、企业管理等工作中做出了一系列成绩，该厂成为全二汽的一面先进旗帜，不仅受到总厂历届领导的赞扬，还在全二汽职工中普遍传颂。此外，水箱、钢板弹簧、标准件和仪表等厂，在二汽按计划出车等有关工作中亦都做出了显著成绩，其中水箱厂的包建工作亦相当出色，此文不再详述。所有这些，都证明了上海汽车工业对二汽的支援是真诚的、无私的、慷慨的，包建工作是成功的，意义重大，影响深远。

1964 年 5 月，党中央、国务院根据当时国际形势提出一、二、三线的战略布局和建设大三线，要求尽快建立三线地区生产基地。国家经委、第二机械工业部等有关部委开始了调整一、二线，建设三线的工作，同时向上海市下达支援内地三线建设的任务。

1965—1971 年，上海农业机械制造公司根据中央、上海市、机电一局下达的任务，确定实施支援三线工作的原则：统筹规划，根据少而精、小而全的要求和机电工业协作配套关系比较复杂的特点，既要认真贯彻中央关于人员、设备配套和优先支援内地建设的指示精神，派优秀的干部、工人和优良的设备支援内地建设，又要把本公司的生产、技术、协作配套关系安排好。期间，汽车拖拉机行业有 16 家企业共 1 165 台设备，1 743 名企业领导干部和技术骨干，2 168 吨工装模具等物资支援了四川、江西、青海、云南、贵州等兄弟省市汽车、拖拉机、内燃机行业的建设，如为了帮助四川省把汽车、拖拉机、内燃机制造工业建立起来，上海汽拖行业以整个工厂全部或一分为二的方式内迁支援，将上海动力机厂共 237 人、设备 350 台、物资 1 000

多吨，于 1964 年 12 月整体迁到四川重庆，生产汽油发动机；将上海活塞厂和大中华汽车材料厂一分为二，由活塞厂厂长带队，共有职工 144 人、设备 71 台、物资 173 吨，于 1965 年 3 月迁到四川成都，建立了一家具备年产活塞 30 万只、缸套 10 万只的工厂；将上海合金轴瓦厂一分为二，职工 324 人、设备 163 台，于 1965 年 4 月迁到四川涪陵，建立一家专业生产汽车、拖拉机、内燃机轴瓦的工厂；将上海洪昌机器厂一分为二，由厂长带队，职工 100 余人、设备 36 台，于 1965 年 3 月迁到四川涪陵，建立了一家专业生产汽车、拖拉机的标准件工厂，等等。上述各厂生产的产品，都是为汽车、拖拉机配套的主机和关键配件，这为当地生产整台汽车、拖拉机创造了条件。以后，随着国家经济和科学技术的发展，上述支援各厂的生产规模日益扩大，生产品种增多，经济效益大幅度增长，为四川省社会主义建设做出了重大贡献。此外，上海马铁厂、上海工农动力机厂、上海第二汽车配件厂等单位抽调优秀技术人员和技术工人支援了江西、云南、贵州等兄弟省市有关单位的建设，亦为当地社会主义建设做出了贡献。

五、系列产品

1. EQ150 型六吨半系列载重汽车

根据第二汽车制造厂《1981 年—1985 年产品发展规划》和《EQ150 型 4 × 2 六吨半、EQ153 型 4 × 2 八吨半平头载重汽车设计任务书》及《EQP245 型三吨半平头越野车设计任务书》的要求，车身厂着手新产品研制。这种新型平头驾驶室将作为第二汽车制造厂第二代产品投放市场，其主要性能要求达到欧洲先进水平。

该系列驾驶室分为四种型号，即单排座可翻转平头驾驶室；单排座带卧铺可翻转平头驾驶室；双排座可翻转平头驾驶室；双排座前风窗为（可开启）平面玻璃可翻转驾驶室。该四种平头驾驶室以单排座平头驾驶室为基本型的系列产品，适用于二汽的平头载重汽车系列和平头越野汽车系列，还可用于改装的自卸车，半挂牵引车及其他变型汽车。

图 1–79　各项指标与 EQ240 基本没有差别的 EQ245

该系列驾驶室根据设计要求采用世界先进技术，在汽车造型上采用流畅的线条，适应汽车动力性能的要求，降低整车的空气动力阻力系数。通过汽车 1：4 缩尺模型的研究，进行了多次低速风洞试验，从原第一个模型的空气阻力系数 0.94 降到最后一次模型试验的 0.64，已接近欧洲的水平（欧洲平头车空气阻力系数为 0.58~0.62）。其汽车造型与驾驶室结构、工艺、成本、重量统筹考虑进行设计，做到结构先进、美观大方、经济实用，外形上受到好评。

2. EQ245 三吨半越野车

EQ245 大部分性能与 EQ240 相同，相比较有所改进的方面是，驾驶室后围为双层封闭式结构，冬季保温性能好。车身通过六点同车架连接，呈菱形布置，结构刚性好，对底盘传来的振动不敏感，噪声小。

3. EQ140 系列变型车

（1）公共客车

东风牌公共客车由于采用了东风牌载重汽车的成熟技术，并随着其技术的发展而改进，所以在技术上具有优势，整体结构牢固、合理，乘坐具有很强的舒适性。

在造型上基于企业长期积累的工业设计经验，东风牌公共客车的外观整体性完整，宽大的前窗玻璃不仅为驾驶员提供了良好的视野，同时也为乘客提供了通透感。车身彩色的线条装饰，既起到了延长车厢长度的视觉效果，也增加了产品的流畅性，是改革开放初期中国大城市争相采购的产品。

（2）东风天龙系列

2006年5月18日，东风汽车旗下的东风商用车公司在十堰市推出了新一代重型载重车平台——东风天龙。东风天龙通过国际合作，融合世界先进技术，并在研发过程中实现了大量的自主创新，使整车各个系统的性能全面提升，尤其在技术性、安全性、经济性、可靠性、舒适性等方面的表现突出。东风天龙汇集了大量国际先进技术，其驾驶室采用流线型面罩、蜂窝状格栅，保险杠上异型组合水晶大灯，整体给人高大威猛的感觉。在安全性及舒适性方面进行了类同解放J6系列方面的改进设计，造型整体性特征明显，所有零部件镶嵌于驾驶室整体造型中，具有典型的工业设计思考方式。

天龙的造型强壮而灵秀，既显现出粗犷的气势，更合乎东方审美观点。由于采用了全钢双层保险杠，充分展现东风对驾驶者的关爱，同时使外形更为美观大方。而双级重型车桥吸收了国际技术，有着抗打齿、高承载、大扭矩、长寿命的品质。同样的设计理念也体现在其天锦系列的产品设计中。

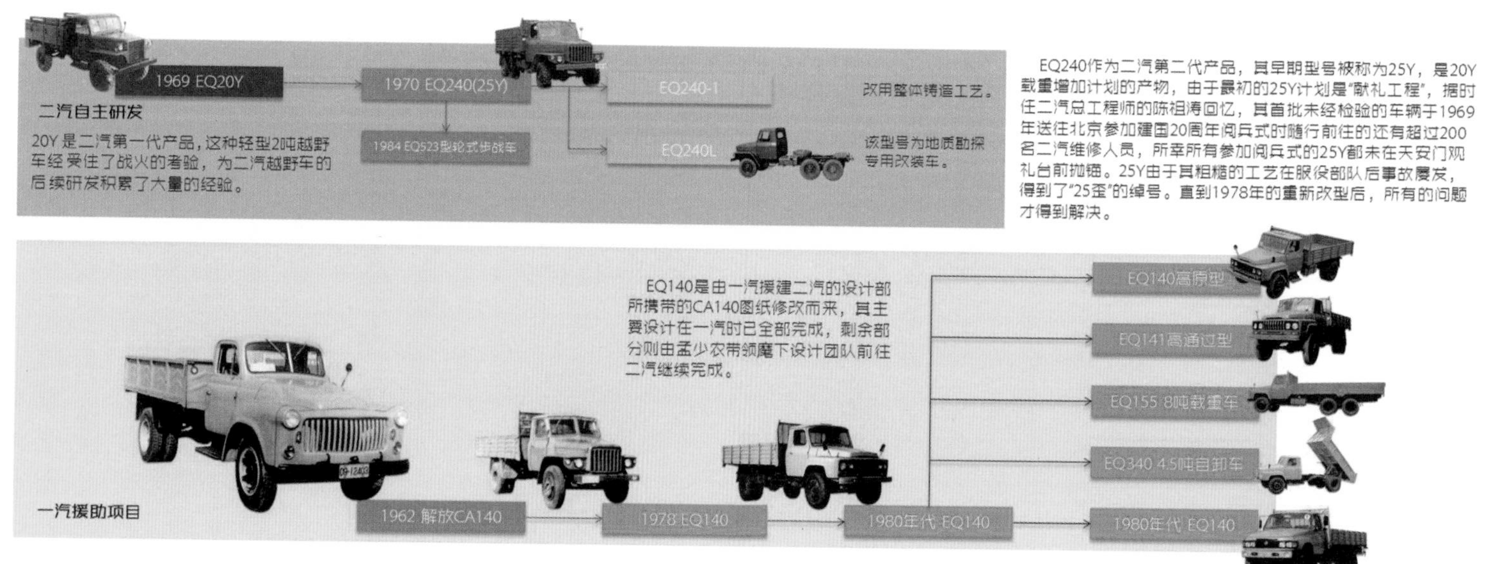

图 1-80　东风牌载重汽车主要产品设计发展谱系图

第三节　跃进牌轻型载重汽车

一、历史背景

1946年底，华东野战军取得了鲁南战役的重大胜利，缴获了大批坦克、火炮和汽车等重型装备。为了适应战争的需要，于1947年3月18日在山东临沂以东地区成立三野特种纵队，并从华东军工部八厂抽调了37人、4台设备和一些简易工具，于1947年3月27日，在山东临沂耿家王峪，成立了中国人民解放军华东野战军特种纵队修理厂，任务是收集重型战利品，修配车、炮等装备，为解放战争服务。这是南汽的前身。当时，人们称它“一担挑”工厂。

特种纵队修理厂成立后，随军流动服务，转战在鲁中、胶东、渤海、冀西南、鲁西南、豫东、皖东北、苏北、苏南地区，参加了石家庄、孟良崮、浩阳、开封、睢杞、济南、潍县、淮海、渡江、上海等战役，完成了上级赋予的支前任务。其间，1947年8月，转移至山东掖县，9月，转移至山东德平县万家、堂邑县后哨营；1948年11月，迁移至津浦线上的梅村；1949年1月，迁至徐州十屯；1949年7月，随军迁宁，部分接收了原国民党联合勤务总司令部运输署供应司401汽车修理厂，筹备成立三野特种纵队修配总厂。

这一阶段，由于处于战争环境，条件极为艰苦，人员少，设备差，时间紧，任务重，在不间断的转移中为部队抢修火炮、火炮牵引车、榴弹炮传动轴、汽车、战地工程车等。同时，在战争中也壮大了自己的力量，全厂职工由37人发展到1 062人，主要设备由4台增加到160台。

中华人民共和国成立后的8年中，管理体制多变，三次改变隶属关系，工厂三分三合，产品多变，在多变中确定产品方向，实现制配到制造的过渡。

1949 年 8 月，工厂在南京全部接管了二野移交的原国民党联合勤务总司令部运输署供应司 401 汽车修理厂，开始定点建厂。在“一面满足军事需要，一面进行建设”的方针指导下，中国人民解放军第三野战军特种纵队后勤修配总厂建厂筹备委员会筹措建厂事宜，陆续从上海、江苏等地招聘了部分技术人员和技工，于 1950 年 1 月 2 日正式组建成立三野特纵修配总厂，下设制配、修车、修炮、皮革 4 个分厂及光学车间（划出建制后成立 704 厂，名为国营南京光学仪器厂）。

1950 年 9 月，修炮分厂 108 名职工赴朝鲜参加修炮工作。随后，修车分厂相继开赴安东（今丹东），为赴朝参战部队修理改装的汽车，支援抗美援朝战争。1951 年，皮革分厂划归华东军区军需部。10 月，修炮分厂调往朝鲜前线，划归东北军区建制，由中央军委运输部领导。11 月，收购了杭州私营建国汽车配件厂的土地、厂房和设备，吸收其全部职工迁来南京，改为 9 车间，后命名为第二分厂。1952 年 3 月，修车分厂划归东北军区运输部。7 月，与华东军区后勤部第二汽车制配厂合并，更名为中国人民解放军汽车修配第三厂，划归军委车管部领导。1953 年 8 月，原华东第二汽车修配厂修理车间归属华东军区运输部领导（后为 7425 厂），工厂划归一机部汽

图 1–81　三野特种纵队修配总厂筹备委员会成员合影

图 1-82　1950 年南汽改装的 6A 型工程车

车工业局领导，更名为南京汽车制配厂（南汽），管理体制由军工企业转为国营企业，有军籍的职工集体转业，生产正式纳入国家计划，成为该厂历史上一个重要转折点。

1951 年，军委后勤部下令让南京汽车制配厂与北京汽车制配五厂（北京汽车制造厂前身）合作，生产井冈山牌摩托车。南京汽车制配厂承担发动机、前叉、油箱、电器系统等主要部件的制造和部分总装工作。经过 8 个月的努力，于 1952 年 6 月 22 日试制成功第一辆井冈山牌摩托车，并在当年投入批量生产。摩托车的试制投产，标志着工厂技术水平的提高，是由修配到制造的开始。

第一个五年建设计划期间，产品仍然多变，逐步明确向汽车生产方向发展。1953 年，上级决定将摩托车转给北京汽车制配五厂生产，并确定南京汽车制配厂与綦江、武汉汽车制配厂联合制造吉普车，花了 8 个月时间进行试制，后因朝鲜战场需要，奉命停止试制，改产武器车底盘。1955 年，奉命研究苏式操舟机和 M20 发动机（即 050 型发动机），并于第二年投入批量生产。

1956 年，为了适应农业合作化高潮的到来和整个国民经济发展的需要，经南京市委、江苏省委建议，7 月 12 日国务院第三办公室及国家计委正式批示南京汽车制配厂生产德特 24 型轮式拖拉机并下达了计划任务书，定名为“南京拖拉机厂”，年产德特 24 型轮式拖拉机 5 000 台，计划两年完成试制和土建工程，要在 1958 年第

图 1–83　1952 年 6 月 22 日试制成功的第一辆井冈山牌摩托车

图 1–84　1955 年制造的 450 型操舟机

三季度全面投产。由于国家形势的变化，此项决定被撤销。操舟机和 050 型发动机重新被确认为主要产品。

1957 年，配套组装多种用途的 5 kW、10 kW 固定式、移动式的发电机组和电焊机组，围绕汽油发动机整顿了生产准备工作制度，产品质量达到了当时的国家标准，积累了制造汽油发动机的经验。

1957 年 10 月，一机部汽车局确定苏联嘎斯 51 型汽车为南汽参考车型，并提供了图纸资料。根据这一决定，南汽确定了"以制造发动机为主与专业厂相结合，采取广泛协作，组织汽车生产"的方针，从研究消化 070 型发动机入手，以发动机、驾驶室和车架为主，在一机部汽车局的支持下广泛协作，组织配套生产。

图 1–85　1957 年制造的 10 kW 发动机组

1958 年 3 月 10 日，第一辆 NJ130 型 2.5 吨载重汽车试制成功，经一机部命名为“跃进牌”，这是继长春第一汽车制造厂解放牌汽车以后问世的我国第二种牌号的载重汽车。6 月 10 日，一机部正式批准生产厂为南京汽车制造厂。同年，国家拨款 800 万元，第一次进行基本建设，开创我国依靠自力更生、艰苦创业的精神制造和发展汽车生产的先例。

1959 年，参考苏联 M21 型发动机，试制成功后，按照国家指示，将全部成果移交给北京汽车制造厂（北汽），成为北汽井冈山牌轿车的心脏部件（后装在 BJ212 轻型越野车上，定名为 BJ492 型发动机）。

由于三年极“左”路线的影响和三年困难时期带来的经济困难，产品质量问题较多，生产秩序较乱，通过调整、整顿，生产秩序得以恢复，产品质量、生产能力有了明显的提高。1962 年下半年，随着国民经济的复苏，汽车生产开始回升。

1962 年 10 月，陈毅副总理等中央首长来厂视察，对南汽自力更生制造汽车表示赞许。

1964 年 1 月 8 日，朱德总司令视察南汽，勉励南汽“自力更生精神很好，要保持、发扬这种精神”。

1964 年 11 月，国家推行经济办法管理企业，试办“托拉斯”体制，以南汽为主体，

图 1-86　首批 NJ130 下线盛况

图 1–87　1958 年 6 月 10 日，南京汽车制造厂挂牌仪式，厂牌由朱德同志题词

与南京市重工业局的南京汽车配件制造公司所属 8 个配件厂、杭州市重工业局所属杭州发动机厂、杭州链条厂和常州市政工程机械厂合并，成立南京汽车分公司，按专业化协作原则进行总体规划，根据各厂具体条件确定专业化方向，调整零件分工进行技术改造。改造分两步进行：第一步按年产 5 000 辆水平，第二步按年产 1 万辆生产纲领。到 1965 年底累计完成国家投资 2 000 万元，基本达到年产 5 000 辆汽车综合生产能力，实现第一步专业化协作规划目标。

图 1–88　NJ230 型汽车整装待发

图 1-89　南汽的员工宿舍区

1964 年，为第二汽车制造厂试制了 3.5 吨载重汽车（后移交给广东成为红卫牌汽车）和 20Y 三轴 2 吨越野车。1963 年 9 月，试制 NJ230 型 1.5 吨军用越野车，于 1965 年正式投入生产，为部队提供装备并出口到相关国家履行国际主义义务。

1972 年，一机部以一机字 1031 号文批准南汽扩建年产 1.2 万辆，主要是在原有 1 万辆能力的基础上，扩建生产 NJ220 越野车 2 000 辆。1973 年，根据走专业化协作道路的原则，国家计委批准南汽进行年产 2.5 万辆的初步设计，改造的具体内容是以南汽为骨干，与南京、镇江等地区 22 个专业零配件厂按年产 2.5 万辆实行专业化协作。到 1979 年止，实际完成投资 4 509 万元，竣工面积 11.7 万平方米，厂区新建齿轮、传动轴、工具、设修四个专业厂和仓库区，并配有独立的水、电、空气、蒸汽、废水处理等公用设施和汽车发送场地，年综合生产能力接近 2 万辆。

1980 年 9 月 4 日，国务院机械委员会国机发 22 号文通知："以南京汽车制造厂为基础，把江苏、安徽、江西、福建、武汉等省市生产同类型车辆的厂点组织起来，按零部件分工，生产 3 吨以下的轻型载重车辆，并注意发展新的系列产品。"同年 11 月，南汽参加了五省市联营调查组召开的第一次会议，初步探讨了联营的方案。1981 年 3 月 6 日召开了第一次有关联营的筹备会议。3 月 18 日，薄一波副总理由江苏省省长惠浴宇等陪同来厂视察时指出："由南汽牵头、惠浴宇同志挂帅、一机部为副帅联合起来。”“五省市联营比较成熟，思想要积极，工作要抓紧，步子要稳妥”，南汽积极参加筹备工作。1982 年 1 月 9 日，南京汽车工业联营公司在南京成立，南汽作为基础厂参加了联营。这是南汽第三次走联合、改造的道路。

1979 年与江苏省镇江市机械局合作生产 NJ220 型军用越野车，并先后与全国 22 家汽车改装厂签订合同，由南汽供应底盘，协作生产各种改装车，有力地促进了联营双方的生产经营和产品开发，也为进一步组织联营体提供了经验。

从 1958 年成批生产以来，南汽基本上没有大的改进，存在品种单一，能耗大、重心高、技术指标低、外观和舒适性差等缺点，市场竞争能力差。在汽车工业经营方针由计划经济逐步转向市场经济以后，问题暴露得很突出，加上国家限制基建投资的原因，1980 年到 1981 年连续两年产品大幅度下降，滞销，年产量降到万辆以下，工厂面临着严峻的考验，产品更新换代已势在必行，南汽领导对此有了清醒的认识和紧迫感。1980 年，南汽确定以“提高产量、发展品种、增产增收、改进管理”为具体目标。第二代新系列汽车 NJ131 型、NJ132 型、NJ142 型汽车（即平头轻型载重汽车）开始设计试制。根据市场信息，南汽决定生产 D135 型柴油机汽车（柴油发动机由扬州柴油机厂生产），并对老产品结构加以改进，改型为 NJ134 型、NJD134

图 1–90　跃进牌 NJ134 型轻型载重汽车

型 3 吨载重汽车，相继投放市场，初步扭转了汽车滞销的局面。

1984 年南汽加强了宏观决策，根据汽车工业大发展的必然趋势，制订了到 1990 年的工厂发展规划，强调高起点、高水平、大批量，“以快取胜，以专取胜”，走出一条有特色的外引内联之路。在产品换型中，抓住主要矛盾，引进了日本 KS21 型驾驶室模具，从而大大缩短了新产品制造周期。NJ131 型汽车（包括 NJD131、NJ131A、NJG427 汽油机）于 10 月 13 日通过国家鉴定定型，受到中汽公司表扬；NJ136 型汽车（包括 G422 发动机）完成试制试验；NJ142 型汽车完成试制并开始试验；在 XJ131 型汽车通过国家鉴定后，开始了第三代产品的引进、消化、试制和发展工作，引进的依维柯项目达到草签协议。

二、经典设计

南汽的产品开发，从单个零配件、改装专用车、军用摩托车、操舟机、车用发动机发展到汽车产品，大致可分为三个阶段，即以测绘为主、多方位进行产品开发阶段，确立主产品系列产品开发阶段，更新换代第二、三代产品开发阶段。

图 1–91　早期 NJ130 试制成功的产品在实际使用中的问题主要靠大量的维修来解决

1. 设计热身

1957 年下半年，在一机部支持下，根据汽车局的指示，南汽开始开发试制汽车。汽车产品开发工作采取“兵分两路”的方法组织进行：一是测绘苏联嘎斯 51 型 2.5 吨载重汽车，二是由南汽与长春汽车研究所共同开发试制 CN120 型 1.5 吨轻型载重汽车，发动机用已生产的 50 型汽油机，底盘部分和整车由长春汽车研究所负责自行开发设计。到年底，CN120 型主要零部件的产品图纸基本完成，嘎斯 51 型车（即 NJ130）的铸锻件投入试制。

1958 年，CN120 型汽车和 NJ130 型汽车进入紧张的试制阶段。NJ130 型汽车的发动机和底盘部分参考苏联样车，采取先测外形轮廓结构制造样品、后定图纸的方法设计试制；CN120 型汽车驾驶室是由长春汽车研究所按当时国外较流行的外形设计的。同年 3 月 10 日，第一辆跃进牌 NJ130 型汽车试制成功，当年投入生产 250 辆，但存在很多质量问题。5 月 15 日 CN120 型汽车第一轮样车试制成功，后又投入第二轮试制 10 辆。当时由于“大跃进”思潮的影响，在 NJ130 型汽车土法上马、立足未稳的情况下，紧接着就要求开发 230 型（嘎斯 63）越野汽车，当年 6 月 19 日试制成功，只试生产了 60 辆，就被迫于 1959 年停产。

2. 初步练就的设计内功

NJ130 轻型载重汽车的设计由自行组织攻关关键制造技术开始，其标志性事件是，1958 年 2 月 17 日，由冲压车间主任韩玉成和支部书记姚连生带领工人操作 250 吨油压机分段压制出第一副汽车大梁，由此拉开了设计工作的大幕。这是自从 1957 年 8 月开始借鉴苏联嘎斯 70 轻型载重汽车以来的重大突破。

最早设计的 NJ130 型技术指标都不高，驾驶室采用的是帆布顶和门，车厢后围、侧围均为木质，前围为铁皮、车身镀金件，这种“混合材料和结构”的车辆共计试制了三辆，当时定名为 CN130，纯属“简易车”。这是因为工厂缺少大型设备的原因，虽然有苏联嘎斯 51 做参考，但仍无法完全试制。

稍后南汽的主要精力集中于各种工装设备的生产，并于 1958 年生产了 248 辆，第二年增加到 1 206 辆。由于当时缺乏轻型载重车，所以 NJ130 问世后居然出现了

图 1-92　NJ230 型军用车

供不应求的局面。1958 年一机部拨款 800 万元，作为技术设备建设费用，南京将之作为一项重点工程推进。

当时设计面临的问题是将“简易车”向“正规车”过渡，首当其冲的是将由“布、木、铁混合结构”的驾驶室改为全金属结构，几乎将车身上所有的铸件的造型由手工制造改为机械造型，在保证其精度的同时大幅度地提高美观度。

虽然 NJ130 型在最初的两年时间里只生产了 1 077 辆，但由于严把质量，这批车受到用户好评，同时也带动了工厂设备的专业化建设，成为设计工作的第一个里程碑。1966 年，在 NJ130 型底盘的基础上，结合二汽产品的总成件设计，采用平头驾驶室、整体后桥设计试制 NJ131 型 3 吨载重车。

在开发民用产品的同时，南汽还承接 230 型军用越野车的生产，其驾驶室造型完全等同于 NJ130 型，但底盘提高，使用越野型、耐磨轮胎，前大灯加金属网格防护罩，车厢采用高栏板，当时还从苏联进口了一部分耐磨零部件，又从一汽引进了成熟技术，发动机以 070 型为基础开发成 070A 型，66.15 kW，属加强型发动机。

1968 年，NJ130 再次更新设计。有了军用越野车的设计经验，这次设计更新时南汽似乎更有底气，而且直切关键部件，发动机就是目标之一，在多年修造经验的基础上，他们对轻型载重车使用的 51.45 kW 汽油发动机一直进行持续不断的改进，形成了经典的 070 型发动机，并以此发动机做基础开发系列产品，广泛应用于军事、工业、农业等各方面，还曾出口到国外。

另外，南汽的专业化配套工厂也日趋建成，专业的技术培训学校培养大批成熟的技术工人。在所有“利好”要素作用下，最成熟的一款产品 NJ134 型诞生了。

该车型驾驶室采用长头形式，造型完全来自 NJ230 型军用越野车。从正面看，最引人注目和给人强烈印象的是竖条的散热格栅，共计 7 孔，处于长方形平面上，发动机舱盖略呈斜势，为鳄口式开启。左右两个前大灯采用的是与解放牌中型载重车一样的尺度，而整个 NJ134 型车身尺度又比后者小了一大圈，所以前大灯显得特别精神，为整个产品带来了一种“童趣”，仿佛是儿童脸上的两个大眼睛。驾驶室软化设计依然没有提上议事日程，仪表盘设计也与 NJ130 型相同。

从侧面来看，由于发动机体积较之中型载重车小，因此车头造型部分并未显得

图 1–93　NJ230 型军用车整体结构与 NJ130 型基本相同

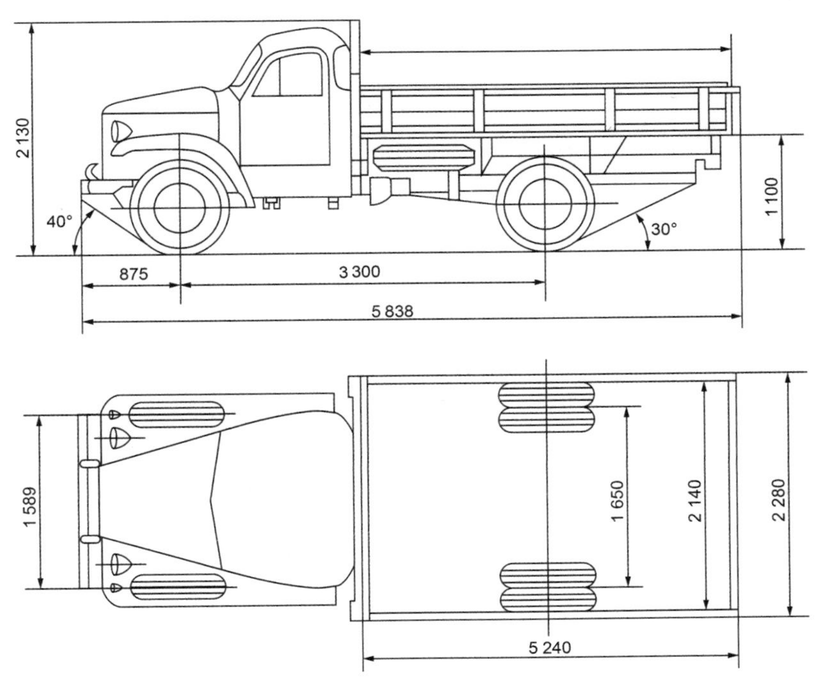

图 1-94　NJ134 中型载重汽车主要尺寸

太长，因而为车身增加了紧凑感。这是反复设计、试制拉延模成功以后的产品。

驾驶室采用流线型，尽可能减少风阻系数，而前挡泥板、车门等设计的理念，一如解放牌 CA10 型一样。早期后厢采用木材料制造。这一时期车身色彩以绿色为主，另有少量浅蓝灰色。时至 1975 年，南汽曾对 NJ130 型钢板弹簧及其相关部件做了重大改进设计，定型为 NJ134 型，并有加长车厢型号，主要是加长大梁，改用 700-20 轮胎，以便增加装货体积，同时发展为半自卸式。同时，考虑到农村使用的需要，开发了使用扬州柴油机厂 495Q 型柴油发动机的变型车 NJ135 型，最大功率为 51.45 kW，每百公里耗油仅 12 L，从当时的技术条件来看已经达到了十分理想的状态。同时跃进牌汽车全面采用双管真空安全阀，使得制动灵敏、安全可靠。

NJ135 型开始在江苏省内用作农用运输车，1977 年，经过全面优化改进设计，推出了第二轮样车，并在海南试车场进行了 5 万公里的定型试验，1980 年通过国家

图 1-95 NJ134 型仪表盘设计

技术鉴定，并投入批量生产，成为机械部推荐的第一批节能产品，成为市场的新宠，此时，南汽果断地将 NJ135 型改称为 NJ134 柴油型，但外观并无明显改进设计。

正是因为新 NJ134 型的成功，南汽有了作为当家花旦的产品，从而在 20 世纪 80 年代走出了低谷，形成了良好的品牌口碑。

利用新 NJ134 型成熟的技术，南汽开发了汽、柴油翻斗车等 37 种型号的产品。这得益于新一轮军用越野车的开发设计成果。

1975 年，根据用户需求信息，改进设计 NJ130 型汽车，对钢板弹簧及其他相应

图 1-96 NJ134 型 3 吨长厢轻型载重汽车

图 1-97　基于 NJ134 型技术开发的 2.5 吨半自卸式载重汽车

零件改进设计后，变型为 NJ134 型 3 吨载重车，装用扬州柴油机厂 495Q 柴油机变型为 NJ135 型 3 吨柴油车。1976 年按江苏省计划生产了 NJ135 型柴油车 550 辆。

在这一系列开发设计的工作中，军用产品的开发由于在资金上的保障及不需要过多考虑市场需求问题，因而设计可以相对集中精力，集成各种技术进行优化，另外军用产品强烈的功能要求磨炼了设计师实现功能的能力，为提高产品的品质制定了硬性的标准。除此之外，南汽在发动机开发方面的优势和孜孜不倦的精神似乎与德国大众汽车公司“只改功能，少改外形”的理念暗合，这也成为支撑其产品设计的重要要素。

图 1-98　跃进牌汽车采用双管真空安全阀，使得制动灵敏、安全可靠

3. 注入设计基因的新跃进

20 世纪 80 年代，南京轻型载重汽车的设计又一次走到了十字路口，所谓“南汽二代车型”（即平头轻型载重汽车）的设计再一次拉开了帷幕。在一机部汽车总局的指导下，联合了国内生产同类产品的江苏、江西、安徽、福建、武汉 5 省市 12 个单位的 30 余人，探讨新车型设计。南京汽车工业联营公司在筹备期间就基本确定了联合开发新系列产品的型谱，开始进行了基本车型的试制、试验工作，着手产品结构的调整。鉴于跃进牌汽车产品落后，早在 1978 年上半年，江苏省副省长柳林赴日本访问之际，与日方探讨了从日本引进汽车工业的技术问题。柳林回国后立即同省机械工业厅和南京汽车制造厂领导到北京会见一机部饶斌副部长和汽车总局领导，就有关引进方式、产品方向和专业化协作等问题进行商榷。随后即指示组织成立以南京汽车制造厂为主体的江苏省机械工业厅引进轻型载重汽车技术工作组，按部、省会谈精神开展工作。经与日方接触后，决定与日本五十铃汽车公司谈判引进五十铃 KS 系列轻型汽车技术。经过双方会谈和商定，1979 年 2 月，五十铃汽车公司海外事业开发室一行 7 人携带一辆 KS22 型载重汽车到达南京汽车制造厂进行适应性试验。随后，又就技术引进和合资经营等事项进行了多次会谈，终因返销及偿还贷款问题未能达成协议。但在最后的模具合作商务谈判中，双方就南京汽车制造厂购买日方的五十铃 KS21 型驾驶室二手模具事宜签订了合同。这批模具经日方整修后经中方验收，于 1983 年 5 月全部运抵南京汽车制造厂。

从 1979 年开始，南京汽车制造厂在进行市场调查和收集国内外汽车产品资料的基础上，参照五十铃公司的 KS22 型（并参考 T2、KA 型）汽车，进行 1~3.5 吨的轻型载重汽车系列的设计，主要有 NJ132（2 吨）、NJ133（2.5 吨）、NJ142（3 吨）、NJ143（3.5 吨）四个基本车型，并按产品的要求，对发动机系列产品也进行了相应的研究。

1980 年，在南京汽车制造厂设计试制新系列产品的同时，因考虑到新系列产品从开发到投产约需 6~7 年时间，因此决定利用准备引进的日本五十铃 KS21 型驾驶室二手模具和老产品底盘部分总成及零部件，开发 NJ131 型 3 吨载重汽车，以作为二代产品正式上市前的过渡产品。设计工作自 1980 年初开始，至同年 10 月试制出 5 辆样车。该车型采用平头驾驶室，改变了原车布置，提高了发动机功率并改进了车架。新的车架总成装用老产品前后桥、变速箱，可选用柴油机或汽油机。1980 年 10 月完成样车和 70L 改进型发动机的试制，1981 年 6 月完成了 5 万公里可靠性试验。随着购买五十铃 SK21 型驾驶室模具的落实和五省市联合开发二、三代产品规划的改变，1982 年 8、9 月间，在研究“六五”后三年产品换型和技术改造的方案中，经中汽公司同意，确定以 NJ131 型 3 吨载重汽车为正式换型目标，从而使 NJ131 型汽车取消了原定过渡性质，正式成为该厂的第二代产品。1983 年开始，该厂以 NJ131 型为目标进行“六五”产品换型技术改造工厂设计的同时，又对 NJ131 型汽车进行了两轮试制，并于当年 11 月完成 2.5 万公里可靠性试验。

1983 年 3 月，NJD433A 型柴油发动机通过国家技术鉴定并荣获国家 1983 年优秀新产品奖。随后新开发的 70L 改进型汽油发动机也投入生产。

1984 年 2 月，南汽完成了 NJ131 型汽车的第二轮试制任务，并在海南汽车试验场完成了 5 万公里可靠性定型试验。同年 10 月，在南京召开了技术鉴定会，NJ131 型（装 NJ427A 发动机）、NJD131 型（装 NJD433A 柴油机）、NJ131A（装 NJ70L 发动机）三种型号的载重汽车通过国家技术鉴定，并获得 1984 年度国家科技成果三等奖。1985 年，NJ131A 型和 NJD131 型载重汽车投入批量生产。1985 年 8 月，NJG422A

图 1–99　南汽强震实验室正在进行 NJ131 车型测试

图 1-100　南汽首批 NJ131 下线盛况

型发动机和 NJ136 型载重汽车，以及委托沈阳松辽汽车厂试制的 NJ136AS 型双排座 2 吨系列载重汽车通过国家技术鉴定。至此，该厂完成了新一代跃进牌轻型汽车系列的开发和更新换代，形成 2~3 吨级汽车兼有、汽油柴油发动机兼有、单双排座兼有、长短轴距兼有的轻型载重汽车系列，连同 NJ221 越野车系列，共计有 15 种车型 29 种产品。使其轻型汽车品种质量在国内具有较高的水平。

毋庸置疑，造型改进后的 NJ131 具有强烈的“工业设计范”，但与其说是 NJ131 产品带来的设计感，不如说是全世界的汽车产品经过 20 世纪 70 年代电子技

图 1-101　NJ131 型 3 吨平头轻型载重汽车

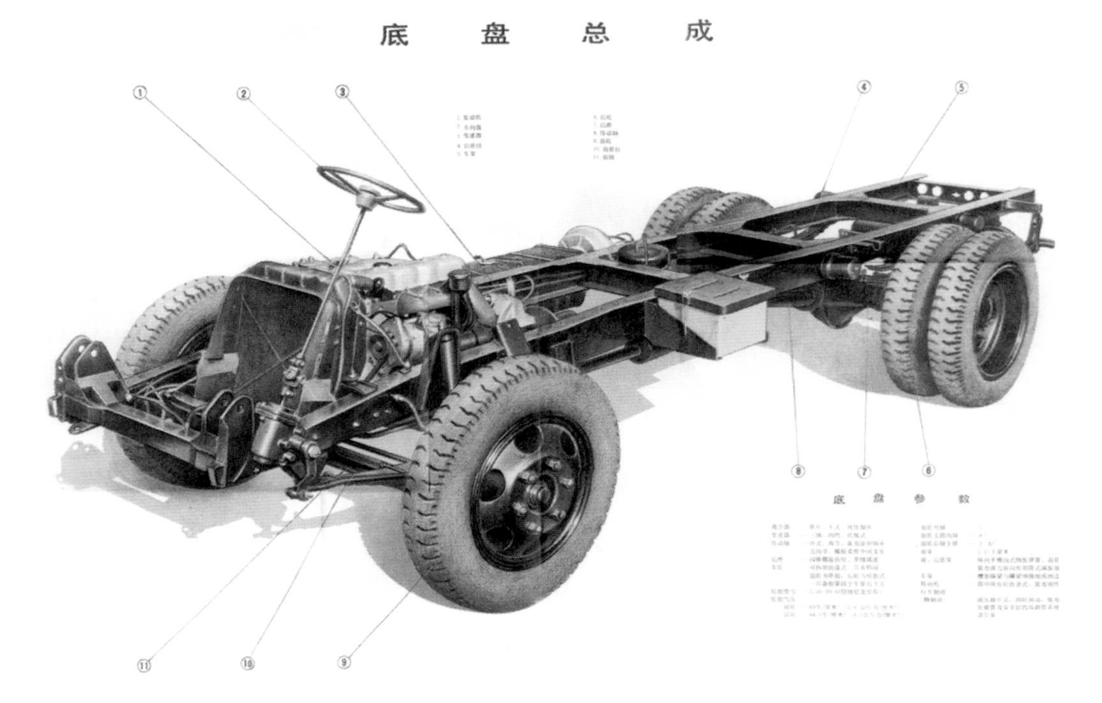

图 1-102　NJ131 型载重汽车底盘总成挂图

术革命洗礼以后汽车设计概念革命的成果，包括日本五十铃 KS 系列轻型车都是这种概念革命的缩影。

车身通风格栅、前大灯、雾灯、转向灯合成一个整体，在黑色或白色的整个饰

图 1-103　NJ131 正在热带进行道路试验

图 1–104　正在进行道路测试的 NJ131

面上形成前脸，显得十分有逻辑，微曲面的车头体现了东方人“曲而不屈”的中庸设计思想，全景式挡风玻璃具有很好的视野。

虽然 NJ131 型 3 吨平头轻型载重汽车的外观来自日本，但南汽在其技术匹配和集成方面的努力一直没有停止，几乎是在其底盘和发动机等关键总成没有改变的情况下来进行改型设计的，从以后绘制的技术挂图上可以证明。至 1989 年，全国利用

图 1–105　进入 20 世纪 80 年代后，南汽 NJ131 型与 NJ134 型共线生产，绿色车身产品为 NJ134 型

NJ131 型、NJ136 型汽车底盘改装的各种客车、专用车厂家超过 200 家。

1984 年 10 月在南京，NJ131（装 NJ427A 发动机），NJD131（装 NJD433A 柴油机），NJ13IA（装 NJ70L 发动机）三个型号的载重车通过国家鉴定，因 NJ131 型汽车在国内具有较好水平，获得了 1984 年国家科技成果三等奖。同时通过国家鉴定的还有 NJG427A 发动机、NJD433A 柴油机和 NJ70 改进的 NJ70L、NJ70L1 汽油发动机。1985 年，NJ131A 和 NJD131 型 3 吨汽车开始投入批量生产。从 1978 年至 1985 年这 8 年中，经过了以单一品种测绘为主参照样车（机）进行系列化产品开发研制的阶段，产品开发工作基本上完成了替代老产品的第二代汽车的产品设计，并实现了共线生产。

同年 8 月在沈阳，NJ136 型、NJ136B 型（双排座）2 吨载重车和 NJG422A 型发动机通过国家鉴定。以 NJ136 型为基型的 NJ136C、NJ136F 等变型车继续进行开发研制工作。

在“六五”期间开发第二代产品的过程中，根据市场需要，对老产品通过改进、变型，开发生产了以 NJ134 型和 NJ221 型两种基型派生出来的多种汽车及底盘，为南汽产品在市场竞争中取得较好的成绩做出了贡献，并为“七五”期间大批量生产

图 1–106　技术改进后的 NJ136B 型（双排座）

经过国家鉴定的第二代产品（NJ131 型、NJ136 型）提供了前提条件。

此外，从 1984 年第四季度起，对引进的意大利菲亚特集团依维柯公司的“S”系列汽车的样车及索菲姆发动机样车进行拆卸、测绘、分析，开始进行南汽第三代产品开发的前期准备工作。南汽融入了一个具有国际水平的产品开发平台。

三、工艺技术

从 1964 年 1 1 月开始，南汽组织部分工艺力量，着手对分公司所属各厂进行调查研究，并在此基础上，按照“组织起来，实行专业化分工，发展汽车生产”的方针、“不搞基建，充分利用和挖掘现有潜力”和“调整、改组和技术改造”的原则，结合各厂具体情况，制订分公司的总体规划方案。在总体规划方案中，以南汽为主体，利用原南京市配件制造公司的 8 个厂，通过零部件的扩散转厂等措施，使 8 个厂形成专业厂，从而在南京形成跃进牌汽车的生产基地。总的目标是年产 1 万辆汽车。具体分两步：第一步，力争在一年半左右时间内完成分公司的调整改组工作，在进行零部件扩散和转厂生产形成专业厂的同时，进行初步技术改造，基本达到年产 5 000 辆汽车的能力；第二步，在完成第一步技术改造的基础上，全面进行技术改造，力争在 1968 年达到年产 1 万辆汽车的生产能力。

根据分公司的总体规划方案，以南汽工艺力量为主，组织各厂迅速按照零部件扩散的专业分工。以南汽 5 000 辆设计为蓝图，结合各厂情况，迅速制订了各厂的技术改造方案，经综合、汇总、审查后付诸实施。1965 年，在分公司进行调整、改组和零部件扩散转厂的同时，技术改造同步实施，在各有关部门和后方厂的配合下，经过各厂的努力，到年底基本上完成了零部件扩散转厂生产工作。1966 年上半年达到第一期改造目标，并在完成第一期目标的基础上，按照总体规划方案的要求，开始进行全面的技术改造工作。

1966 年下半年，由于“文化大革命”的影响，技术改造工作陷于停顿。按照专业生产分工，充分利用现有基础，以内涵为主进行技术改造。用了不到两年时间，到

1960 年已达到 5 000 辆综合生产能力，而改造资金仅用了 169 万元，为原 5 000 辆设计投资的三分之一。NJ230 型越野车前桥、扬州的变速箱、后桥和常州的模锻件收回自制配套。

全厂职工坚持生产和技术改造，在极为艰难的条件下，比原定目标延迟了四年，到 1972 年终于使工厂基本上达到年产 1 万辆汽车的水平。当时，全厂专业机床数已约占金属切削机床总数的 12%，采用的工艺装备数已达 15 670 项，工艺装备系数约为 8.8。南汽的汽车制造技术已开始向大批量生产转化。在 1964 年到 1972 年的 9 年中，工厂在工艺技术上有了较大发展，其中主要有：

（1）早在 1964 年，为保证汽车零件的高精度质量要求和便于自我武装专用机械，测绘借鉴美国 Heald 金刚石镗床的自动调整主轴间隙的高精度镗头获得成功；自行设计了铣削动力头、电磁离合器机械滑台、床身、立柱等规格化零部件。在分公司的第一期技术改造中开始应用于生产，在按 1 万辆规模全面技术改造中进一步被广泛采用，特别是在 1969 年开始重建底盘厂过程中被大量采用。这是南汽按正规设计要求制造专用机械的开始，并有了一定的发展。

（2）塑料模具的开发研究和用于生产，为驾驶室主模型的制造和大型覆盖件拉延模具制造创出了新路，保证了 NJ230 型汽车正式投产，并为汽车驾驶室全面换装（采用全封闭金属驾驶室代替简易驾驶室）创造了条件。

1962 年，一机部下达重新试制生产 NJ230 型越野汽车，并提出必须采用全封闭金属驾驶室的要求。制造正规的驾驶室，按传统做法，一是用优质木材做主模型；二是大型覆盖件要用钢制拉延冲压模具生产。做主模型需要的优质木料不易找到，南汽也不具备制造大型钢质模具的技术。为了解决生产驾驶室总成存在的这两个关键问题，工厂在寻找解决方法的过程中，在美国杂志中得到了线索和启发，决定进行以塑代木、代钢制造主模型和大型模具的开发、研究工作，并立即组织了以冲压工艺组为主的兼有化学、机械等专业技术人员和工人组成的专门小组，从塑料的配方、组成和机械性能开始进行试验研究，在反复试验初步得到成果的基础上制作主模型和设计制造一批拉延模，并在使用过程中不断继续进行试验、研究和改进。经过两三年的努力，终于保证了 NJ230 型越野汽车正式投产（1965 年），满足当时装备部队的急需，随后在技术改造中建立驾驶室的焊装线，于 1967 年完成。此后生产的汽车（ NJ130 型、NJ230 型）都装上了基本按原设计生产的驾驶室，结束了 1958 年以来生产汽车装用简易驾驶室的历史。

（3）球墨铸铁曲轴从试制到投产，经过近二十年的不断试验推广，已广泛在汽车零件上采用（如凸轮轴、后桥壳和盖、钢板吊耳、支架、差速器壳、轮毂等）。一个采用冲天炉一工频炉双联熔炼、高压自动线造型、机械化水平较高的设计能力为年产 6 400 吨的球墨铸铁铸造专业厂，通过这段时间的努力已初步建成，为球铁进一步推广应用创造了条件。

（4）从 1970 年新增锻工车间以 2 吨模锻锤和 13 吨 · 米无钻座锻锤为主要手段，锻造部分汽车零件（其他仍沿用摩擦压力机锻造），到 1979 年已建成了具有 1~5 吨模锻锤、2 000 吨平锻机等 10 台主机及其辅机配套的年约 6 000 吨生产能力的锻造生产基础。产品锻件已全部采用模锻生产。

（5）初步建成了具有 1 万辆配套生产能力的齿轮专业厂，使长期依靠协作、易受波动影响汽车生产的变速箱和桥齿供应有了缓冲，减少了依赖。在逐步形成生产能力的过程中，还采用先进技术，研究开发了行星齿轮精锻工艺并投入生产。

图 1–107　南汽的发动机调试车间

图 1-108　NJ70L 型发动机在 NJ70 型发动机的基础上做了改进，取得了较明显的经济效果，比油耗由原来的 333 g/(kW·h)，下降到 313 g/(kW·h)

（6）自力更生、自我武装的水平和能力有了进一步提高和加强。如自行设计和制造的总装配线和后桥壳自动加工生产线等都具有一定的水平。此外还设计了一些单能机及其他专机、非标设备等。

1982 年，按照南联公司的要求和“以节能为目标进行产品换型，以内涵为主进行技术改造”的方针原则，南汽编制了《“六五”产品换型技术改造规划》。1983 年第一季度，南汽集中力量进行了“六五”产品换型和技术改造的工厂初步设计工作，设计完成上报后，于 3 月底经中汽公司主持组织的审查会议通过。这次技术改造是按照以产品换型、节能为目标，不强调汽车产量的增长，在现有生产能力的基础上，以内涵为主进行技术改造，通过改造把现有生产老产品的能力转为生产新型汽车生产能力的方针原则进行设计的。设计的产品纲领为年产新型汽车 2 万辆，新型发动机 2.6 万台，新型驾驶室 3.4 万个。发动机和驾驶室总成自配 2 万辆外，余数供联营厂装车用。其他小总成零部件的纲领均按自配需要考虑。

“六五”期间，以产品为龙头，依靠自身进行技术改造，工厂在技术方面有较大进展，物质基础有了进一步加强，完成了一些工艺技术水平较高的改造项目，这些项目的完成使工厂由于条件不具备长期采用落后工艺生产的一些关键生产过程（或工序）的工艺技术有了质的变化，其中主要有：

（1）建成了一条由 1 300 吨双动、1 000 吨四点（2 台）、800 吨双点（3 台）组成的 7 台大型覆盖件的冲压生产线。

（2）完成了地面小车机械输送新型驾驶室焊装生产线。

（3）建成了用微机控制、推杆悬链输送的具有国内先进水平的驾驶室总成磷化自动线。此外，还在原有基础上改造完成了面漆生产线，这四个项目的完成投产，使驾驶室总成改变了落后生产面貌，达到国内同行业 20 世纪 70 年代工艺技术水平。

（4）建成了一条可适应多品种生产的车架总成铆接的机械生产线。

（5）完成了一条试验性的小冲压件阴极电泳油漆生产线。

（6）建成了采用封闭式、有空调设备的、可适应多品种生产的地面小车输送的发动机总成装配线。

（7）进口了少量关键设备，如制动蹄的滚凸焊机、曲轴磨床、凸轮轴磨床等，

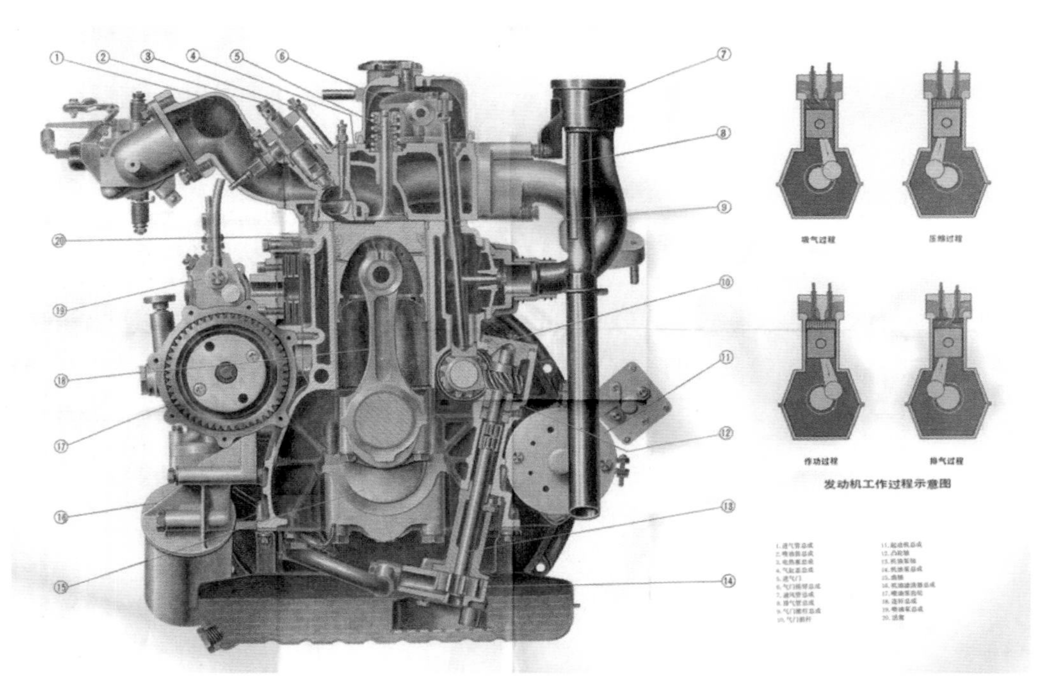

图 1–109　NJ70L 型发动机工作原理图

为保证产品质量创造了条件。

1985 年，NJ131 型汽车开始小批量生产。经过了“六五”调整和技术改造，基本上达到了产品换型的目标。

“六五”期间，在第二代产品 NJ131 型上市（产品换型）过程中，南汽做了大量的生产工艺准备工作。按照工艺设计的要求，完成了设计制造工艺装备约 4 000 副（含进口五十铃 KS 型驾驶室模具 478 副）、大型生产线 9 条，从而保证了 NJ131A 型、NJD131 型汽车的投产。特别是发动机的改进设计卓有成效。

四、品牌记忆

1956 年，解放汽车的下线让中国汽车工业看到了希望。1957 年，当时主管汽车工业的一机部做出开发轻型载重汽车的决定。时任南京汽车制配厂厂长齐抗亲自进京，争取这一重任。

当一机部同意南京汽车制配厂开发和生产轻型载重车的申请后，齐抗厂长既兴奋、又为难。摆在面前的只有一张发动机的图纸，其他相关资料都没有，连厂里资格最老的技术人员都没办法真正掌握。没有经验、没有技术，如何研制出一辆轻型载重车，成为摆在大家面前的一大难题。

“困难很多，但当时那种状况，哪个行业的发展没有困难呢？国家既然把这项任务交给我们，我们就一定要攻克这个难题！”事隔多年，这位为中国轻卡奉献了一辈子的老人的誓言依然回响耳畔。

很快，一个由厂领导、工程技术人员和工人三结合的攻关班子组建完毕，攻关的重点也放在了 51 kW 发动机、驾驶室和车架总成这三大件上。“我记得那段时间几乎没有完整地吃过一顿饭，每个人都是匆匆扒两口饭就走。晚上也经常挑灯夜战，常常一忙就到天亮。”经历过这段历史的工程师们细数当年的艰难日子时，言语间仍然充满了自豪。两个月之后，NJ130 型汽车的技术方案跃然纸上。

最让南汽人难忘的是制造驾驶室的那段日子，没有现成的模具，工人们只好先用马粪纸做一个模型，再用锤子一锤一锤敲制，就这样一边敲一边改，几个月终于"敲"出了一个驾驶室。"当时根本不需要动员，大家的行动都是自发的。我记得试制组有个叫韩玉成的小伙子，为了不耽误工作连续3次延迟了婚期。"虽然已经过去了半个世纪，但跃进汽车股份有限公司车身厂老厂长朱亮觉得这段往事仍然历历在目。

8个月的努力终于获得了回报。1958年3月10日，当跃进轻卡开上街头的时候，南京沸腾了。"车身上扎着大红花，一路开到市委、省委报喜，大家敲锣打鼓，那个热闹劲真让人难忘。"在南京居住了60多年的陈新华老人回忆。

"80年代初，中国的轻卡业经历了一段时间的发展和沉淀，有了一定的技术基础；市场也日渐成熟，车型升级换代的要求越来越强烈。当时日本的轻卡技术是比较领先的，正好五十铃公司也主动提出了合作的建议，在专家小组赴日实地考察后，双方立即拍板定下合作意向。"曾任跃进总工程师的李龙天回忆说，"这次合作使跃进至少领先行业两年的时间，同时也为其他企业引进日本技术提供了借鉴，最终推动中国轻卡完成了第一次换代。"

李龙天说的就是1986年底，跃进引进日本五十铃平头驾驶室设计模具之后推出的改型，从此日本典型的平头车设计载入中国轻卡发展史。跃进人的一小步，中国汽车工业的一大步。这次改型是中国轻卡发展史上第一次真正意义上的借助外国先进技术完成的升级；这次升级的大获成功还在于，跃进NJ131型在市场上引领中国轻卡行业迈入了一个发展的黄金年代——中国轻卡从80年代初年产量不足15万辆，到90年代初一举冲至30万辆。

"把跃进的这段历史称为黄金年代一点也不夸张。记得80年代中后期彩电是最炙手可热的大件，只有凭计划票才能买到，有些人趁这股热潮光倒彩电票就发了大财。没想到跃进NJ131型载重汽车面市以后，火热程度更甚，好多用户为了买到它，不惜拿彩电票换。当时跃进的两句广告语，'跃进131，走遍天涯和海角'，还有一句'路遥知马力，日久见跃进'，家喻户晓，连小孩子都会说……"尽管时代已经翻越了二十年，但当李龙天忆起那段火热的黄金年代，自豪之情仍溢于言表。

进入21世纪，跃进融入了南京依维柯，这个有着50年历史积淀的品牌又一次焕发了青春。南京依维柯总经理周亮表示，跃进的目标是成为国际一流的轻卡品牌。而经过 50 年的发展，跃进品牌已经走进了千家万户，受到了 150 万轻卡用户的信任与支持，并见证了他们致富的过程。“我父亲就是跃进的第一批用户，我和儿子组建运输队，用的也都是跃进车，缘分哪！”辽宁 60 多岁的余大林聊起跃进来，难掩心中的激动。

“跃进的出现填补了中国汽车工业格局中‘缺轻’这个巨大的空白，为中国汽车工业立下了卓越的功勋。”中国汽车工业咨询委员会秘书长滕伯乐用这句话概括了跃进的历史地位。

五、系列产品

1966 年下半年起，利用 NJ230 车的零部件，南汽与江淮汽车厂合作设计试制了 NJ220 长头型和 NJ221 平头型 1 吨越野车各 1 辆。1970 年，南汽根据部队对 1 吨越野车的迫切需要和有关轮廓尺寸及性能的要求，正式开始进行 NJ220 型（长头驾驶室）1 吨军用越野车的开发工作。从 1970 年底开始到 1974 年试制了三轮共 23 辆样车，进行了基本性能、可靠性、地区适应性和部队使用试验。1974 年 8 月，一机部和总后勤部召开了 1 吨越野车设计、试验工作座谈会。根据二轮样车试验中的问

图 1–110　1977 年 3 月通过国家鉴定的 NJ220 型越野汽车

图 1–111　NJ220 型正在山地做路试

题和座谈会的意见，对 1 吨越野车的设计做了较大的改进，同时根据部队扩大 1 吨越野车使用范围的要求，在长头驾驶室 NJ220 型越野车的基础上又开发了平头驾驶室的 NJ221 型越野车。1975 年 10 月试制出定型样车 6 辆，同年 11 月至 1976 年 11 月，对 6 辆样车进行了定型试验（其中 4 辆进行了可靠性试验，另 2 辆做了专项性能试验和寒热地区的适应性试验）。NJ220 型、NJ221 型 1 吨越野车于 1977 年 3 月 14 日至 21 日通过国家鉴定，并投入少量生产。1 吨越野车装用新开发研制的 96 kW 692 型 6 缸发动机，带同步器的变速箱、整体后桥等底盘新部件，该车的开发填补了我国无 1 吨级越野车品种的空白。

跃进牌民用车系列产品并没有体现在南京汽车制造厂内部，而是体现在中国轻型客车工业发展的过程中，若干年以后，各省市遍地开花的轻型客车厂及其生产的轻型车几乎都与南汽的 NJ130 型、NJ131 型相关。

浙江宁波地区汽车制造厂 1969 年开始参照 NJ130 型产品，制造 3 吨轻型载重汽车，杭州交通修配厂（杭州轻型汽车总厂）在 1970 年开始参照 NJ130 型生产了 3 吨轻型载重汽车。1969 年，在“准备打仗”和“各自为战”的思想指导下，福建省革委会要求依靠本省力量制造轻型车，这种汽车分配到公社及各生产大队，平时为农

图 1-112　NJ221 型越野车，曾经长时间作为部队的制式装备

业生产服务，准备战时支前打仗所用，也确定参照 NJ130 型产品，发动机参照其 70 型，生产 FJ70A 型载重汽车，调动了省内 90 多个工厂参加会战，由原永安汽车修造厂（福建汽车厂）承担前桥、后桥、变速箱、传动器、车架、货厢各总成的制造和总装配，省汽车修造厂（福建客车厂）承担发动机及离合器研制，建阳汽车修配厂承担其他部件生产，三明钢铁厂承担前桥工字梁的锻造。由于当时缺少大型冲压设备，驾驶室由杏林玻璃厂用玻璃钢制成。

在南汽推行联营的过程中，相关企业分享技术，而后独立门户生产轻型车，成

图 1-113　NJ221 型越野车在寒带进行路试

为今后轻型车升级换代的主力企业。江西汽车制造厂是第一批参加南京汽车工业总公司的整车企业之一，曾参照南汽产品推出过井冈山牌 JX134 型 3 吨柴油车，与南汽的 NJ134 型基本一致。后来该厂积极参与到联营的技术改造活动中，也曾考虑开发 4 吨载重车及日本铃木 110 型微型车，以求得与南汽产品的差异化，但没有成功，后来在南汽联营终止后，独立与五十铃谈判，引进了双排座轻型车，打响了“江西五十铃”品牌，继而开发出了 JX1030DS 车型，其设计与南汽的产品只有细微的差异。当年类似这种情况十分普遍，全国不同系统的汽车制造厂都在上轻型汽车项目，而且技术都来自日本五十铃公司。

南汽的一个不可替代的核心技术力量是汽车发动机的研制，共有 20 余种发动机。作为中国重型汽车生产厂的陕西重型汽车厂的发动机生产车间是由南汽包建的，南汽的 M21E 型发动机技术全部移交至北京汽车制造厂用于组装井冈山牌轿车，后来用于著名的北京牌 BJ212 轻型越野车上，上海牌小轿车也曾选用过南汽的发动机，1970 年南汽将 050 汽油发动机成套技术和设备全部移交给南京市公交公司。

基于上述开发能力，南汽完全能够形成丰富的产品系列，但实质上在南汽内部只有三个系列 7 个基本车型，三个系列分别为 NJ130 系列、NJ131 系列及后来与意大利依维柯合资的 S 型轻型客车系列，而由南汽三个系列产品孕育的中国轻型载重车具有十分丰富的产品系列。

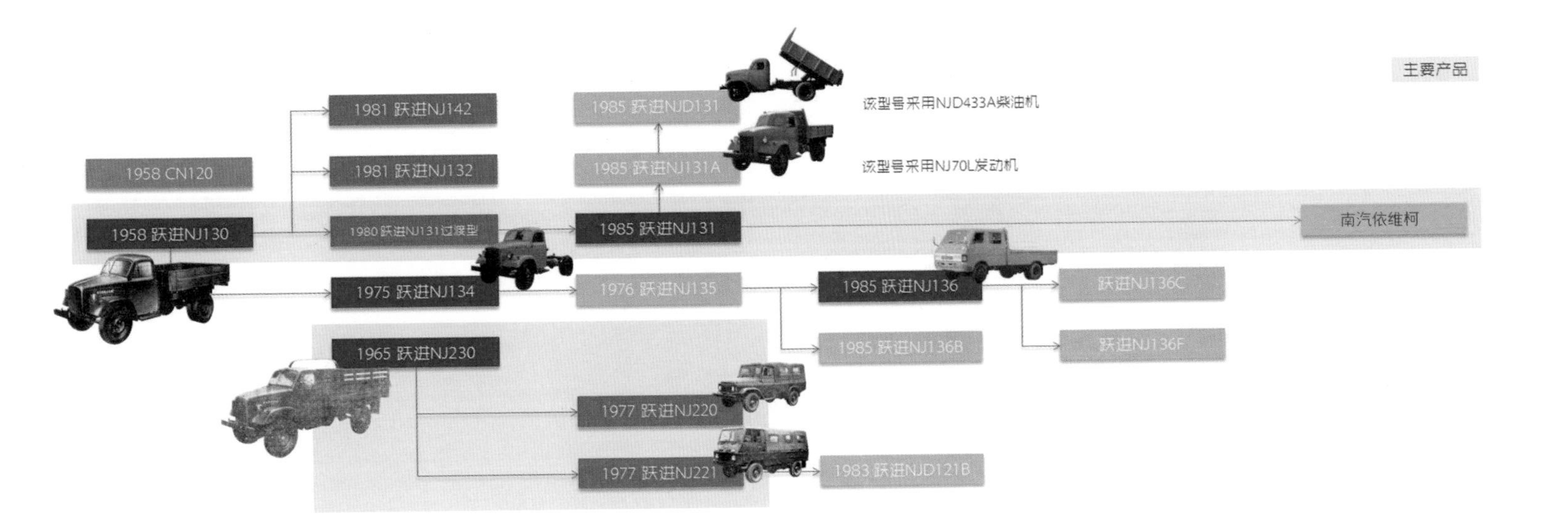

图 1-114　跃进牌载重汽车主要产品设计发展谱系图

第四节　上海牌SH58-1型三轮载重汽车

一、历史背景

在"一五"计划末期，随着国民经济的发展，解决城乡货物运输问题，特别是小宗货物的运输问题，已尖锐地提到日程上来。1956 年底，日本在上海举办工业展览会，在展品中有 6 种车型的三轮汽车。这种车的特点是灵活方便，适用于城乡短途运输。当时中国由于农业合作化的发展，城乡交通运输工具紧缺，因此这种交通工具立刻引起了上海各有关部门的注意。在上海市主管局和市计划委员会、市政交通办公室的支持下，先后有货车修理厂（上海重型汽车厂前身）、宝山农机修配厂（上海一易初摩托车有限公司前身）、上海汽车装修厂等几个厂家开始试制三轮载重汽车。以后因货车修理厂、宝山农机修配厂转向试制生产重型载货汽车和摩托车，三轮汽车试制成功后，即相继停止制造。真正形成一定批量生产能力的是上海汽车装修厂生产的 SH58-1 型三轮载重汽车。

1957 年 4 月，上海市内燃机配件制造公司组织召开三轮汽车选型试制方案讨论会，经过可行性分析，提出申请报告，获得上海市政府和主管局批准。1957 年 5 月 6 日，该公司成立了三轮汽车工程办公室，何安亭任主任，马睽、杨锡夏、何介轩为副主任，张宝书为总工程师，抽调了有关技术人员，负责设计和试制工作。

为加强对汽车试制工作的领导，统一组织协作生产工作，上海市政府于 7 月 18 日成立了由 18 名委员组成的三轮汽车试制委员会。由市计委副主任顾训方任主任，市机电工业局副局长赵琅、胡汝鼎和内燃机配件制造公司经理王公道任副主任。这两

图 1-115　上海牌 SH58-1 型三轮载重汽车

个组织领导机构在组织协作方面的分工是：凡属内燃机配件制造公司内部生产的各种配件由工程办公室提出计划，在公司内协作解决；凡属电器仪表等兄弟公司生产的配件由工程办公室提出计划，由试制委员会协调安排。三轮汽车的选型，经过对日本展品车型品种的比较和试验，决定以 1 吨大发 SDF-8 型为基础，进行部分设计改进。主要改进项目有：

（1）转向机由把手式改为圆盘式，使驾驶操作轻松，倒车方便；

（2）前轮悬挂由弹簧式改为液压式，以改善减震性能；

（3）前后轮胎加厚，以提高载重保险系数；

（4）将半浮式后桥车轴改为全浮式；

（5）制动由不平衡式改为平衡式。

上述方案取得了市、局领导的同意。设计工作从 1957 年 7 月上旬开始，到

图 1–116 上海牌 SH58–1 型三轮载重汽车销售市场一角

1958 年 1 月 15 日结束，共完成测绘图纸 2 860 份，其中 SH58–1 型图纸 1 500 多份，SH58–2 型图纸 1 360 份。从 1957 年 10 月下旬起，发动机、变速器、底盘、车身和总装由三个主机厂相继投入试制，即由上海内燃机配件厂（上海发动机厂前身）试制发动机和变速器、螺旋伞齿，上海汽车底盘配件制造厂试制底盘总成，上海汽车装修厂试制车身和负责总装，其他 251 项零配件则分别由上海汽车电机厂、恒大有色铸造厂、交通电器厂、中国机械工具厂、宝铝汽车材料厂、新成汽车配件厂、新华活塞环厂、上海汽车配件厂等 51 家工厂按专业化协作原则试制。

三轮载重汽车试制工作在市、局、公司领导的组织协调下顺利开展，广大职工夜以继日，贯彻干部、工人、技术人员三结合的方针，不断攻克难关。经过两个月的奋战，第一台三轮载重汽车底盘，包括车架、后桥、悬挂制动系统，于 1957 年 12 月 10 日试制成功；第一台发动机于 1957 年 12 月 16 日试车成功；第一辆三轮载重汽车于 1957 年 12 月 26 日总装完成。1957 年 12 月 28 日，在上海汽车装修厂举行了三轮汽车试制成功剪彩典礼。市计委副主任顾训方代表市领导剪彩并讲话。当天工厂还开车向市政府等领导机关报喜。产品一上市便受到用户的欢迎。

二、经典设计

由于四轮载重车被称作“全轮货车”，所以三轮载重车被称作“非全轮货车”。正因为如此，其设计理念与前者具有一定的差异性。

三轮载重车从性能上来讲存在着一定的先天性缺陷。首先稳定性问题。在转向时，整车重心只要超出了由三个轮子形成的三角形范畴，就容易侧翻，尤其是在做较小半径转弯或紧急避让时尤其会出现这种问题，另外，整车重心越向前移越容易超出由三个轮子形成的三角形范畴，因此当车辆制动时，整车的重心是前移的，紧急制动更容易使整车重心向前移并超出其三角形范畴。

因此，在整车设计时，前轮尽可能地向前伸展，努力扩大三角形的面积，如表 1–1 所示的重心计算是整车设计的依据。

表 1–1　三轮载重汽车重心计算依据

项　目	满　载	空　车
L 轴距	2780 mm	2780 mm
L_1 重心离前轴距离	$0.75L$	$0.60L$
L_2 重心离后轴距离	$0.25L$	$0.40L$
h_g 重心离地高度	937 mm	657 mm
G 总重	2345 kg	1345 kg
G_1 静止时前轴负荷	$0.25G$	$0.40G$
G_2 静止时后轴负荷	$0.75G$	$0.60G$

注：满载时的重心高度，是在货物装载高度与驾驶室顶等高时测定（最高装载情况）。

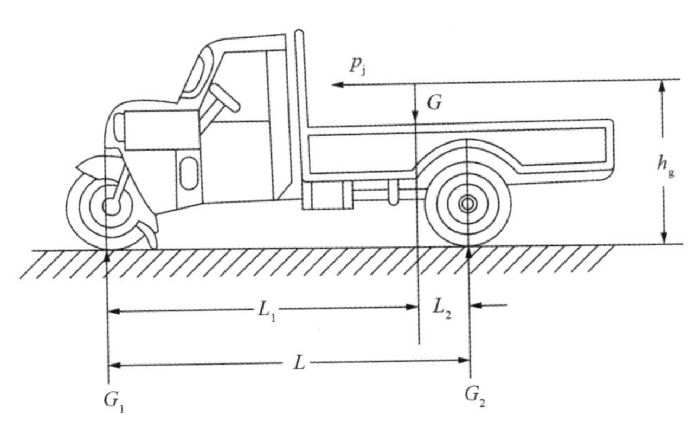

图 1–117　制动情况下的相关要素状态

图 1-118　上海牌 SH58-1 型三轮载重汽车正面造型

其次是紧急制动时制动距离和减速问题。制动距离、减速度和三轮载重车的轴负荷分配、制动时的轴间负荷再分配系数、轴距、重心坐标等参数有关，其中 p_j 为制动时的惯性力。

由于上述因素，整体造型采用“长头车”是其必然的选择。驾驶室尽可能与载货车厢接近，因为驾驶室是整车的最高点，其重心尽量靠后。虽然决定了整车的基本造型，并在理论上搞清了基本原理，但要正式形成一个设计方案，还需要有众多的思考，特别是制造成本和制造工艺方面的考虑，所以早期车身主要还是篷布驾驶

图 1-119　上海牌 SH58-1 型三轮载重汽车前脸局部

图 1-120　上海牌 SH58-1 型三轮载重汽车车头主要部件设计

室车顶和木质载货厢，后来才改为全金属结构，有效地延长了产品的寿命，并进一步就驾驶室的密封性做了针对性的加强设计。

从美观角度来看，整体造型尽量采用向外抛出的弧形造型，使得这样一件体量较小的产品看上去显得比较饱满，具有较强的完整性，也具有一定的个性，即机灵、有机。

从正面看，“前脸”构成主要是两个圆灯，镶嵌在两个向后延伸展开的水平灯筒上，相接在封闭式的全金属驾驶室前，水滴状转向灯设在这个灯筒左右两侧。前脸最中心部分放置产品品牌名称——上海，驾驶室前窗为两扇平窗。

前轮是类似摩托前轮的结构，避震器一目了然，前轮罩从左右避震器中间穿过，前车牌横向固定之上，形成了很有逻辑的结构。发动机舱顶部及驾驶室两侧下方均有可开启式进气口，主要是夏天调节驾驶室温度之用，因为驾驶室不装有空调。后

图 1–121　上海牌 SH58–1 型三轮载重汽车与车厢连成一体的后轮罩设计

轮轮罩凸出于载货厢，主要是尽量增加后轮轮距的需要，但还是尽量与货厢合而为一。

设计工作尽量围绕着设定的目标推进，以尽可能小的车身，适应城市中小巷道路的灵活行驶，因为这些道路不需要过高的车速行驶，同时也为短距离运输提供了工具，特别是要考虑到在广大农村地区以此替代畜力车，在城乡物资交流、城乡短途农副产品运输方面的确增加了有效的工具。

图 1–122　上海牌 SH58–1 型三轮载重汽车驾驶室仪表盘及方向盘设计

图 1-123　上海牌 SH58-1 型三轮载重汽车驾驶室整体设计十分简陋，没有软化设计，均用钣金工艺制作，努力降低制造成本

三、工艺技术

1. 协力攻关提升技术

一辆看似简易的三轮载重车却由 2 000 余个零部件组成，并且其复杂程度并不亚于“全轮货车”，其中涉及各个工种，需要使用各类机床，还要有一整套专用工

图 1-124　上海牌 SH58-1 型三轮载重汽车后桥生产线

图 1-125　上海牌 SH58-1 型三轮载重汽车发动机装配车间

工艺设备，所以小批量生产是不经济的。之所以将这车的设计制造放在上海地区，是根据上海中小型厂多、专业教育程度高、灵活性大的特点，本着充分发挥潜力、减少投资的方针，通过上级领导的统一规划，组织各专业厂协作，以中型厂为主机厂，逐步有计划发展的。当年参加研发设计工作的原上海汽车制造厂厂长蒋庆瑞认为：工厂专业化具有经济、易于改进零部件质量、提高工艺技术水平的特点。

具体来看，SH58-1 型产品的发动机部分是工艺技术攻关的重点。通过改变进气歧管的几何形状、缸盖的进气通道以及提高进气道的光洁度，提高了充气系数，使功率从 17 kW 提高到 20 kW，同时也延长了发动机使用的寿命。为使发动机产品质量稳定，完成了主要铸件的金属模，并大力整顿工艺、改进充实机械工艺装备，使零部件在外观及内在质量上均大幅度提升。此外通过 60 余次的汽化器性能试验，燃油经济性指标大大提高，百公里油耗从 14 L 逐步降为 11 L，提高了产品的经济性。底盘部分的改进设计主要是提高其制动性。同时，还实现了各种主要锻件的模锻化和铸件的硬模化。

在与产品外观密切相关的钣金件制造方面实现了钣金件正规冲压化，以正规模具替代简易模具，同时完善了各种较先进的拼装夹具和拼装台，特别是解决了点焊质量问题。除此之外特别充实完善了各种工艺文件，并有计划地添置了工艺装备。

图 1-126　上海牌 SH58-1 型三轮载重汽车总装配生产线

2.“稳定性”与“制动性”两大难点的突破

（1）横向的行驶稳定性

汽车在行驶中常受到重力、惯性力以及空气阻力等侧向力的作用。在侧向力的作用下，当车轮侧向反作用力达到附着力时就要产生侧滑。三轮货车的倾翻将发生在侧滑之前，故横向行驶稳定性不高，因而在转弯时的允许车速较低。如果转弯时的车速超过了允许值，就会产生倾翻；如果在转弯时再使用制动，引起汽车重心前移，就更易于导致倾翻，也就是说在这种条件下车速需更低一些。

（2）速度

三轮货车转弯时应该控制在怎样的车速范围以内，方能保证安全行驶呢？大致地计算一下，设计师提出了数据以供驾驶者参考和掌握。

转弯时的最大允许车速，与转弯半径的大小有关，显然，转弯半径愈大，车速相应可愈高。通常公路上的转弯半径普遍在 10~15 m 范围内。现分别按转弯半径为 10 m 及 15 m 在平路上的条件计算，可见三轮货车以最小转弯半径转弯行驶时所允许的最大车速是颇低的，一般地讲不能超过 20 km/h。满载和制动时应更低些。在行驶中，在急转弯时为了紧急避让行人或来车，总是会一面尽量转足方向盘避让，一面使用紧急制动，这样就处于沿最小转弯半径转向行驶和制动的条件之下，根据上面计算结果，若这时车速在 16 km/h 以上，就非常容易造成翻车事故。由上可知，对三轮货车横向行驶稳定性比较差的特点，驾驶员应该有充分的认识，在转弯时必须尽量降低车速，这是值得重视和加以警惕的问题。

①在一般转弯情况下，可利用道路的宽度，尽量使转弯半径加大。例如向右转时，可先使车辆靠近左侧，以便能提前转动方向盘，以取得较大的转弯半径和较小的转向轮偏转速度。转弯半径加大，允许的最大车速相应就可提高。这种驾驶方法，也是熟练驾驶员经常在驾驶中运用的技巧，对驾驶三轮货车很为有利。很明显，转弯过急是三轮货车应该避免的问题。

些差异。三輪貨車滿載时的制动距离比全輪制动的汽車增加55～75%。

二、减　速　度

我們沒有用仪器直接測定过三輪貨車制动时的減速度，但它很容易从以上計算中推导出来。假設車輪制动到滑移状态，全輪制动时的最大減速度 $j_{\tau\,max}=g\varphi$；因三輪貨車制动时的最大制动力和全輪制动时相差一个系数 K，所以三輪貨車制动时的最大減速度 $j_{\tau\,max}=Kg\varphi$。根据不同的道路状态，計算出汽車的最大減速度得图四。

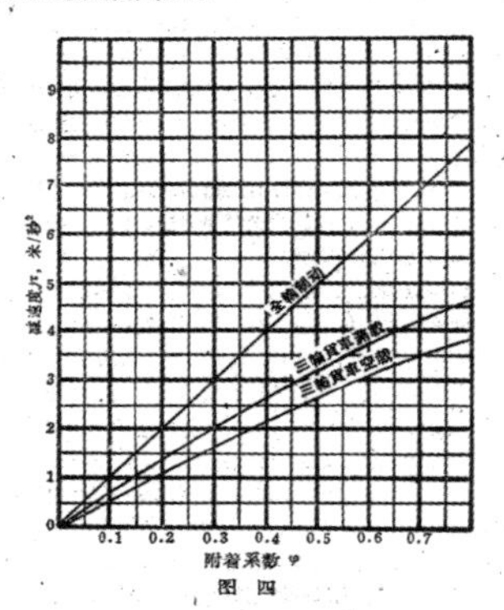

图　四

从以上可以看出：全輪制动的汽車，最大制动减速度能达到 7～8 米/秒²；三輪貨車滿載制动时，最大减速度能达到4.2～4.7米/秒²，空車只能达到3.5～4 米/秒²。

三、使用中充分发揮三輪貨車制动性能的几个問題

1.三輪貨車后輪上裝置着强有力的分泵，急制动时很容易将后輪剎住，汽車的动能全部消耗于后輪对地面的滑磨上，这时輪胎和地面接触处发热到燃烧程度。我們在对三輪貨車做制动試驗时，也可看見后輪常会大量冒烟。这种情况，会影响輪胎寿命，降低地面和輪胎的附着系数，增长制动距离。

有經驗的駕駛員往往将踏板的制动力控制在車輪将近剎住而未剎住的状态，使汽車的动能不仅消耗于車輪与地面的摩擦上，而且消耗于制动蹄片和制动鼓的摩擦等方面，附着系数也不致于降低，这才能取得最良好的制动效果。

2.三輪貨車仅后輪制动，裝貨时要考虑到尽可能增加后輪負荷，降低重心高度，借以提高有效制动力。因此在不違反裝貨操作規程及不超过后輪胎的負載情况下，貨物尽可能靠后面一些；輕重貨物混裝时，重貨可放在后面。

3.三輪貨車大多数在各大城市使用，道路情况比較复杂，从图三中可以看出，制动距离对車速的变化特别敏感，正常行駛时的車速可控制在 40 公里/小时以下，这时不但油耗最省，制动距离也可滿足使用要求。

4.三輪貨車的制动性能比一般全輪制动要差一些，更要求駕駛員保持高度警惕性，縮短制动时駕駛員反应时間。我們用第五輪仪測定了一个有制动准备的駕駛員的反应时間，共反复測定15次，反应时間的范圍在0.3～0.5秒之間，平均是0.4秒。統計資料表明，一般駕駛員的反应时間平均为 0.6 秒(0.5～0.7秒)，以30公里/小时車速为例，反应时間减少0.2秒，安全制动距离能縮短1.6米。

三輪貨車行駛的道路大多是城市瀝青路，路面的附着系数在0.6～0.7的范圍內。据各地运輸部門統計，市区的平均車速一般低于30公里/小时，实际使用証明，三輪貨車的制动性能是令人滿意的。駕駛員若能了解三輪貨車的制动特点，善于运用，則其制动性能完全可适应行駛条件的需要。

本刊更正启事

1.今年第10期第8頁所刊《汽車后灯綫路的改進》一文，其中附图描繪錯誤，应更正为：

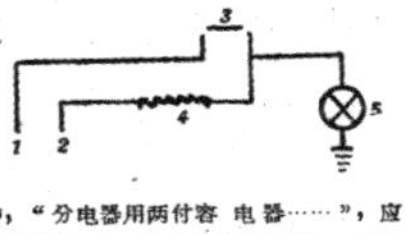

2.今年第7期第24頁公式(6)中 $\frac{\Delta}{2R}$ 应更正为 $\frac{8\Delta}{2R}$。

3.1962年第8期第37頁《羅特車为何易燒白金》一文中，“分电器用两付容电器……”，应更正为“分电器用两付断点触点，其容电器容量較一般要大”。

图 1–127　1963 年 11 期《汽车》杂志登载的专题研究报告

②装载货物，宜尽量设法降低装载高度，使汽车重心尽可能降低。如果装的是轻抛货，则必须不超过驾驶室车顶，重心愈低，汽车的行驶稳定性可愈好。

③在可能的情况下，货物尽可能装在靠近后桥部位处，以使重心后移。因为重心离开前轴较远，稳定性可较好。

④转弯时，如对前方的情况看不清楚，车速要特别降低，以便为突然需用紧急制动留有余地。应该指出，这是安全行车的可靠保证。

同时，在使用时更应注意以下情况：

①三轮货车后轮上装置着强有力的分泵，紧急制动时很容易将后轮刹住，汽车的动能全部消耗于后轮对地面的滑磨上，这时轮胎和地面接触处发热到燃烧程度。在对三轮货车做制动试验时，也可看见后轮常会大量冒烟。这种情况会影响轮胎寿命，降低地面和轮胎的附着系数，增长制动距离。

有经验的驾驶员往往将踏板的制动力控制在车轮将近刹住而未刹住的状态，使汽车的动能不仅消耗于车轮与地面的摩擦上，而且消耗于制动蹄片和制动鼓的摩擦等方面，附着系数也不至于降低，这才能取得最良好的制动效果。

②三轮货车仅后轮制动，装货时要考虑到尽可能增加后轮负荷，降低重心高度，借以提高有效制动力。因此在不违反装货操作规程及不超过后轮胎负载的情况下，货物尽可能靠后面一些；轻重货物混装时，重货可放在后面。

③三轮货车大多数在各大城市使用，道路情况比较复杂。制动距离对车速的变化特别敏感，正常行驶时的车速可控制在 40 km/h 以下，这时不但油耗最省，制动距离也可满足使用要求。

④三轮货车的制动性能比一般全轮汽车的制动性能要差一些，更要求驾驶员保持高度警惕性，缩短制动时驾驶员反应时间。工程师们用第五轮仪测定了一个有制动准备的驾驶员的反应时间，共反复测定 15 次，反应时间的范围在 0.3~0.5 秒之间，平均是 0.4 秒。统计资料表明，一般驾驶员的反应时间平均为 0.6 秒（0.5~0.7 秒），以 30 km/h 车速为例，反应时间减少 0.2 秒，安全制动距离能缩短 1.6 m。

三轮货车行驶的道路大多是城市沥青路，路面的附着系数在 0.6~0.7 的范围内。

据各地运输部门统计，市区的平均车速一般低于 30 km/h，实际使用证明，三轮货车的制动性能是令人满意的。驾驶员若能了解三轮货车的制动特点，善于运用，则其制动性能完全可适应行驶条件的需要。

四、品牌记忆

汽车制造工厂对自己生产的汽车能否符合使用者的要求是极为重视的。为了不断地提高三轮货车的质量，上海汽车制造厂每年都组织人员到各地进行用户访问，以期通过调查、研究、分析来提高产品的质量。

1963 年 6 月，作为试制者之一的徐宝生工程师在河北、山东、黑龙江三省进

图 1–128　1963 年 11 期《汽车》杂志封面

图 1–129 以城市道路为背景，体现了上海牌三轮载重汽车在城市良好道路情况下的使用情况

行了一次用户访问。他回忆，通过这次访问，上海汽车制造厂对三轮货车的具体使用情况有了进一步的了解，同时也听取了使用单位提供的很多宝贵意见。在访问的十一个车队中，完好车率是很悬殊的，有的达 90% 以上，也有个别单位仅达到 40%，一般则在 75%~80%。兹就所了解的情况简要介绍于下：

（1）严格贯彻执行保修制度。这是提高车辆完好率与延长使用寿命的决定性因素。有些单位由于领导与工人在思想上重视，在制订保养制度和操作规程方面比较健全完善，在贯彻执行上也很严格，因此车辆完好率逐年提高。有一单位在 1961 年完好率为 60%~70%，到 1962 年提高到 90%，目前又提高到 96.7%。这批车辆自 1961 年使用以来，每辆平均行驶 66 000 km 以上，但车辆状况仍极为完整。这是严格贯彻保修制度的显著成效。

上海牌 SH58–1 型三轮载重汽车的设计，是以在市区良好的路面上行驶为主，直接挡的最大动力因数为 0.043 kg / kg，头挡的最大动力因数为 0.225 kg / kg（按名义参数计算）。所以车辆的动力性能不是很大，对行驶坏的路面不能完全适应；同时，在寒冷地区的使用也不很理想。由于上述原因，各地区制订保养作业项目，确定保修间隔里程等，就有必要考虑三轮载重汽车的具体使用条件和实际使用经验。从这次访问的几个省市对三轮载重汽车的保修与使用情况来看，北京市交通运输局所属

图 1-130 在仓库中做短途驳运的三轮载重汽车

的各车队做得较好，对三轮货车的保修工作有切合具体情况的一套完善制度，在贯彻执行上又认真严格，故在使用上能够做到保证出车。该局目前规定的保修间隔里程：一级保养为 1 000 km；二级保养为 4 000 km；三级保养为 12 000 km；中修为 24 000 km；大修为 38 000 km。为了做好易损零件等消耗记录，随车有车辆历史记录卡，各种统计资料也很完整。在保养维修工作中，健全劳动组织，成立各种专业组，做到分工明确。在时间安排上，规定一、二级保养与小修在夜班进行，三级保养和中修、大修在日班进行，分别由各级保养专业组和总成组负责。由于摸清了三轮货车的一些特点，做好计划预防性维护工作，从而提高了车辆完好率。

（2）合理调配技术力量，加强技术领导工作。由于汽车数量逐年增加，汽车从业人员的新生力量也随之不断增长。在具体工作中如何配备技术力量帮助新驾驶员与修理工不断提高技术水平，以及加强技术领导力量，看来是一个重要的组织措施。

图 1-131　用于农村运输的三轮载重汽车

从北京市交通运输局的三轮货车车队的情况来看，虽然驾驶员大部分是马车工人转业，但因配合部分有经验的老驾驶员，在技术上起着指导作用，同时技术领导力量又很强，故在车辆技术状况等方面都较好。

图 1-132　上海牌三轮载重汽车在码头上进行装卸作业

图 1–133　三轮载重汽车穿行在城乡间小路上，体现了灵活的特点

（3）合理装载。三轮载重汽车的设计吨位是1吨，有些地区不按照额定吨位装货，有的装到 1.2~1.4 吨，必须严格制止。超载是导致机件损坏、车辆完好率降低、车辆寿命缩短的主要因素。哈尔滨市联社在开始使用三轮载重汽车时，也有超载的情况，发觉后随即加以纠正。目前还有些使用单位超载运行，应值得注意。

（4）寒冷地区的使用同题。三轮货车在寒冷地区使用，的确存在一些问题。例如，在黑龙江地区，由于气候较为寒冷，灰沙较多，引起润滑油路凝阻不畅，机油压力降低，造成汽缸活塞等磨耗严重，降低了发动机的使用寿命。所以在这类地区使用时，

图 1–134　选取角度突出三轮载重汽车的爬坡能力，体现了其良好的使用特性

图 1-135　以城乡结合地区销售场景反映三轮载重汽车受欢迎的程度

对润滑油的选择、起动前润滑油的预热，以及机油箱的保暖等有必要加以研究并采取措施，使三轮载重汽车能适应寒冷地区的气候条件。此外，对空气滤清器应定期加强清洁，以免尘沙进入气缸等，否则不仅使用上会发生进气阻塞，车辆的寿命也很受影响。

（5）做好配件供应。三轮载重汽车的配件供应，还是不能完全满足需要的。有些地区，车辆虽已到达大修间隔里程，但由于当地不能及时供应配件，因此车辆完好率从 90% 下降到 80%。

徐宝生最后总结道：从访问用户中，我们深切体会到，必须从生产厂和使用单位双方来不断地改进工作和提高质量，促使国产上海牌 SH58-1 型三轮载重汽车在社会主义建设事业中发挥出更大的作用。

上述内容被记录在 1963 年 11 月《汽车》杂志上，并配发了有关上海牌 SH58-1 型三轮载重汽车的一组照片，并冠以“活跃在城乡短途运输线上的上海牌三轮货车”。这组照片与其说是技术研究不如说是“广告”，选择的场景、产品工作状态无一不突现了上海牌 58-I 型三轮载重汽车的特色，说明作者具有强烈的推销意识。

第二章　越野汽车

基于载重汽车军民两用、可以“互为拓展”的特点，本章重点以军用重型越野车和轻型越野车两大类切入叙述，军用中型越野车由于与中型载重车的密切关系在前章中已有涉及，为此不再赘述。军用重型越野车，可以由民用的重型载重车开发设计，从而进入到军用重型越野车领域，如从黄河牌重型载重车到重型越野车设计便是一例，设计上走了一条从“一般设计”到“加强设计”到“特殊设计”的道路。黄河牌重型载重车从诞生之日起已具备了重型载重车的特点，经过拓展设计有可能具有越野车的条件，两者合而为一就可能成为军队的制式装备。

客观地看，黄河牌重型越野车在我军只有解放牌CA30中型越野车当家的年代的确是解决了一部分问题，但从技术储备、批量生产和设计拓展的角度来看是不够的。另外，黄河汽车制造厂属地方企业，国家没有多少直接投资，而地方其实是没有财力来支撑这种“资本密集、技术密集”型企业的，简言之，产品设计、生产的各种要素中缺失了诸多种。但黄河牌重型载重车及重型越野车的设计特别体现了“工程的智慧”，即在一定条件限制下解决现时、现地、现实问题的能力。

陕汽牌重型越野车早年命名为延安牌，作为国家倾力建设的专业军工企业，其重型越野车产品关乎中国战略武器的威慑力。正是由于这样的原因，产品定位明确，起点高，技术、工艺、设备几乎集聚了全球的资源，国内解放牌、黄河牌、跃进牌成熟的零部件总成都可以被之采用，其中大部分总成设计、制造并非在陕西汽车制造厂（简称陕汽）完成，而是在各自汽车厂内设计完成的。毫无疑问，陕汽牌重型越野车属于“全要素建构型设计”。另外，其工厂体制属于军事化管理，车间即连队，工艺、技术条例即命令，所以设计管理可以集中精力攻克设计与技术难关，特别是具有一汽、二汽建设经验的专家主持设计工作后，设计体系、技术体系、工艺体系十分明确。更因其是军工企业，可以通过国际贸易得到需求的技术和关键零部件，很快提升了自身的设计能力。

在国家改革开放不久，他们将眼光聚集于欧洲重型载重汽车的明星——斯太尔车型，并引进生产，这是设计协和式飞机的设计师的杰作，风阻系数极小，并造就了具有独特语言特征的驾驶室造型。这种选择合作是陕汽长期以来设计和实践的必然结果，除了合作生产外，陕汽品牌中的“拓展”基因强烈地驱使着设计师们进行“拓展设计”，以至于在斯太尔6轮驱动的产品基础上拓展设计了8轮驱动和10轮驱动产品，满足了国防的需求，这种难度不亚于设计一台新车。诚然，每一代军用车的诞生意味着一个型号民用载重车的问世，这又是陕汽的拓展设计基因使然。

历经自主设计开发的探索、与外资名牌产品合资生产的洗礼，陕汽近年来的产品设计具有强烈的“原型回归”特征，即新一代产品的语言越来越具有第一代SX250产品的造型特征，但并非直接引用，为此可以理解为“拓展设计”的作为。在这种持续的“拓展设计”背后，是企业制度的长期稳定、不断补充设计力量、全面掌控国际同行动态情报等方面要素长期作用的结果。从陕汽军用重型越野车到民用重型载重车，其造型语言在中国所有重型载重车中都具有识别度极高的特点。

北京牌212轻型越野车是中国越野车设计的奇迹，其长青不老的神话和老枝发新芽的事实均源自于设计。尤其是轻型越野车作为军队的一种战术指挥车并不需要中型、重型越野车半单一的“刚毅”个性，而是需要在此基础上附加“灵活、睿智”的要素，形成多元的特征，世界上著名的美、俄轻型越野车设计往往以“凶悍”为长，这是西方人审美的直接再现。早期北京212轻型越野车使用目标非常单一，虽然设计开发了作为军事及县团级干部标配公务车和载货等各种功能，但属于释放产品内在能量的开发设计，也可以看作是一种“垂直的设计”。

与美国切诺基的合作，不仅是技术上的换代，更是设计意识上的更新，其结果是形成“水平的设计”状态，即根据不同的消费个性平行开发产品的系列，借之丰富产品个性，拓展市场。一大批中国年轻人借此产品实现了拓展自身能力、彰显自身价值的梦想，而这一切均源于初始状态产品中由设计赋予的活跃基因，以及历代设计师的不断激活的努力。

作为具有战略意义的军用越野车不可只安排在一个企业生产，这不符合战时生产的现实需求，因此在本章“其他品牌”一节中简要地介绍了若干种平行设计生产的产品，它们与前几节中介绍的产品基本上同宗同源，从后来的发展来看，其中一部分产品也发展出了完善的民用大吨位载重汽车，共同为中国进入重型汽车时代做出了贡献。

第一节　黄河牌重型越野汽车

一、历史背景

1935 年，国民政府山东省汽车管理局在济南成立了济南车机厂，其职能是修车。1945 年 8 月，该厂变成了国民政府总监部第十汽车修理厂，后来改称总勤务部第 405 汽车修理厂，职能还是修理汽车。直到 1948 年 9 月，中国人民解放军将原胶东解放区的新河镇、博山县和潍县汽车修理厂，包括总勤务部第 404 汽车修理厂（部分）和徐州轮胎翻新厂（部分）迁往济南，和总勤务部第 405 汽车修理厂合并，改称中国人民解放军华东汽车制配总厂。一起来济南的还有后来担任济南汽车制造厂厂长和总工程师的王子开，他当时的身份是中国人民解放军胶东军区后勤部胶东兵站处修理厂制造排副排长。这个年仅 23 岁、有过 4 年铁匠学徒和 5 年车工经历的年轻人，日后成了中国重型卡车发展的领路人之一。从名称上的变化就可以看出，中国人民解放军华东汽车制配总厂多了一项职能，即汽车配件制造，不过主要职能还是修车。1949 年 2 月，该厂改称济南汽车修配厂，主营汽车配件的生产，兼营汽车修理。1954 年，山东省交通厅将其更名为济南汽车制配厂，一字之差意味着他们不再兼营汽车修理业务，之所以更名是因为在“第一个五年计划”的第一年（1953 年），他们尝试着用旧军车改装出三辆公共汽车。1963 年 10 月 17 日，黄河牌 JN150 型汽车通过一机部产品定型投入批量生产，结束了中国人不会制造重型车的历史。这一天距中国人制造出第一辆汽车——解放中型卡车仅过了七年的时间，这七年之后，他们奇迹般地制造出了一辆高机动重型越野卡车——黄河 JN252。

在 20 世纪 60 年代的前五年中，我国在导弹和原子弹研制上取得了丰硕的成果，但是东风二号导弹的射程有限。随后，代号为“东风三号”的中程地地导弹在 1966 年 12 月 26 号完成首次发射。然而，当时国内没有能够运载这种大型武器的车辆。

我国的军用越野汽车在 20 世纪 60 年代初期唯一批量生产的项目解放 CA30 中型越野车，是引进苏联莫斯科李哈乔夫汽车制造厂的吉尔 135 技术生产的。正在进行试验的 BJ-210C 轻型越野指挥车，是根据苏联高尔基汽车制造厂嘎斯 69AM 型越野车设计的。另外一个项目是南京汽车制造厂根据苏联嘎斯 51 和嘎斯 63 的样车，进行 1.5 吨级轻型越野车的试制工作。这三个项目分别属于中、轻型轮式越野车，对发展重型轮式越野车的技术借鉴价值微乎其微。也许有人对此持有异议，重型汽车比轻型汽车无非就是大一些，把轻型车的零部件加大不就可以了吗？事实上这是外行的观点。在汽车行业内，有个规律是公认的：“大车做‘小’容易，小车做‘大’很难”。简单地说，重型车在高负荷下，各个部件都承受着远远超乎轻型车的机械力。济南汽车制造厂（原名济南汽车制配厂）虽然是我国汽车行业历史最悠久的企业之一，但事实上这个企业在最初近 30 年的时间里，只是做着与汽车制造相关的修车和制造汽车配件的事。

按照一机部汽车局的统筹安排，济南汽车制配厂在“第二个五年计划”中的主要任务是：为南京汽车制配厂生产的跃进牌 2.5 吨级 NJ130 型载重汽车提供零部件。没想到这个工作连半年都没持续下去，因为工人代表提出来：“他们能搞，我们也能搞。”这背后的原因是，在解放战争期间，中国人民解放军华东汽车制配总厂和中国人民解放军华东野战军特种纵队修理厂（南京汽车制配厂前身），前者在济南后者在山东临沂，相互之间都很熟悉，淮海战役期间两个单位工作相同，即修理缴获的汽车。而且，作为淮海战役的战利品，原总勤务部第 404 汽车修理厂和徐州轮胎翻新厂没有迁往济南的部分全部迁往南京，并入了中国人民解放军华东野战军特种纵队修理

图 2-1　黄河牌 JN252 型重型越野汽车

厂。在如此深的渊源之下，南京汽车制配厂在“第一个五年计划”末期获得了一机部的重视和投资，而济南汽车制配厂则被分配了为南汽生产配件的任务。为研发新车，济南汽车制配厂的工人们三下五除二就把厂里的一辆嘎斯 69 拆开，仅用 17 天就完全手工生产出一辆被命名为黄河 JN220 的轻型越野车，在三天后，也就是 1958 年 5 月 1 日劳动节上展出，在后来的三个多月中又生产了 20 多辆黄河 JN220 轻型越野车。心花怒放的地方政府将济南汽车制配厂更名为济南汽车制造厂，一字之差，将这个工厂的主营项目由造汽车配件变成了整车制造。这个名字一用就是 22 年，直到 1980 年，经一机部批准，济南汽车制造厂更名为济南汽车制造总厂，还是一字之差。这一年黄河 JN252 型重型越野汽车运载的洲际导弹向太平洋发射试验成功，济南汽车制造总厂获得了国务院、中央军委的嘉奖。

二、经典设计

黄河牌重型越野汽车的设计不同于上述解放牌、东风牌载重汽车的设计。首先，是设计主体的不同，解放牌得益于苏联 156 项技术支援的优势，具有完整、系统的设计体系，配备了很强的专业设计队伍，覆盖设计理论到工程技术领域。济南汽车制造厂本质上是一个生产汽车配件的配套企业，靠着“解析”国外汽车产品来实现“技术集成”的目标，积累设计经验，是典型的“跟随者”。其次，生产解放牌、东风牌载重汽车的一汽、二汽是全能厂，覆盖产品线较宽，而济南汽车制造厂是“被迫”走上了“专业厂”的道路，产品线不宽但技术要求却很高。再则，解放牌、东风牌载重汽车是军民兼顾，而黄河牌重型越野汽车是完全作为一件“武器”来设计。当然，济南汽车制造厂的主要设计师较早理解了汽车零部件在军用产品、民用产品之间提高通用性的好处，因此，可以认为黄河牌JN150型载重货车选择斯柯达同类产品为参照对象，实质上是获得了源设计，作为“非主流”的汽车企业唯有这种途径才能有效地获得基本符合自我需要的设计分析、参考对象。

在实现产品的过程中，被称为“生产型设计”的工作往往决定了产品的最终命运，源设计需要通过企业负责人、设计师的进一步创新，并结合经济的思考才能发展为生产型设计，才有希望实现预计的目标。寻找到合适的源设计，便能够不断地进行创新进而发展其为生产型设计。黄河牌JN150型载重货车虽为民品，但设计师、企业负责人的创新开拓可赋予其越野性能，但是创新过头也会不利于目标实现，以下的具体叙述可证明这一点。

1. JN150：中国第一代重型载货汽车

20世纪60年代，南汽工人们把研究的目标瞄准了进口的苏联嘎斯51和匈牙利却贝尔D420，生产出来的汽车分别叫作“黄河JN130型2.5吨载货汽车”和“红旗5吨载货汽车”。这两种车合计生产了100多辆，但因为没有被列入一机部和国家计委的汽车生产计划，只能在小范围使用。按照当时上级主管部门济南市委的意见：把“济南汽车制造厂”的牌子摘下来，把“济南汽车制配厂”的牌子挂回去，继续生产汽车配件。无奈之下，济南汽车制造厂首任厂长刘德惠安排33岁的副厂长王子开北上寻道，向一机部汽车局求救。一机部汽车局技术处对济南汽车制造厂的追求很支持，但是汽车局规划处表示：全国汽车工业发展规划会议刚开完，各种车型的任务都已经分配下去了，济南要生产汽车一没名额二没投资。不过有一个8吨载货汽车（重型车）项目，但认为济南无法完成这项研发任务。汽车局规划处的说法一点儿也没错，王子开连8吨车是什么模样都没见过。赴京第二天，坐在北京大街上准备返程的王子开见到了捷克斯洛伐克进口的斯柯达706RT型8吨重型汽车。回到

图 2–2 第一辆 JN150 型重型汽车下线时的壮观场面

济南后，刘德惠和王子开得到了山东省交通厅的支持——从刚刚进口的卡车中送给济南汽车制造厂两辆斯柯达 706RT 型 8 吨重型汽车，随后，一辆被拆解用于零部件测绘，一辆用作总装参考。4 个月以后，也就是 1960 年 4 月 15 日，中国第一辆国产重型汽车——黄河牌 JN150 型汽车在济南汽车制造厂试制成功。

黄河 JN150 的试制成功并没有给济南汽车制造厂带来权威认可。为了验证重型车的设计成果，王子开借参加在青岛召开的省交通厅会议的机会，决定放弃搭乘相对舒适的铁路火车，而是自己驾驶试制的卡车通过土质硬化公路前往目的地。然而，试验的结果却让人沮丧，在开出济南不到 50 km，王子开和助手就不得不停下来对车辆进行维修，因为车辆的前轴和钢板弹簧都断了。就这样走走停停、修修补补，400 km

图 2–3 JN150 型重型汽车整体造型

的路走了整整四天。令人尴尬的是，等王子开和助手赶到青岛的时候会议已经结束了。针对路试暴露出来的问题，济南汽车制造厂决定对试制的第一批 30 辆车进行全面的路试。一年后，当王子开带着几十本总里程 25 000 km 的路试笔记和改进后的车辆，来到北京请求一机部汽车局对车辆进行产品鉴定时，接待他们的工程师望着厚厚的路试笔记说："这个汽车到处都坏，谁敢叫你们生产？根本不具备鉴定的条件，再研究吧。"

回到济南后，济南汽车制造厂利用援助阿尔巴尼亚汽车零部件的机会，对汽车零部件的制造工艺进行改进，并自行筹集部分资金更新了部分生产设备。1962 年下半年，济南汽车制造厂对经过新一轮技术改进和工艺优化的黄河 JN150 再次进行路试。和前一次路试不同，这次路试进行得相对顺利。3 个月后，厂长刘德惠和副厂长王子开带着改进后的车辆和全部的路试笔记，再次请求一机部汽车局进行鉴定。1963 年 3 月，经过慎重研究和评测，由一机部汽车局时任副局长胡亮带队，由汽车局、长春汽车研究所、一汽和南汽等机构组成的产品鉴定专家组来到济南。经过十几天的全面试验和评估后，济南汽车制造厂的重型卡车项目初步验收。1963 年 10 月

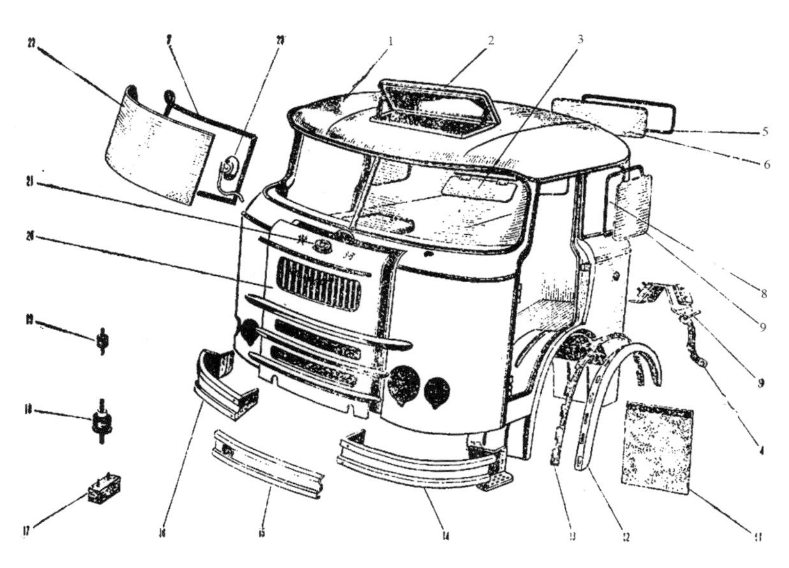

图 2-4 JN150 型重型汽车钣金件是决定造型的重要因素

17日，一机部汽车局发出了中国工业史上第一个重型汽车产品鉴定书：批准济南汽车制造厂黄河JN150型8吨载货汽车产品定型，可以投入批量生产。

从当时的图纸上可以看出，JN150的设计还是具有完整逻辑的，驾驶室设计没有过于强调个性，但带有微弧形的造型给人留下了深刻印象。各种钣金件均服务于各种功能，因而整体造型形成一种内敛的风格。

2. JN250的设计尝试

1964年10月，按照国家三线建设委员会、国防科委、一机部汽车局和中国汽车工业公司的安排，拟定在西南地区和西北地区各建设一个重型军用汽车生产基地，这就是后来的中汽重庆汽车分公司（1975年更名为四川重型汽车制造公司，下设“六厂一所”：四川汽车制造厂、重庆汽车发动机厂、綦江齿轮厂、重庆汽车配件厂、重庆“红岩”汽车弹簧厂、重庆油泵油嘴厂和重庆汽车研究所）和陕西军车基地（分为陕西汽车厂和陕西汽车齿轮厂）。鉴于中国和欧洲出现了难得的外交契机，中国决定引进法国贝利埃重型汽车技术（主要是重型军用汽车技术），并安排中汽重庆汽车分公司在重庆负责引进技术的消化和生产。与此同时，随着产量的不断加大和技术的逐步完善，黄河重型载重车的发展也得到了国家的认可。1965年11月3日，国防科委“军用轮式车辆专业组”会同总后勤部、一机部等部门，在北京香山召开了第二次全国军用越野车发展协调会。这次会议在我国第一代军用越野车发展史上具有极其重要的地位，国内有资料把这次会议称为“6511会议”。参加会议的单位包含了全国各汽车厂和重型机械厂。由于在重型汽车项目上获得突破，济南汽车制造厂受邀列席参加。在5吨级重型军用越野车项目上，济南汽车制造厂要求和中汽重庆汽车分公司、北京新都暖气机械厂（后来裂变为陕西汽车厂和长征汽车厂）、第一拖拉机厂等共同参与。日后我国重型军用车的“四大金刚”——JN252、CQ261、SX250和LT665分庭抗礼的格局就是在这次会议上奠定的。

能得到机会，对于济南汽车制造厂来说是一种荣幸，困难也摆在眼前。领导企业发展的两任厂长——刘德惠和杨忠恕先后被调支援其他企业，其中后者被调往中汽重庆汽车分公司担任生产建设指挥小组指挥长。而当时厂里连参与过黄河JN150试制和改进工作、经验相对丰富的几名大学生也被调往四川，这里面就包含日后逐渐掌管重庆汽车发动机厂的王作瑞。可以这样说，1965年济南汽车制造厂主要的技术力量就是参与过黄河JN150试制和改进工作的一大批老工人和1963—1965年期间毕业到厂的大学生，这批大学生中包含吉林工业大学（原长春汽车拖拉机学院，是我国第一所专业培养汽车拖拉机技术人才的学校）1964年毕业生陈松山和1965年汽车底盘设计专业毕业生张朝金。四年以后这两名只有二十几岁的年轻人在厂领导王子开和徐鸿敏带领下，依靠一批富有经验的老工人独创性设计和发展出我国第一代军用汽车中结构最复杂、性能最先进、载重量最大的军车项目。

1965年12月，4个5吨级重型军用越野车项目分别在济南汽车制造厂、北京新都暖气机械厂、中汽重庆汽车分公司所属綦江齿轮厂和第一拖拉机厂展开。其中，济南汽车制造厂和綦江齿轮厂的项目进行速度较快；中汽重庆汽车分公司已经对引进的贝利埃技术图纸完成翻译，并进口了相当数量的零部件。济南方面完全得益于民用黄河JN150型8吨载重汽车的生产技术。1965年3月，在完成了图纸设计后，试制工作全部展开。1966年6月上旬，第一批两辆编号为黄河JN250型6×6驱动5吨级越野车和两辆4×4驱动5吨级越野车试制成功。在传统的发展史资料中，只记录了黄河JN250型6×6驱动5吨级越野车的情况，而4×4驱动5吨级越野车则由于历史原因样车被拆、资料被毁而彻底失去了踪迹，以至于笔者访问了最资深的“黄河”工程师也不能将其表述出来，只是依稀记得其和6×6型总体设计基本一致，“只少一个驱动轴”。好在黄河JN250型6×6驱动5吨级越野车因为进行了完整的道路试验，在历史上留下了完整的文字资料和图像。1966年6月15日，一辆编号为红岩CQ260型6×6驱动5吨级越野车由中汽重庆汽车分公司綦江齿轮厂试制成功。后来因为种种原因，黄河JN250型5吨级越野车并没有投产，而红岩CQ260则投入小批量生产，35辆装备部队，也因此被公认为中国第一辆重型越野车。遗憾的是，该车存在诸多先天性缺陷，没能通过产品定型试验。

黄河JN250型6×6驱动5吨级越野车充分借鉴和利用了黄河JN150型4×2驱

图 2-5 第一代黄河 JN250 型重型越野车

动 8 吨级载货卡车的技术。该车采用半密封平头对开四门驾驶室，两扇折叠式挡风玻璃窗，与黄河 JN150 型驾驶室的圆弧形外观相比，黄河 JN250 型的驾驶室采用了直线条设计，考虑到战时防折射要求取消了黄河 JN150 型的曲面形式，而采用了平直表面设计。

事实上，这是绝大多数军用汽车的惯用设计，尽显军用汽车的阳刚之气。驾驶室可以翻转，并可整体吊装，该车前部中央位置为矩形带有竖条格栅的散热器进风窗，两侧各有一具前向照明大灯。车体正面下部为一个可以安装绞盘的粗壮保险杠。车辆顶部为折叠篷布结构，必要时可以向后收起，进行敞篷驾驶。车厢为全金属，带有冲压加强筋，高栏板没有采用当时比较流行的铁木混合结构。该车采用 6×6 型"前一后二"常规中央传动（也可以称之为 X 形中央传动）布局，上海柴油机厂生产的 6135Q 柴油发动机纵置在驾驶室中央位置，其后为 5 挡机械式手动变速器。分动器为机械式高低两挡，"前一后二"三个输出端结构。三个传动轴均采用带有十字轴滚针轴承式万向节管状开式传动轴。驱动桥沿用了黄河 JN150 的非贯通式中央双级减速组合桥。这种车桥和常见的中央单级减速桥相比，需要改制第一级伞齿轮后，再装入第二级圆柱直齿轮或斜齿轮，变成要求的中央双级驱动桥，因此主减速器尺寸较小、结构强度大，通过性和承载能力比单级减速桥要好。但是中央双级减速桥结构较为复杂，主要的减速部件全部集中在中央位置，和国外成熟的轮边减速桥相比，自重大而且因速比影响在改造为前驱动桥时其性能会减弱。为此，济南汽车制造厂在设计黄河 JN250 的时候特意对车桥进行了一定的技术改造，作为前驱动桥来使用。这种中央双级驱动桥相对于中央单级驱动桥而言具有更好的通过性，但是其复杂的结构又往往很难再设计成贯通式，因此应用在 6×6 驱动的车辆时，经常需要匹配“前一后二”三个输出端结构的分动器。东欧和苏联的汽车企业采用这种车桥较多，其自重大，结构复杂，通过复杂地面时的平顺性差，整体性能不如中央单级轮边减速驱动桥。不过，黄河 JN250 沿用了黄河 JN150（或说斯柯达 706RT）的组合式结构车桥，其生产工艺相对于整体铸造桥和冲压焊接桥而言比较简单，非常适合当时中国这种工业基础较为薄弱的国家采用，但是其车体对悬挂系统和车桥鞍座处的剪切力较大，容易造成车桥断裂或者悬架损坏。黄河 JN250 沿用了黄河 JN150 的底盘设计，采用独树一帜的边梁式 Z 形纵梁车架，其前悬架采用常见的滑板式纵向半椭圆钢板弹簧非独立悬挂，附带有双向筒式液压减震器和橡胶缓冲块。后悬架为平衡结构倒挂式纵向半椭圆钢板弹簧，以推力杆来强化其结构的强度和稳定。有意思的是，

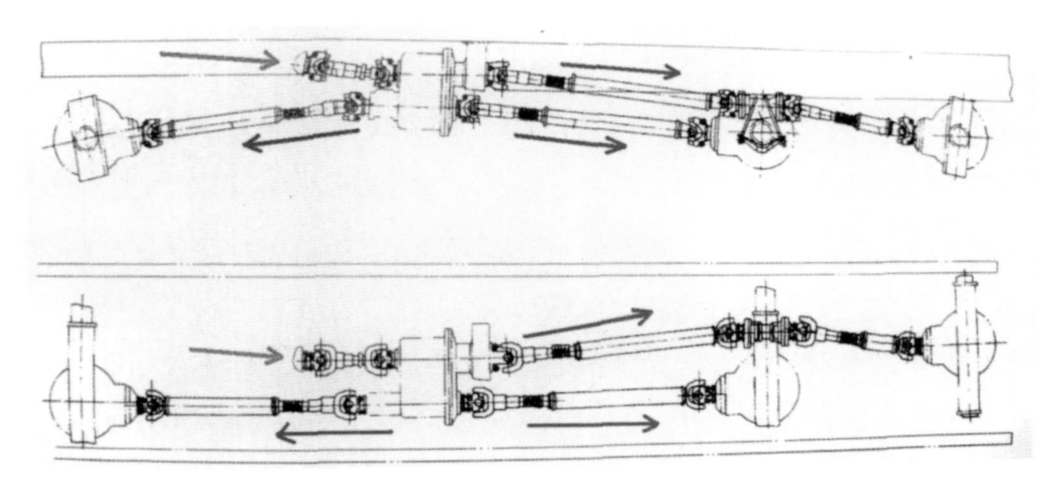

图 2-6　黄河 JN250 的传动系统

该车的车轮采用了三段组合式轮辋，这种结构和整体式轮辋相比非常有利于战时保养和更换轮胎。

后桥的动力是由分动器直接传递而来，在中桥上方经过万向节的简单过渡，而非中桥贯通技术，这种设计结构简单，但是自重较大，通过性不如贯通桥。

黄河 JN250 和同一代 CQ260/261、SX250 这些 5 吨级越野车相比，就分项技术水准而言不如后两者，但是其技术是基于大量生产的民用型黄河 JN150 重型载重车，因此技术成熟度要远远优于 CQ260/261、SX250 等车型。后两者的研制经历均比较坎坷，特别是 SX250，虽然其研制过程几乎集合了全国最精锐的重型卡车技术力量，但从其完成第一辆样车到产品定型，中间经历了四轮技术改进，历时 6 年才成功。更重要的是，后几款车型因为产品价格高，所以不适用于民间市场。即便是到 1980 年 CQ261 和 SX250 都已经通过产品鉴定投入批量生产，其造价仍然高达 13 万元至 15 万元人民币（当时币值），而同期进口的 7 吨级奔驰 NG80 系列基本车型 MB2026 型 6×6 驱动军用卡车到岸价只有 11.2 万元（进口军车免关税）。同期的民用型黄河 JN150 卡车为 3.9 万元，按照“老黄河”专家的估算，黄河 JN250 批量生产价格应该不超过 5 万元人民币（1980 年币值），因为二者的零部件通用率接近 80% 以上。事实上，西方发达国家的军用卡车和民用卡车零部件的高通用化是一个惯例，这反过来也说明了为什么苏联的军用卡车机动能力十分彪悍，但在市场上却表现不佳。

从 1966 年 6 月开始，黄河 JN250 型 6×6 军用越野车投入全面路试。但车辆的研制和试验最终没有成功，因此，在 1966—1969 年国际形势非常严峻的三年里，在重型军用卡车项目上，我国只能依靠先前进口的少量贝利埃 GBC 和 GCH 车型以及乌拉尔 375P 重型越野车，来牵引已经研制成功的东风二号导弹和重型火炮来保家卫国。与济南的情况相比，同时期的陕汽 SX250 的技术缺陷太多，需要大量改进工作；重庆方面的情况更为糟糕，中汽重庆汽车分公司近乎完全搁浅，新车型的设计和试制工作更是被一再干扰，以至于后来的黄河 JN251 型 8×8 驱动高机动越野车的研制

图 2-7　黄河 JN251 设计试制的初步成果

同样遭到失败。

3. 作为“武器”的汽车设计

1967 年 7 月，第三次全国越野汽车规划会议在北京香山举行。在这次会议上，第二炮兵部队的代表提出：国家的中程战略武器已经研制成功，与其配套的“8×8 独立悬挂越野重型汽车”项目应尽快上马，并将该车的设计指标传达给与会的各企业代表。项目任务书是这样要求的：该车要具备良好的越野性能，8×8 驱动越壕能力不得低于 0.90 m；为了确保战略武器的精密度，要求悬挂系统必须采用平顺性较好的独立悬挂；承载能力要强，整车越野载重不得小于 5 吨，拖挂质量不得小于 15 吨，而装备质量（不含挂车）不得大于 8 吨；重心要低，车架上平面距地面高度不得大于 1.0 m；通过性要好，车辆底盘离地间隙不得小于 0.3 m；要尽可能采用成熟零部件，能够迅速投入批量生产。然而，任务书发至各个代表处之后，却一直没有得到回馈。

出现这种情况实为情有可原，如果不是要求该车同时具备以上 6 个条件的话，会有多个企业愿意承担任务。比如说中汽重庆汽车分公司，当时该公司拥有我国重型汽车最完整的产业链：完全隶属于自己的重庆汽车研究所（当时国内唯一的重型汽车专业研究所）和刚刚引进的全套贝利埃重型汽车技术，以及完全隶属于自己的汽车总成供应厂（多燃料发动机、变速器、车桥、转向机和钢板弹簧）。特别是一直让其他几个企业比较棘手的贯通驱动桥技术，中汽重庆汽车分公司可以丝毫不用担心，因为引进的法国贝利埃 FPMT.CH 双级减速、独立差速器贯通驱动桥在国际上都是很有名气的。采用该型车桥的 CQ260/CQ261 重型越野车的通过性在第一代军用汽车中是最好的，车辆底盘离地间隙可以达到 0.3 m。

又比如一汽，1965 年第一次全国越野汽车规划会议后，副厂长王少林就指示一汽的相关技术人员在 CA30 型 2.5 吨级越野汽车的基础上，进行代号为 E242 的 8×8 独立悬挂越野中型汽车和代号为 E250 的 6×6 独立悬挂越野重型汽车的研制。而且，一汽身为苏联援建的156个大型项目之一，技术力量和制造设备都是国内首屈一指的。更何况当时国内汽车行业实力最强的长春汽车研究所和吉林工业大学为一汽保驾护航，按说一汽承接第二炮兵部队“8×8 独立悬挂越野重型汽车”项目是理所当然的，但是一汽的代表也没有接手这个项目。

当时代表济南汽车制造厂参加这次会议的是时任厂革委会副主任苏俊德，当他提出济南汽车制造厂可以尝试这个项目的时候，主办会议的一机部领导喜出望外，立即听取国家计委、总参谋部的意见。经过慎重研究决定：“8×8 独立悬挂越野重型汽车”项目由第七机械工业部和济南汽车制造厂联合研制。其中，第七机械工业部一院十五所负责车辆的上装部分，济南汽车制造厂负责车辆底盘的研制。由第二炮兵部队派出军代表负责项目的监督实施，第一机械工业部一办负责项目的总管理职能。事实上，国家和军队有关部门的决定绝非是基于济汽代表的热情，而是经过深思熟虑的结果。首先，当时济南汽车制造厂生产的民用黄河 JN150 已经逐步达到每年 1 000 辆的生产规模，而其他重型汽车生产企业的年生产量还在两位数徘徊。其次，济南汽车制造厂和长春汽车研究所、山东工学院（后更名为山东工业大学，现已并入山东大学）等科研院所一直有着紧密的联系。最后，济南汽车制造厂的企业文化也在深深影响着大家，比如说济南汽车制造厂的黄河 JN150 完成第二轮车辆技术改进后，由于迟迟得不到国家权威的认可，就曾经借助一机部在长春召开会议的机会，时任副厂长王子开和设计科科长陈起界驾驶着新装备的汽车运载着改进后的汽车零部件，到一汽门前“摆地摊”展示自己的制造工艺，丝毫不顾及“共和国工业长子”的权威和强势，充满自信地在“圣人门前卖字画”。

这里需要注意的是，这个项目的总管理职能是由第一机械工业部一办来负责的，而不是汽车行业的归口单位第一机械工业部汽车局。当时的一机部一办主要负责大型主战武器装备的管理。也就是说，后来通过产品定型试验的黄河 JN252 是我国历史上唯一一辆作为武器来研制的汽车。

走上设计一线的是大批刚刚走出校门、贫下中农和工人出身的大学生，这其中就包括陈松山和张朝金。1967 年 8 月，编号为黄河 JN251 的“8×8 独立悬挂越野重型汽车”项目全面启动。当时济南汽车制造厂高层对这份任务书是有着不同声音的。王子开凭借着多年的经验认定，以当时的材料和制造工艺难以实现 8×8 独立悬挂越野重型汽车的战术指标。然而，当时掌控企业的一部分人对此没有足够重视，主张采用新结构和新材料。

黄河 JN251 型 8×8 独立悬挂越野重型汽车采用了较为传统的整体布局：驾驶室为全金属全封闭双门四座驾驶室，动力舱纵置在驾驶室中央，驾乘席分列在动力舱左右为前后串联双座。和同时期欧洲研制的曼 KAT 1 型 8×8 重型越野车的驾驶室相似，不可向前翻转，只能整体吊起。驾驶室前部中央为三孔散热器横条格栅，前向照明大灯采用内嵌式分列在散热器格栅下方，两个照明灯之间有一个矩形长条进

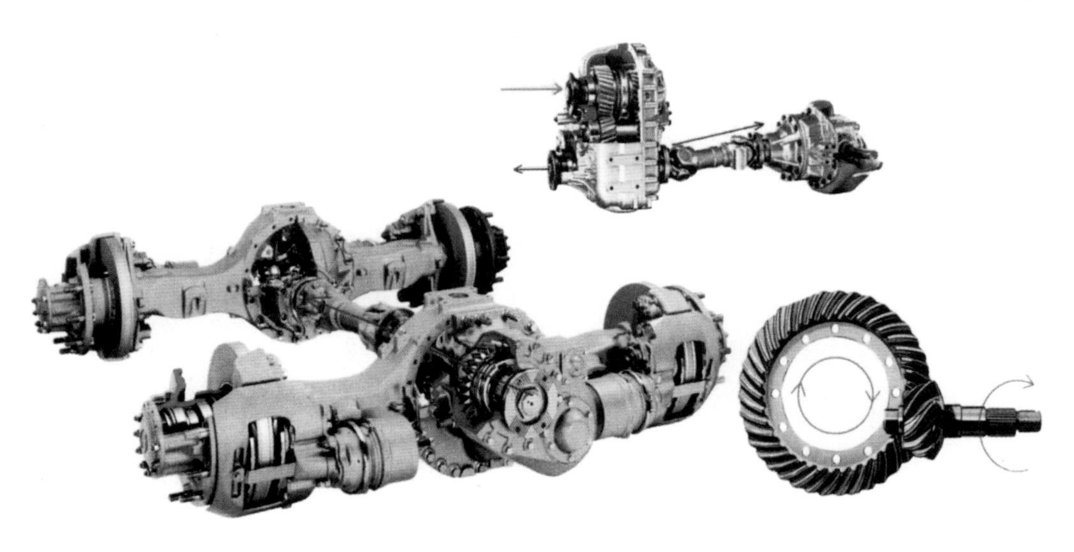

图 2–8　JN251 传动系统对机械加工工艺来说要求很高，我国在设计 JN251 时，就曾经在贯通车桥的加工制造上遇到很大的困难，右下是车桥的基本原理图，左下是贯通车桥基本构造，右上是分动器基本构造

风口。在驾驶室前部上方为两扇前向风挡玻璃，不能像黄河 JN250 那样折叠翻倒平放。车体正面下部为一个粗壮保险杠，只有拖曳环而没有绞盘。黄河 JN251 驾驶室前面的标志并不是朱德题词“黄河”，而是毛泽东题词“东风”。车厢为当时比较流行的铁木混合结构，高栏板没有采用黄河 JN250 的全金属带有冲压加强筋焊接结构。车架放弃了黄河重型汽车标志性的 Z 形横截面车架，而采用常规的槽形横截面车架。悬挂系统采用不等长双 A 字臂独立悬挂，弹性元件为变截面螺旋弹簧，在弹簧中央有双向油气减震器。迫于当时的非理性思维，年轻的设计师们对该车的传动系统不得不采用铝合金的零部件。车桥的桥壳、变速器壳体、分动器壳体都采用铝合金铸造工艺，这种设计最终为黄河 JN251 带来了灭顶之灾。车桥为中央双级减速附带轮边减速器的断开式车桥。变速器继续采用黄河 JN250 的机械式两轴水平排列五挡变速器。该车的传动系统为传统的中央传动布局，发动机动力经变速器传递到二、三桥之间的分动器上，然后由分动器的前后两个动力输出端分别向一、二桥和三、四桥传递。遗憾的是，年轻的设计师们没能充分听取老一代的意见，传动轴采用了普通万向节而非等速万向节，直接导致后来第一轮两辆样车驻坡启动试验失败。

1967 年 12 月，在审查完设计方案后，第一机械工业部和第七机械工业部同意黄河 JN251 型 8×8 独立悬挂越野重型汽车的设计方案，随后进入了产品试制阶段。按照第七机械工业部的初步安排，1968 年上半年完成车辆的试制和初步试验，当年国庆节之前再提供 15 辆底盘完成第一个单位编制的装备。1968 年 4 月 15 日，第一批两辆黄河 JN251 试制成功。4 月 28 日，由济南汽车制造厂在济南周边地区开始进行第一阶段为期三个月的普通道路试验，试验进行得较为顺利。9 月，由王子开带队，黄河 JN251 的主要设计人员张朝金、刘志忠和李树海等人驾车前往山东省胶东地区，进行第二阶段山区道路试验。然而，这次山区道路试验进行得极不顺利，屡次爬坡试验都因为轻量化设计的传动轴结构不合理而失败。最终，试验小组建议将黄河 JN251 的传动轴改为采用等速万向节。12 月，由张朝金、李树海和李俊吉等人驾车前往内蒙古自治区海拉尔地区，进行黄河 JN251 第三阶段寒区试验。在 −35℃ 的高寒环境中，铝合金铸造的变速器和车桥桥壳在试验中出现了破裂。试验被迫结束，第一轮样车试制宣告失败。

1969 年 2 月，针对黄河 JN251 第一轮试制中出现的问题，由国防科委牵头在北京召开学习班，就其中的若干问题进行推广探讨。参会的济南汽车制造厂代表张朝金和苏俊德向相关方面汇报了第一轮样车设计、试制和试验的情况，并就下一步的技术改进和工艺革新提出意见。2 月 26 日会议结束前，第七机械工业部相关负责人向张朝金和苏俊德通报，黄河 JN251 除了要作为东风三号中程导弹的运载车和发射车之外，还要改进为各种配套车辆。因此希望下一步的试制能够有长短两种规格车架的底盘，明确提出希望在 6 月底之前能够向上级单位供应车辆底盘。

针对上一轮样车试制中铝合金部件铸造过程中纯净度不高和传动系统结构不合理的问题，济南汽车制造厂开了多次技术革新会议，许多设计人员和老工人连续数月吃住在工厂，以求解决之道。1969 年 6 月，第二批两辆黄河 JN251（长车架和短车架底盘各一辆）完成试制，随后投入道路试验。6 月 27 号，国家计委以（69）计字 096 号文下达了《关于安排东风 JN251 型 5 吨级越野汽车生产的通知》，提出鉴于国家急需，要求济南汽车制造厂克服困难立即安排 67 辆黄河 JN251 的生产任务。然而，随后道路试验的结果却使这一安排再次被打乱，因为第一批黄河 JN251 暴露

图 2-9　20 世纪 60 年代后期，东风三号中程导弹研制成功，然而从完成首次试射到正式服役，中间因为没有合适的运载车辆耽搁了好几年

出来的问题，在第二批样车上同样没能够避免，铝合金车桥桥壳、变速器壳体和分动器壳体再次出现断裂，而且轻量化的槽形横截面车架的强度不够，产生塑性变形，进行加固后这种车架反而出现了断裂。于是，黄河 JN251 的研制工作不得不停下来，一机部副部长沈鸿紧急赶往济南检查工作。王子开和设计人员做了初步探讨后，向沈鸿副部长直言：黄河 JN251 项目不过关，不具备投产条件。

1969 年 9 月，由一机部、七机部、第二炮兵部队、国家计委和济南汽车制造厂在北京召开会议，讨论《东风 JN251 越野汽车第二轮样车试制进展情况的报告》，就是否要进行第三轮样车试制进行探讨。这次会议之后，大家认识到样车试制失败的原因。这种分析是实事求是的，以车辆的承载能力而言，为了实现黄河 JN251 自重不大于 8 吨的要求，年轻的设计师们不得不采用比重较低的铝合金材料，而放弃技术成熟和制造工艺可靠的铸钢材料，导致底盘强度不够。以同时期德国第二代军用汽车 5 吨级越野车（1977 年装备）为例，其 4×4 驱动整体桥非独立悬挂 4510 车型自重高达 9.5 吨，为了实现车辆的轻量化，该车型的车桥采用了技术难度较高的冲压焊接工艺。铝合金车桥在今天的国际重型卡车上仍然没有成功的案例，铝合金变速器车体和分动器壳体除了少量日本重型卡车之外应用不多。客观地说，把 1967 年制定的“8×8 独立悬挂越野重型汽车”项目战术指标拿到 40 年后的今天来实现，同样困难重重。经过深思熟虑后，王子开提出了两点建议：（1）黄河 JN251 项目是失败的，必须重新拟定“8×8 独立悬挂越野重型汽车”项目的战术指标；（2）面对七机部和二炮的急需，与其冒险进行黄河 JN251 项目第三轮样车的试制，不如在成熟的民用型黄河 JN150 载重卡车的基础上研制一批 6×6 型 5 吨级越野卡车应急。

1969 年 12 月 30 日，这种编号为“黄河 JN253”的车辆完成了全部的图纸设计工作。此时距离二炮和七机部协商同意、由一机部批准设计方案只有 48 天。随后，紧张的试制工作迅速展开。由于黄河 JN253 本身就是脱胎于成熟的民用黄河 JN150 载重卡车和经过充分道路试验的黄河 JN250 越野汽车，所以试制工作进行得十分顺利。1970 年 1 月中旬，在完成两辆样车的试制工作后，济南汽车制造厂将这两辆车开赴济南军区白马山坦克试验场进行破坏性试验。结果是令人满意的：新研制的黄河 JN253 没有出现任何大的技术瑕疵，随后济汽将试验结果上报一机部。一机部回电决定采用“边试制、边生产、边试验、边改进”的方式，要求济南汽车制造厂立即小批量生产 80 辆黄河 JN253 提供给七机部进行工装，并提供二炮部队使用。

与济南的紧张气氛相似的是，经过无数个不眠夜之后，一机部、七机部和第二炮兵部队对 1967 年制定的“8×8 独立悬挂越野重型汽车”项目的战术指标重新进行了审查和讨论，制定了新的“8×8 独立悬挂越野重型汽车”项目的战术指标。在新的指标中，对车辆的装备质量要求和承载能力做了改动：装备质量要求不得大于13吨，运载质量不小于 5 吨，拖挂质量不小于 18 吨。另外对车辆的机动性做了进一步的要求：最大车速不得低于 45 km/h，最小稳定车速不得高于 2 km/h。1969 年 12 月 4 日，新拟定的任务书被送达济南汽车制造厂。1970 年 1 月，在完成黄河 JN253 图纸设计工作后，济南汽车制造厂一方面组织力量对黄河 JN253 进行道路试验，一方面组织力量成立编号为黄河 JN252 的重型汽车研制工作。

1970 年 3 月 30 日，在济南汽车制造厂完成黄河 JN252 的设计工作后，由一机部汽车局出面主持，邀请长春汽车研究所、山东工学院、第一汽车制造厂、第二汽车制造厂和北京汽车制造厂等单位的行业专家，在济南召开专题会议审查济南汽车制造厂的设计方案。在这次会议上，各方代表对设计方案持肯定态度，并提出改进意见。会议结束后，济南汽车制造厂三结合设计班子立即对黄河 JN252 的设计进行第二轮改进。

图 2–10　紧张工作中的济南汽车制造厂设计部

图 2–11　1970 年应急研制出的黄河 6×6 JN253 重型越野车

图 2–12　JN252 的车头特写，其设计充分体现了功能导向的豪放美学

随后好消息不断传来，二炮部队经初步试用，认为黄河 JN253 越野车功率大、爬坡能力强、低温起动性能好，虽然越野机动性不甚理想，但是作为应急装备还算不错。1970 年 4 月 15 日，一机部一办再次致电济南汽车制造厂，要求供应第二批 80 辆黄河 JN253 越野卡车。人们通常认为东风三号中程地地导弹于 1971 年 1 月正式进入战斗值班行列，背负其征战四方的运载车辆应该就是这两批总计 160 辆黄河 JN253 越野车。

1970 年 5 月，济南汽车制造厂派副总工程师徐鸿敏、总体布局设计师张朝金和陈松山前往北京做黄河 252 项目第二轮设计工作汇报。在听取了一机部、七机部一院和二炮特装处的意见后，黄河 JN252 项目进入了试制前的细节设计和工装准备阶

图 2–13　运载东风三号中程地地导弹的黄河 JN253 越野车

段。首先，对于车辆试制所要攻克的技术难题，济汽派何宗贵、赵斗、刘兴汉等三位技术人员和工人赵春才前往兵工北京618厂和包头617厂学习扭杆弹簧锻造工艺和热处理工艺；派纪星尚前往西北橡胶研究所学习橡胶密封件的制造工艺；由徐鸿敏带队前往7422工厂，验证牙嵌式防滑差速器的技术可靠性；由锻造车间工程师李百华等人负责悬挂系统主（副）上摆臂的锻造工艺攻关。其次，针对驾驶室密封效果差、冬寒夏闷、隔音隔热不佳的问题，经过反复研究，决定将驾驶室前风挡玻璃由活动式改为固定式，将驾驶室天窗前移，增加夏季车辆的冷空气进气效率，同时将发动机罩改为双层，最大限度地防止动力舱的热量向驾驶室传递。针对整车存在漏气漏油的问题，济南汽车制造厂和西北橡胶研究所合作，研制专用配方的橡胶密封材料，以适应50℃以上的高温和零下50℃的低温。对于特殊部位，工程技术人员采用土法上马，比如前向风挡玻璃在低温条件下容易出现霜冻问题，改用双层玻璃，消除了内外温差较大造成的结霜；再比如转向球万向节采用双层橡胶（内层橡胶采用耐高温材料，外层橡胶采用耐低温材料）加以保护。另外，针对低温启动困难的问题，在会同上海柴油机厂进行细致分析后认为，发动机启动器功率较小，低温条件下蓄电池电量供应不足，国内低温油料纯净度不高都会造成低温启动困难。为此，济南汽车制造厂和上海柴油机厂进行联合技术攻关，加大发动机启动器的功率，对

图2-14　最终定型前正在进行翻越试验的黄河JN252

图 2-15　正在进行极端恶劣道路试验的黄河 JN252

发动机蓄电池进行低温保护措施，同时采用冷启动喷射泵向发动机缸内喷射冷启动液的方式，有效地解决了冷启动难题。

1970 年 9 月 26 日，第一批四辆黄河 JN252 型 8x8 独立悬挂重型高机动越野车在济南汽车制造厂试制成功，随后在济南周边地区和胶东山区进行了 3 000 km 的初步道路试验。11 月 15 日，国防科委在北京召开黄河 JN252 型汽车与特装协调会议，会上正式确定黄河 JN252 型越野车将发展四种车型：黄河 JN252 基本型（短车架、带车厢和绞盘）、黄河 JN252A 型（短车架、不带车厢和绞盘）、黄河 JN252B 型（长车架）、黄河 JN252C 型（长车架、长轴距）。11 月 25 日，黄河 JN252 型样车在济南军区白马山坦克试验场进行了第一次完整的复杂地形条件下越野试验，包含连续弹坑试验、泥泞地试验和沙石滩地试验。试验结果中的各项指标达标程度超乎大家的想象，随后，由一机部和山东机械工业局向此项目相关的二十五个单位发出邀请，于 11 月 30 日—12 月 4 日在济南召开黄河 JN252 越野车鉴定会。与会的专家在详细审查了黄河 JN252 的设计方案，并到白马山坦克试验场参观了黄河 JN252 的越野试验，做出了“黄河 JN252 越野汽车结构较为先进，具有较高的越野性和良好的平顺性，操纵方便”的鉴定结语，随后建议一机部“（该车）能够适应二炮、工程兵等战备需要，可以组织投产”。1971 年，黄河 JN252 型 8 × 8 独立悬挂重型高机动越野车正式投

图 2-16 正在进行涉水试验的黄河 JN252

入批量生产。

三、工艺技术

黄河 JN252 项目一开始即组建了由懂行的专家和工人为主的三结合设计班子，由时任革委会副主任的王子开和副总工程师徐鸿敏负责整个项目的管理，由张朝金和陈松山担任总体布局设计工作。整个设计班子共 25 人，其中包含 9 名经验十分丰富的工人。他们一方面分析黄河 JN251 项目失败的教训，特别是对技术上的瑕疵和制造工艺的不足进行反思；一方面结合黄河 JN253 顺利进展的经验。在此基础上，他们规划了三套设计方案：6×6 独立悬挂水陆两用越野车；8×8 独立悬挂“H 传动”越野车；8×8 独立悬挂中央传动越野车。经过对三套方案的探讨和研究，设计班子认为一、二套方案车辆结构比较复杂，技术难度较大，在较为紧迫的时间里难以保证项目进度，决定采用第三套设计方案。随后，设计班子对第三套方案进行了细致的设计。

1. 发动机

国内当时大功率柴油发动机有重庆汽车发动机厂的 6140B 直列六缸多燃料发动

机（法国贝利埃技术）、第一拖拉机厂的 8120F 型 V8 风冷发动机（太脱拉技术）、上海柴油机厂的 6135Q-1 型直列六缸水冷发动机和杭州汽车发动机厂的 6130 型直列六缸水冷发动机。其中前两者应用不多，技术成熟度较低，经济性较差。后两种发动机都是民用型黄河 JN150 载重汽车的配套发动机，济南汽车制造厂对这两种发动机的性能十分了解，在黄河 JN251 的研制过程中曾经装配过这两种发动机进行对比试验。上海柴油机厂的 6135Q-1 型直列六缸水冷发动机，无论是发动机最大功率，还是输出扭矩，都比杭州汽车发动机厂的 6130 型直列六缸水冷发动机高，而且在高原环境下的表现更好，缺点就是这种发动机的油耗稍高。为此，设计班子决定要求上海柴油机厂改进 6135Q-1 型发动机，进一步提升功率，降低油耗。

2. 传动系统

鉴于黄河 JN251 的铝合金车桥桥壳、变速器壳体和分动器壳体等部件在试验中出现严重问题，设计班子决定放弃铝合金材料，重新使用铸铁材料。该车沿用黄河 JN250、黄河 JN251 和黄河 JN253 成熟的五挡机械式变速器。为了提高工艺性和维修方便，将离合器（双片干式摩擦结构，液压传动操纵）壳体和变速器壳体分开，中间用传动轴连接。分动器为机械式两挡分动器，在分动器第一轴后端安装有绞盘取力装置。离合器和变速器之间、分动器与车桥之间、车桥与车桥之间全部采用带有滚针轴承的十字轴万向节开式管状传动轴连接。

3. 行走系统

该车全部采用中央双级减速附带轮边减速器的贯通式驱动桥。由于此前济汽在“济南汽车修配厂”时代曾经大量维修过捷克斯洛伐克太脱拉 138 型越野载重车和美国万国越野载重车，两种车都采用了牙嵌式防滑差速器，这给济汽的技术人员留下了深刻的印象。由此，设计班子决定采用牙嵌式防滑差速器。为了确保车辆的越野性能，设计班组在整车布局上初步布置了七差速器（二、三桥之间的三个差速器安装在分动器中，四个装在车桥里面），比公认越野卡车的翘楚——太脱拉 138 型 6×6 越野卡车还要多两个差速器。这种设计结构，在一个车桥的左右两个车轮行驶

图 2-17　JN252 传动系统示意图，由此可以很清晰地看到车桥为分段铸造，然后用螺栓组合的结构（蓝色箭头所指），这种结构和整体车桥相比制造工艺简单、维修方便，但是承载不好

距离不相同时就能充分起到差速作用，当左右两个车轮与路面的附着系数相差很大（比如一个车轮悬空或打滑）时，由于主动的十字轴齿环两端的传力齿轮始终与半接合器连接，左右车轮转速仍然相同，这时汽车的最大驱动力取决于左右车轮附着力之和，从而起到防滑作用。再加上三个桥间差速器的作用，哪怕只有一个车轮充分附着在地面上也可以保证车辆正常行驶。为了确保动力扭矩输出的可靠性，车桥半轴分为三段，主减速器半轴和内半轴之间用球叉式万向节相连接，内半轴和外半轴用双联等速万向节（三、四桥用的是普通万向节）连接。轮胎拟采用 13.00-20 宽截面低压越野轮胎，轮辋依然沿用三段式组合轮辋，方便战时快速更换轮胎和车轮维修。

4. 悬挂系统

该车沿用黄河 JN251 的双 A 字臂独立悬挂，不过由于黄河 JN251 的螺旋弹簧（当时是委托济南铁路局机车工厂代为加工的，火车机车的弹簧刚度较差）行程长度不理想，所以借鉴了厂里雷诺汽车扭杆弹簧，这辆雷诺是中法建交后法国方面送给周

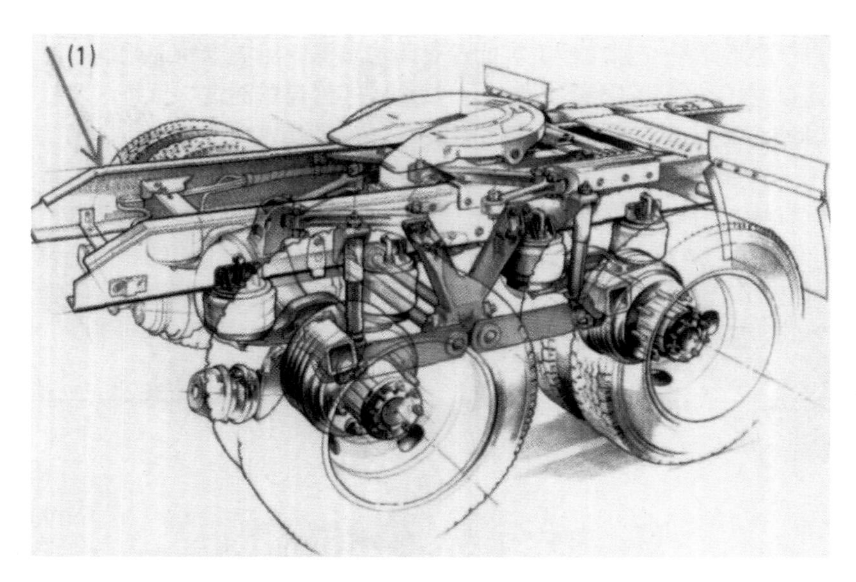

图 2-18　黄河 JN252 悬挂系统示意图

总理的礼物，由于当时中央领导乘坐的都是“红旗”轿车，这辆雷诺先是被转送给一机部，后又被一机部转送给济南汽车制造厂。最终，济汽决定黄河 JN252 采用纵向布置的扭杆弹簧作为弹性元件，每个车轮都可以独立上下运动，而不影响其他车轮。同时，每个车轮上各安装了一个双向筒式减震器和一个机械双向筒式限位器，以确

图 2-19　黄河 JN252 采用的扭杆弹簧悬挂，它不忌油污、不需润滑、承载系数高、安全性好，但是行驶平顺性和空气弹簧、油气弹簧相比要差一些

保车辆行驶的平顺性。有鉴于重型越野车采用的扭杆弹簧和小汽车有所不同，济汽决定向兵工系统学习大型扭杆弹簧的制造技术。

5. 车架

作为车辆机械力的集中受力总成，在越野过程中车架会受到横向扭曲和纵向弯曲力。鉴于黄河 JN251 的槽形横截面大梁在试验中出现过塑性变形，而加固后又出现断裂的情况，设计班子决定黄河 JN252 重新采用黄河民用车的“Z”形横截面大梁。尽管“Z”形横截面大梁稍显笨重，但是就当时国内冲压机械的制造水准（当时欧洲具有较高的冲压技术，往往会采用变截面槽形大梁，以提高车辆底盘的抗扭曲能力）而言，无疑是最佳的选择。

6. 制动系统

考虑到黄河 JN252 使用区域地形复杂，特别是运载的武器设备较为精密。设计班子决定采用脚踏制动、手拉制动和挂车辅助制动等多种方式相结合的双管路、双回路的气压制动系统。

四、品牌记忆

1. 钱学森的幽默

谈起黄河重型载重车的创始，已是年过耄耋的“黄河人”王子开眼中闪现出孩童般的得意：一个“不着调”的企业，基于“不靠谱”的技术力量，凭借着“不服输”的精神，经过了两轮总计 5 万公里的道路试验，为我国重型汽车工业的发展奠定了坚实的基础，生产了黄河 JN150。由此，国产重型军用越野车也走进了产房。

作为我国第一代军用高机动重型越野车总体设计师的张朝金，40 年后依然清晰地记着钱学森和周子健当年的嘱托：面对日益恶化的国际局势，作为我国最具威慑力的武器必须尽快服役。一机部于 1969 年 1 月再次致函济南汽车制造厂，要求必须尽快向七机部供应五吨级越野卡车，并要求在 1970 年第一季度必须生产一批车辆供“东风三号”配套。面对这种严肃要求，济南汽车制造厂立即派王子开、徐鸿敏和张朝金前往北京听取一机部和七机部的建议。这次会面的规格非常高，参加会面的有时任一机部部长周子健、七机部副部长钱学森等。面对配套车辆迟迟不能装备部队的尴尬局面，幽默的钱学森“威胁”主管汽车行业的周子健，笑称半年内一机部要是再不交付配套车辆，他就要和周子健两个人“抱起东风三，两个人一个人扛一头，给二炮服务”。面对着这种死命令，没有任何人拿自己的政治生命开玩笑，只有一句话：必须成功！

在很多人看来，黄河 JN252 不过是一辆卡车，而在共和国的履历中，它是负重远行的铁血骠骑，承载着大国的光荣与威严，同时也是迄今为止我国唯一一辆作为军用装备而研制的汽车。

2. “两高一低”试验的记忆

我国幅员辽阔、地形复杂，气候条件包含热带、温带和寒带；地形条件包含南方的水网稻田、东部的平原、西部的高原和沙漠、北部的草原和山林。因此，我国的地面武器装备除了进行一般的温带道路试验之外，往往还需要进行“两高一低”试验。所谓“两高一低”试验是指高原试验、高温试验以及低温试验。

1970 年 12 月，黄河 JN252 通过了由一机部、七机部、二炮部队和山东机械工业局等二十五个单位专家组成的鉴定小组的产品鉴定后，正式投入小批量生产。1971 年 2 月，济南汽车制造厂生产出第二轮两辆黄河 JN252 重型越野车，与此同时向一机部提交了筹建“济南汽车制造厂 252 车间”的申请。1971 年 3 月，为了再次确认黄河 JN252 重型越野车的性能，济南汽车制造厂兵分两路：一部分人开始对设计图纸进行重新研究，另一部分人驾驶着两辆黄河 JN252 重型越野车再次进行道路试验。试验分两阶段进行，第一阶段是在南方 9 省进行了 25 000 km 普通道路试验，第二阶段是在济南军区白马山坦克试验场进行复杂道路强化试验。参与这次试验的都是参与过车辆试验的工程技术人员，其中包括何宗贵、张朝金、孙长辉和赵国忠等 8 人。试验结果证明：黄河 JN252 重型越野车的底盘是极为优越的，完全可以适应各种崎岖复杂的道路。1971 年 12 月，根据济南汽车制造厂的申请，一机部向国家计委提交了拨款和调拨设备筹建“济南汽车制造厂 252 车间”的报告。事实上，在一机部和国家计委调拨的资金和设备到来之前，济南汽车制造厂采用黄河 JN252 和民用型黄河 JN150 混线生产的方式，向七机部交付了 20 辆黄河 JN252 重型越野车。

1972 年 3 月，济南汽车制造厂正式组建 252 车间，编制有 125 名职工，生产厂房面积 4 000 m^2，安装有 56 台专用设备，总投入为 420 万元，承担黄河 JN252 主要技术总成，轮边减速桥、独立悬挂系统、转向系统和离合器的生产，以及整车的装配。有了专用的生产车间后，黄河 JN252 重型越野车的生产效率迅速提高，当年再次向军方交付了 50 辆整车。12 月，按照一机部和厂方的安排，济南汽车制造厂抽调专门的技术人员对黄河 JN252 重型越野车的产品图纸进行修改和校对，直到 3 个月后这项工作才完成。1973 年 10 月，对我国军用车辆研制试验具有重要意义的军用车辆定型委员会正式成立，办事机构设立在总后勤部车船研究所（1960 年创办，驻地天津），我国军用车辆正式拥有了产品定型主管机构。

1974 年 4 月，东风三号中程地地导弹定型会议（代号“743 会议”）在北京召开。会议上，与会人员对黄河 JN252 重型越野车和东风三号配套问题进行了专门研究，认为在完成“两高一低”试验之前不能进行产品定型。回到济南后，济南汽车制造厂立即就黄河 JN252 进行“两高一低”试验的前期准备工作。经研究决定，仍然使用 1972 年 2 月生产的第二批两辆样车进行试验。鉴于两辆样车已经进行过 25 000 km 道路试验，并且露天存放了三年多，零部件存在一定的磨损和腐蚀，济汽决定将这两辆样车进行大修并换装了两台上海柴油机厂新生产的 SH6135Q-1 水冷柴油发动机。

1975年5月，由济南汽车制造厂的林治国、龚玉生和李树海等11人会同二炮部队、七机部和上海柴油机厂等单位的 24 人组成黄河 JN252 重型越野车“两高一低”试验试车队。试验分四个阶段进行，5 月 21 日开始在山东聊城地区（鲁西北）进行了平原区试验，而后再次前往济南军区白马山坦克试验场进行复杂路面试验。在此期间，济汽的领导人王子开和徐鸿敏等人亲自坐镇指挥，甚至亲自驾车为试验车队做复杂路面机动演示。这其中包含爬陡坡、连续穿越弹坑、越垂直台阶障碍、涉水试验、越软质土壤层地带和防空试验。在试验中，黄河 JN252 先后演示了多种情况下车桥悬空熄火起步试验，充分验证了其行走系统“哪怕只有一个车轮有足够的附着力，也要正常行驶”的设计目标。1975 年 6 月，在完成平原试验后，两辆黄河 JN252 重型越野车赴青海，在共和县、西宁市和达坂山地区（海拔 2 200~3 900 m）进行高原试验。主试验场设在平均海拔 3 700 m 的共和县草原上，进行了高原缺氧状态下的发动机动力输出试验、高原山区公路机动试验等，在西宁至达坂山的公路上，进行了低能见度特殊天气适应试验、满载状态（以 1 号试验车拖挂 2 号试验车的方式代替配重）爬长坡试验。1975 年 7 月，这两辆样车下高原长驱数千公里奔赴湖北麻城地区进行高温试验。湖北麻城地区紧靠我国著名的“四大火炉”之一的武汉，该地区海拔不到 50 m，夏季气温为 33℃ ~39℃。特别是这一区域为山区，昼夜温差小湿度大，比海南试验场更适合进行车辆高温试验。在这一区域，黄河 JN252 进行了驾驶室通风与隔热试验、爬长坡热状态试验、空气压缩机充气试验和满载状态坡上起步试验，8 月上旬全部试验项目完成。随后这两辆样车又被运往东北地区，在内蒙古呼伦贝尔草原海拉尔地区进行寒区试验。1975 年 12 月—1976 年 1 月，内蒙古呼伦贝尔地区气温在 –22℃ ~–40℃，黄河 JN252 重型越野车先后进行了发动机低温启动、驾驶室采暖试验、驾驶室除霜冻试验、低温山区道路试验（包含涉雪能力试验、冰面起步试验、滚平雪道坡上起步试验）等多项试验。

经过近一年的试验，黄河 JN252 重型越野车经历了从海拔 4 000 m 到海拔 50 m、从 40℃的高温到零下 40℃的低温，从绝对干旱的西北地区到湿度高达 80% 的长江之滨。诸多技术专家签名的试验报告对黄河 JN252 重型越野车在“两高一低”试验中的表现做出了公正的评判：通过试验，黄河 JN252 重型越野车基本可以满足东风三号地地导弹武器系统配套使用要求，但是该车还存在动力性能不足、车辆加速慢、驾驶室密封效果差等缺点。

1976 年 11 月 7 日，济南汽车制造厂向东风三号中程地地导弹定型委员会提出申请报告，要求召开黄河 JN252 重型越野车产品定型会。这里需要特别说明的是，黄河 JN252 重型越野车产品定型会并不是总后车船研究所军用车辆定型委员会召集的。也就是说，黄河 JN252 重型越野车并不是简单地作为一个军用汽车项目来发展的，而是作为一件武器来研制的。11 月 25 日，济南汽车制造厂收到回复公函，东风三号中程地地导弹定型委员会批复同意黄河 JN252 重型越野车以当时的技术状态进行定型，并委托山东省机械工业局负责会议的安排，由七机部、二炮部队、济南汽车制造厂、上海柴油机厂负责会议的筹备工作。经过充分的准备后，山东省机械工业局于 1977 年 1 月 20 日—27 日在济南召开了黄河 JN252 型汽车定型会议（代号“771 会议”）。参加这次会议的包括一机部、二机部、七机部、总后勤部车船部、东风三号中程地地导弹定型委员会、第二炮兵部队、工程兵部队、济南军区、山东省机械工业局、济南汽车制造厂、上海柴油机厂等 36 个单位共 73 名来自五湖四海的技术专家。与会代表参观了济南汽车制造厂，观摩了黄河 JN252 重型越野车在济南军区白马山坦克试验场的机动演示，听取了七机部、二炮部队和上海柴油机厂等代表的发言，进行了广泛的讨论和认真的审查，在拟定的《黄河 JN252 型越野汽车定型报告》中认为：“该车性能经过比较全面的考核，设计上采用了先进结构，主要零部件强度比较可靠，具有较高的越野性和良好的平顺性，操纵比较轻便，环境适应性也基本满足了使用要求”，会议同意定型小组意见，可以定型。

1977 年 6 月，这份《黄河 JN252 型越野汽车定型报告》得到了有关部门的批准。在历经 8 年的研制和试验后，黄河 JN252 重型越野车终于以成熟的姿态拖曳着共和国的“撒手锏”，成为世界上一支具有强大威慑力的作战力量。与此同时，针对黄河 JN252 重型越野车在“两高一低”试验中暴露出来的技术瑕疵，改进工作迅速展开。针对动力不足、驾驶室密封效果不好、低温启动困难等问题，济南汽车制造厂会同部分总成供应企业进行了联合攻关。首先针对动力不足的问题，济南汽车制造厂和上海柴油机厂对 6135Q-1 柴油发动机进行了分析，认为其发动机进气系统比较烦琐，两个小型的空气滤清器导致发动机进气效率不足，决定改用一个大号的空气滤清器，将发动机功率提高了 2.5% 左右。上海柴油机厂建议黄河 JN252 采用该厂新研制成功的 6135AZ 涡轮增压柴油发动机，该发动机和 6135Q-1 保持了 90% 以上的零部件通用，却可以将发动机输出功率提高 10% 左右，达到 177 kW，输出扭矩可以提高 15% 左右，达到 882 N · m。即便如此，作为一个排气量 12 L 的重型车载柴油机，上柴 6135 系列发动机因为脱胎于船用发动机，加之当时我国和西方国家在发动机技术上缺乏交流，最先进的 6135AZ 型和西方同期同等排量柴油发动机相比，功率也存在着近 20%~30% 的差距。

黄河 JN252 从 1970 年投产到 1989 年停产，其间历经近 20 年的时间。根据《济汽史料汇编》和《中国发展全书——重汽集团卷》记载，黄河 JN252 重型越野车一共生产了 1 262 辆，另外还应急生产黄河 JN253 重型越野车两批合计 160 辆。不知道是不是一种巧合，在我国中程地地导弹形成战斗力不久，时任美国总统的尼克松飞越太平洋来到中国，启动了中美外交的破冰之行。事实上，此时中国的战略核力量完全有能力击穿所谓的“第二岛链”，对敌方的纵深目标实施核打击，在这其中黄河 JN252 重型越野车扮演着非常重要的角色。该车除装备第二炮兵部队之外，还有少部分装备工程兵部队和用作出口。其间先后参与过运输毛主席纪念堂水晶棺、1980 年 5 月向南太平洋发射洲际导弹、1984 年 10 月建国三十五周年盛大阅兵仪式等诸多公开活动。1987 年 6 月，经国家科技进步评审委员会评定，“黄河 JN252 型拖载液体地地战略武器运载发射”获得国家科技进步特等奖。

五、系列产品

新的中国重型汽车集团有限公司（简称中国重汽）成立后，立即对所属资源进行优化配置：原济南汽车制造总厂产品试制厂和部分资源组建中国重汽特种车事业部，负责包含军用越野车在内的各类特种汽车的研发和生产。2001—2003 年，在中国重汽技术中心的支持下，中国重汽特种车事业部先后研制成功黄河 7 吨级 JN2190 型（6×6）军用越野车、12 吨级 JN2270 型（8×8）军用越野车、15 吨级 JN2300 型（8×8）军用越野车和 25 吨级 JN5560 型（10×10）军用越野车。2003 年，在和二炮进行交流后，中国重汽特种车事业部在中国重汽技术中心的支持下，利用采用斯太尔技术的 JN2270 和 JN2300 的成熟总成，对仍在服役的黄河 JN252 重型越野车进行了技术升级改造。中国重汽特种车事业部总工程师潘书军和年轻的助手管雷全等人，对黄

图 2-20　1984 年 10 月 1 日，二炮首次公开亮相天安门广场，黄河 JN252 再次成为举世瞩目的明星产品

河 JN252 重型越野车的发展历史和技术结构进行了细致研究，在听取了第二炮兵部队的使用经验后，认为黄河 JN252 重型越野车的车架、行走系统和悬挂系统的优越性是无法替代的，主要着手处理该车的“老毛病”：发动机功率不足、驾驶室工艺较差、转向机沉重等问题。针对发动机功率不足的问题，他们决定将上海柴油发动机有限公司的 6135 系列发动机换装为中国重汽潍坊柴油机厂的斯太尔 WD618 型 353 千瓦发动机（这两种发动机排气量均为 12 L），最大输出功率提高了 100% 左右，最大输出扭矩提高了 120% 以上。驾驶室改用国产化斯太尔 161 军用驾驶室。转向机改

图 2-21　在黄河 JN252 基础上进一步研发的 JN2182

用国产采埃孚（ZF）转向机。长期困扰黄河 JN252 的问题彻底解决之后，该车又焕发了新的生机。

改造后的黄河 JN252 重型越野车被命名为“黄河 JN2182 型（8×8）重型高机动越野车”。虽然黄河 JN2182 型（8×8）重型高机动越野车和 15 吨级 JN2300 型（8×8）军用越野车的承载能力、拖挂运输能力有着较大的差距，但是前者良好的越野机动能力和行驶平顺性是后者无法企及的。更重要的是，利用第二代重型军用越野车的成熟技术改造老装备，其投入的成本极小，甚至不需要专门立项申报资金，只是在老装备的维修预算中抽调部分资金就完成了脱胎换骨的技术改造。这个项目后来受到了中央军委最高首长的表扬，黄河人自力更生艰苦奋斗的精神得到一代又一代传扬。在中华人民共和国成立 60 周年国庆阅兵仪式上，黄河人制造的重型军用越野车接受党和人民的检阅，这是 25 年后他们再一次把自己的成果交付给国家，也是近半个世纪以来那种“果敢的抉择和坚决的执行力所营造的黄河情怀”，“不靠谱”、不服输、不怕死的传统的传承。

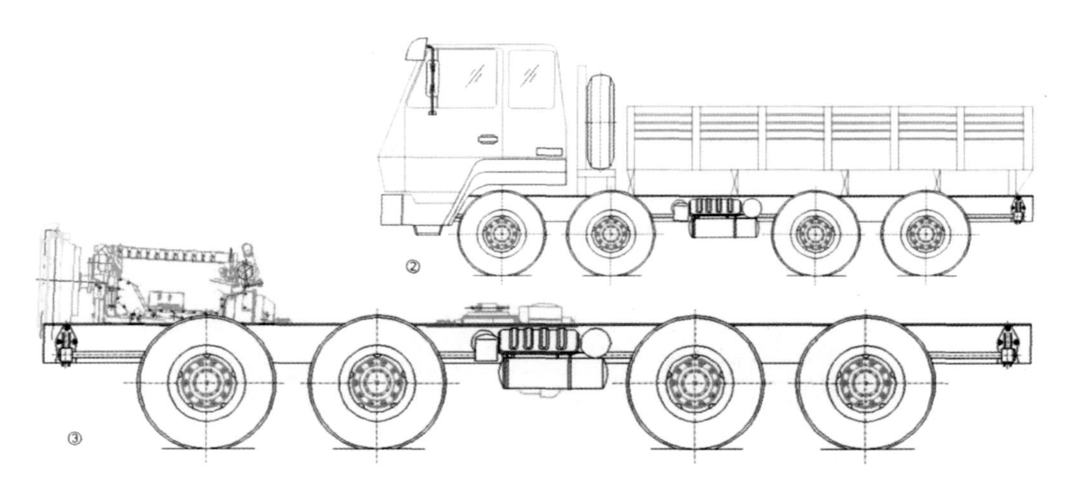

图 2–22　JN2182 底盘示意图，该底盘是在 JN252 底盘的基础上结合斯太尔技术改进的

图 2-23　黄河牌重型越野汽车主要产品设计发展谱系图

第二节　延安牌越野载重汽车

一、历史背景

陕西汽车制造厂诞生于20世纪60年代。1964年，中共中央根据当时国内外形势的发展，召开北京会议，提出一、二、三线工业新布局和建设大三线的战略方针。

“三线”这一概念出自毛泽东关于三线建设的战略构想。在这个构想中，他把全国划分为前线、中间地带和后方三类地区，分别称为一线、二线和三线，其中划定的三线范围是指山西雁门关以南、广东韶关以北、京广铁路以西、甘肃乌鞘岭以东的广大腹地，包括川、滇、黔、陕、甘、宁、青、晋、豫、鄂、湘、粤、贵等13个省、自治区的全部或部分地区。建设的重点在8个省，即云南、四川、陕西、贵州、甘肃全境及河南、湖北、湖南的西部地区。这一地区位于我国腹地，离海岸线最近在700 km以上，距西面国境线上千公里，加之四面分别有青藏高原、云贵高原、太行山、大别山、贺兰山、吕梁山等连绵山脉作为天然屏障，在当时中国“要准备打仗”的特定形势下，这一地区是较理想的战略后方。

陕汽是贯彻毛泽东“备战、备荒、为人民”和“三线建设要抓紧”的战略方针，加快内地建设，改善工业布局，满足国防建设和国民经济建设需要的重要项目。

当时，装备部队的中、重型牵引越野车靠进口解决。国家先后耗巨资购进几千辆法国GBC车供部队使用。随着我国军事力量的增强，部队装备的火炮越来越大、越来越重，常用的122、152大炮重量在5.7吨到6.5吨之间。随着大炮数量的剧增，重型牵引越野车单靠进口会受制于外国，不利于国防建设。我国自行生产制造重型牵引越野车的需要迫在眉睫。陕汽就在这种大环境下应运而生；陕汽越野载重

5吨、牵引6.5吨的SX250型越野军车也就在这种大环境下应运而生。

1964年，国家计划委员会、国家经济委员会根据北京会议提出的战略方针，为了尽快改变重型越野汽车依赖进口的局面，依靠自己的力量进行生产，以满足国防现代化的需要，批准公安部所属的北京新都暖气机械厂（又名新都汽车配件厂）迁建西北地区，在陕西选点建设。

1965年，一机部汽车局和国家三线建设委员会派人踏勘、选址，将陕西生产越野汽车的工厂定在宝鸡市西北一带。

1968年6月22日，陕西省革命委员会《关于改变陕西汽车厂、陕西汽车齿轮厂的通知》中指出："由于这个地方（麦李河西沟）土地较好，占地又比较集中，因而除了建议国家不再考虑增大建设规模以外，请你们协助建设单位在具体确定总平面图时，应当根据利用荒地，少占农田，不占高产田的精神，慎重、正确地处理工业建设与发展农业的关系问题，在基本满足工厂生产、协作的条件下，应尽可能避免占用水浇地，生活设施不要占用高产地，并且尽可能修建低标准楼房。在具体确定修建地点时，要广泛征求当地人民公社和生产队贫下中农的意见。"至此，陕汽选址西沟，随即展开了大规模的基础建设工作。

在产品方面，1966年北京新都暖气机械厂试制出5吨（参照捷克斯洛伐克太脱拉）越野汽车。1966年2月25日，国家计划委员会决定北京新都暖气机械厂迁建西北地区，生产规模为年产500辆。第一机械工业部汽车工业局革命领导小组为了使陕汽建设工作做得更好，使工厂能尽快建成投产，于1968年6月15日发文决定，陕汽由北京东方红汽车厂负责包建除发动机车间之外的新产品设计试制、工厂设计、基建安装、生产准备、人员成套配备和培训，直至调整生产为止的全部建设工作。陕汽发动机车间由南京汽车分公司和杭州汽车发动机厂负责包建，负责发动机产品设计试制、工厂设计，配合基建安装、生产准备、人员成套配备和培训，直至车间调整生产为止的全部建设工作。

随着陕汽筹备处的成立和包建单位的确立，国家计划委员会鉴于5吨越野军车是牵引火炮的一种重要车辆，需求量较大，于1968年8月26日以（68）计机字

图 2-24　陕汽建设过程中，从建筑工人到工程专家，所有人都是建设队伍中的一员

337 号文对陕汽生产纲领进行调整，决定生产纲领从年产 500 辆调整为年产 1 000 辆，生产发动机 1 500 台（其中 300 台供工程机械用）。要求汽车车型应符合军队最近确定的载重 5 吨、牵引 6.5 吨的要求，并要求一机部军管会同总参谋部、总后勤部和国防科委研究，组织有关人员进行产品的设计、试制、试验和定型工作。

二、经典设计

1. 技术集成背景下的设计

延安牌 SX250 型 5 吨越野汽车是我国自行设计、试制和生产的军用产品。1968 年 5 月，在北汽成立了陕汽 5 吨越野车设计组，着手调研和方案论证。6 月，设计组和国防科委十二院共同组成调查组，了解部队对越野汽车的使用情况和要求。8 月开始设计，以部队当时使用的苏联乌拉尔 375、法国 GBC8MT、小戴高乐、萨维姆和捷克斯洛伐克的太脱拉等进口越野汽车为参考。根据部队要求，并考虑当时国内技术、工艺水平，确定了整车设计方案。

根据整车长度及部队提出的拖炮、载员和装载的要求，决定采用平头四门驾驶室和平底、高栏板车厢。选用杭州发动机厂的 6130 型柴油机，由南汽进行新发动机的设计、试制；委托北齿厂设计变速器、分动器及后桥主被动齿轮；参照黄河牌汽车结构设计气液式双片离合器；采用黄河传动轴万向节；前桥在太脱拉 138 的基础上部分修改，中后桥参考了乌拉尔的结构，并在长春汽车研究所协助下设计了贯通桥；选用上海大中华橡胶厂生产的 13-20 型越野轮胎；转向器参考了法国 GBC 重型越野车结构；采用黄河单管路气制动；委托济汽压制 8 mm 厚槽形车架纵梁；应部队要求设计了中央充气装置及自锁式差速器。

1968 年 12 月 30 日，陕汽试制出第一辆 SX250 型越野汽车的样车。样车由部队与法国的 GBC8MT、苏联的乌拉尔 375 汽车做对比试验，认为主要性能可满足部队战术要求，但提出了车辆高、太重，发动机冒烟，加速性不好等问题和修改建议。第二轮改进设计，将重点放在减轻自重方面，但又因主体零件强度弱，导致可靠性差、零件损坏多，此外驾驶室造型也变得复杂，结果令人不满意。

1970 年 8 月，产品设计队伍经调整后，在陕汽开始第三轮设计。整车外廓尺寸不变，零部件恢复到第一轮尺寸，制动系统做了较大改动，驾驶室造型改为棱角方形。1970 年 9 月开始试制，同年 12 月 26 日装出一辆样车，投入 1 500 km 试车后，又暴露出不少新问题。

图 2-25　延安牌 SX250 重型越野载重汽车

1971 年 7 月，汽车专家孟少农调到陕汽任革委会副主任，主管技术工作，他提出“严试验、缓定型”，“试验要充分暴露薄弱环节”的要求，之后，总后勤部安排全面试验考核第三轮样车。1972 年在北京召开了陕汽 5 吨车设计试验座谈会，会上提出离合器烧裂，使用寿命短；变速器不好挂挡，易掉挡；发动机冲缸垫，加速性不好；前轮摆头；制动器回位不灵及寒区使用可靠性差；牵引钩强度不够等 6 大攻关项目。

第四轮改进设计在孟少农领导下进行。试制中要求零件严格按照设计要求加工，克服加工质量不好引起的早期损坏。1973 年 12 月，第四轮样车试制成功，可靠性试验和地区适应性试验表明其整车参数和主要性能均达到了设计任务书的要求。

1974 年 11 月 21 日至 29 日，在北京召开延安牌 SX250 型 5 吨越野汽车定型技术审查会议，认为该车达到了设计定型要求。12 月 27 日，车辆定型委员会批准定型，正式命名为“延安牌 SX250 型越野汽车”。

延安牌 SX250 型越野汽车总长为 7 120 mm，高为 2 888 mm，宽为 2 500 mm，其高度几乎是普通住宅的一层的高度。车辆具有 38.45° 的接近角和 41.2° 的离去角，且底盘离地最小高度为 35.5 mm，车轮外直径为 1 000 mm，给人的总体印象就是一个巨大的“机器”。

延安牌 SX250 型越野汽车的造型主要由平直表面构成，除了在细小的转角处有弧线外几乎都是直线。在第一轮试制的时候，曾经在正面与两侧连接处有弧形连接设计，但在后来的设计中全部改成纯粹的直角，其中有一个重要原因是通过减少加工程序来降低成本。前轮罩为适应平直表面也被设计成折线，在逻辑上完全与整体造型一致。

驾驶室为平头、四门、封闭式，可坐四人。外观设计有一根贯通的直线，在接近整车高度二分之一的地方，虽然很细却加强了整体产品的“筋骨”。从正面来看，“筋骨”下半部分构成了 SX250 的“前脸”造型，两边大灯及中间横向格栅组成了左右对称的三段式前脸，与整体造型非常融合，这根“筋骨”在以后各换代产品设计中始终存在。

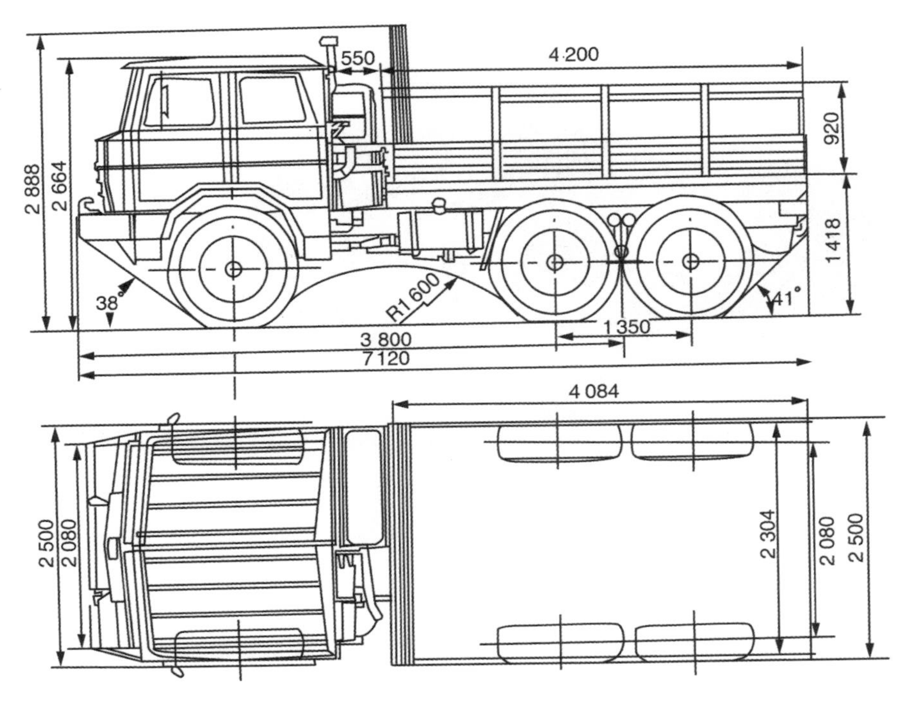

图 2-26　延安牌 SX250 型越野汽车主要尺度、参数

SX250 前窗采用了两块可开启的玻璃窗，这是因为这一代车尚无空调，只能靠行驶过程中的进风来降低驾驶室内的温度。

在延安牌 SX250 型越野汽车定型以后，对试验中和以后陆续发现的问题，共确定了 60 项攻关项目进行设计和工艺攻关，对产品又进行了许多改进。1978 年 7 月，陕汽根据现存的质量问题及用户的反应，下达了“SX250 汽车质量攻关措施计划”，提出了设计和工艺攻关项目。其中包括发动机过热；汽缸盖硬度低；转向油泵齿轮抱死、油温偏高；牵引钩易断裂；转向节臂强度不足；等速万向节静强度不足；暖风作用差；大件漆前处理不好，使用中生锈；柴油箱焊接工艺及密封性差等。陕汽还决定组装“攻关车”，将攻关项目样件装于攻关车进行试验考核，观察改进效果。

针对各个攻关项目，指定专人负责，分析原因，拟定改进方案，参与样件试制和攻关试验工作，直到问题解决，如对前桥等速万向节的改进设计，解决了其强度不足的问题。

图 2-27　采用西北战区涂装的延安牌 SX250 型越野汽车

针对汽缸盖硬度不足的问题采取改变合金组织、提高缸盖本体硬度的办法进行攻关。在铁水中加铬，使铸件组织形成高温下不分解的合金渗碳体，从而提高硬度。随后又进行大量的试验，确定合金含量及工艺规程，较好地解决了问题。

针对曲轴扭振大的问题，设计人员查阅了大量资料，分析了多种方案，最后设计了硅橡胶扭振减振器，并多次试制、试验，确定最佳结构尺寸和橡胶含量，取得了满意的效果。

针对驾驶室除霜效果不好、室内温度低的问题，重新设计了采暖除霜装置，在驾驶室前围两侧各装一套暖风机，达到良好效果。

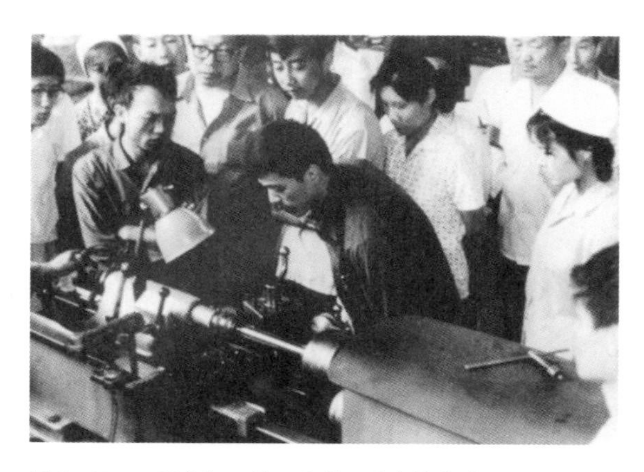

图 2-28　工程师与一线工人共同攻克技术难题

可靠性试验 25 000 km 后拆检时，发现转向节臂有裂纹。经分析，认为该处弯曲应力较高。在结构上做了修改，加强了相应部位，满足了使用要求。

试验中牵引钩发生过钩头断裂等问题，采用新材料，并规定合理的硬度、强度要求，保证牵引钩的强度和可靠性。

在解决发动机过热的攻关项目中，将风扇攻角从 27° 增加到 32.5° 。将风扇叶片直径从 ϕ470 加大到 ϕ510，并提高风扇转速，使用双节温器及大排量水泵等，使问题得到解决。

在解决转向油泵齿轮抱死的问题时，设计试制了新型齿轮式转向油泵，并采用新材质整体式转向机导块，使该转向机质量达到国内先进水平。

1982 年因质量问题停产整顿时，又对拉缸、喷油嘴工作不可靠，喷油泵工作不可靠，离合器分离轴承易烧，驾驶室问题，轮辋螺栓易断裂及水箱漏水等十九项产品质量问题进一步攻关，如将离合器片衬面改为铁基粉末冶金摩擦片，并将压盘改为实心结构，解决了摩擦片易破碎和压盘烧蚀问题。将分动器壳体材料改为球墨铸铁，并将齿轮做了全面加强，解决了壳体碎裂和齿轮折断问题，改进了铸钢桥壳的形状，加粗了桥管并增加了调质处理，提高了驱动桥的抗弯强度。采用了耐低温的制动橡胶皮碗，解决了气制动早期损坏的问题。

门窗上采用了专业厂生产的门锁及摇窗机，改善了门窗的可靠性。经过选型试验，换装了电动雨刮器，改善雨刮器的性能，并选定了新型自喷式冷启动机构，便利了冷起动操作。

当时的攻关项目还改进了驾驶室悬置橡胶衬垫、车厢篷杆结构和篷布材料；改进了差速器壳材质（由铸钢改为锻钢）及螺栓结构（由过孔改为铰制孔）；采用了整体 40Cr 调质处理轮胎螺栓，使螺栓强度提高到了 10.9 级；增加了橡胶花键护套，提高了防锈性。

1983 年，陕汽引进了日本帝国公司的活塞环与 DKK 公司的高压燃油泵及喷油嘴，改善了发动机的燃烧性能，进一步提高了发动机的可靠性，顺利地通过了第二次 1 000 小时（按里卡图标准）强化试验，随后还成功地研制了硅油风扇离合器。

在解决产品质量问题的过程中，除了有关技术人员进行科学论证、分析及有关负责人拍板之外，驻厂军代室的严格把关也起了重要的推动作用。

2. 国际化洗礼后的设计再造

SX2190 型（6×6）7 吨军用越野汽车是在引进奥地利斯太尔公司 91 系列重型汽车制造技术的基础上所开发的新一代军用越野汽车，该车采用了性能先进的部件和总成，如平头可翻转全金属驾驶室、增压中冷四冲程柴油发动机、F&S 离合器、富勒机械式变速器、带轴间差速器与扭矩分配器的分动器、轮边减速驱动桥、管状开式带十字轴万向节传动轴、整体式动力转向器、WABCO 制动阀类、特种宽断面大人字花纹越野轮胎等，构成的最佳的系统匹配使整车具有良好的越野使用性能，同时与民用车型有很好的通用性、互换性，并且形成了系列化。这些先进技术和总成的应用，使得该车具有驾驶舒适、隔音、隔热、密封效果好、油耗低、操纵轻便、转向灵活、行驶稳定性及制动性能好、机动性高、越野通过性强、动力性及加速性好、最高车速高、可靠性高、维修保养非常方便及军民通用性高等优点。新款驾驶室更使该车外形美观、大方、饱满、挺拔和威武，并且具有良好的空气动力性。经过各项专项性能试验以及各类台架试验和 4 万公里可靠性试验，证明该车各项性能指标达到了国际 20 世纪 80 年代同类型越野汽车先进水平，是适合于部队、石油、林业

图 2-29　第一辆 SX2190 型（6×6）7 吨军用越野汽车在西沟下线

图 2-30　SX2190 型（6×6）7 吨越野军用汽车生产线（1）

等野外作业部门在我国广阔地域内普遍使用的新一代越野汽车及底盘。

7 吨军用越野汽车从 1984 年起开始调研，当年中国汽车工业公司根据总参谋部、国防科工委（1983）技一字第 2538 号文《关于 7 吨、12 吨军用越野汽车战术技术要求的批复》，将 7 吨军用越野汽车列入新产品试制计划。

1984 年 5 月，陕汽提出了以斯太尔 1491. 280/K34/6×6 车型为基础，加快 7 吨越野汽车研制的技术方案。因方案有明显缩短开发时间和军民通用性强的特点，很快得到了上级领导的支持。

图 2-31　SX2190 型（6×6）7 吨军用越野汽车生产线（2）

图 2-32　由 SX2190 型（6×6）7 吨军用越野汽车发展而来的油料运输车

重型汽车工业企业联营公司于同年 8 月根据（84）重汽技字第 020 号文，决定由陕西汽车制造厂与负责引进斯太尔 91 系列车型中国化的重庆重型汽车研究所共同研制 7 吨军用越野汽车。后来由于重庆重型汽车研究所隶属关系改变，重型汽车工业企业联营公司又决定由陕西汽车制造厂单独承担开发任务。

1986 年 12 月中旬，SX2190 型（6×6）7 吨军用越野汽车第一轮样车试制成功，该样车总成大部分是斯太尔协作件，部分为设计人员重新设计的，前后仅用了三个月时间。实践证明，其性能十分良好，并可拓展成各种专用车。

在设计 SX2190 第一轮样车时，陕汽选取了与设计指标较为接近的斯太尔基本车型 1491 系列作为设计改制的基础样车，同时考虑斯太尔 91 系列中的 161、369 型和二汽 EQP245 车型的平头可翻两种驾驶室，装用重庆轮胎厂生产的 15-520 轮胎。

1987 年重新上报了《7 吨（6×6）军用越野汽车设计任务书》。1988 年 4 月，国家计委、总参谋部以（88）参装字第 90 号文正式批复了《7 吨（6×6）军用越野汽车设计任务书》。

同年，在第一轮样车基础上，陕汽又进行了第二轮样车的设计、试制，进行了二十多项改进内容：降低前后悬架钢板弹簧刚度；提高空滤器进气口安装位置高度；增大前轮主销中心距，改善转向轻便性与操纵稳定性；降低车厢底板离地高度，增设全开型驾驶室顶瞭望、通风窗口；将变速器由十二挡改为九挡；增加涉水通气部件；散热器安装位置上移，增大接近角；选配带轴间差速器与扭矩分配器结构的分动器总成等。经过这些项目的改进，该车的性能指标得到显著的提高。从 1988 年 6 月到 1990 年 7 月，陕汽对该车进行了发动机台架初试与复试、基本性能初试与复试、4 万公里可靠性行驶、地区适应性以及火炮牵引匹配等试验，均表明该车在动力性、经济性、可靠性、平顺性、操纵轻便性和稳定性等方面优于同类车型，更重要的是，有较强的军民通用性。SX2190 车型既适应中国国情，又达到国际较为先进的水平，曾经作为国庆阅兵车在天安门广场上进行展示。

1989 年，陕汽针对第二轮样车未达到设计任务书要求指标的部分和试验中发现问题的部分又进行了第三轮改进设计，主要解决轮胎超宽、最小转弯直径大于 18 m、接近角和离去角小、发动机排放超标等问题，并部分在第二轮样车上进行体现。

3. 工业设计推动下的产品形象回归

陕汽第二代军车设计的主要成果集中在 SX2300 系列产品上，这是以更大重量牵引力量为目标的设计。SX2300 以 15 吨牵引为设计目标，外观上早期的设计与 SX2190 几乎一样，后期在设计上有明显的回归第一代产品 SX2150 的倾向，外形重新回归到正方体的设计，只是在各个面的交结处设计成圆弧形态，从整体上看，第一代产品中贯穿车身的一条细直线仍被保留在正面，侧面与之相连接的是车门上的短折线，造型显得更加丰富。车头最令人记忆深刻的改进设计是一体化的保险杠，同时形成形象记忆点的是散热格栅。整个前脸设计看似平淡，但却像健壮男人的肌肉，雄壮又不失优美。

任何一代越野车的开发，最终总要推出一代牵引车。SX4400 被誉为“牵引之王”，前脸造型特征与 SX2300 几乎相同，这说明陕汽已经完成了模块化、通用性设计，使车辆零部件的采购、存贮、管理大大简化，部队维护费用及驾驶员培训费用大大降低。更加值得注意的是，其军车开发的技术贮备为开发民用载重车奠定了扎实的基础，至此陕汽的产品设计实现了设计引领、集成技术、有效拓展的时代。

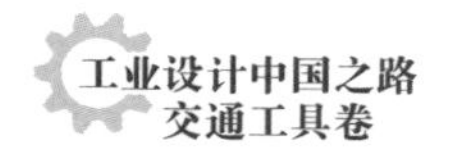

4. 设计组织架构

陕汽设计、技术、工艺的管理体系一直处于比较良好的运行状态，这与企业的性质相关，也与当时企业领导人的观念相关，更与主要设计骨干的专业素质密切相关，这在很大程度上保证了设计工作的展开与实施。

1971 年，全厂的技术管理工作归口生产指挥组，负责产品设计、工艺、质量检查与安全技术。这个时期的技术工作重点是抓产品试制和必要的技术准备工作，如标准化、科技情报工作和技术图书馆、技术档案室、理化室、性能试验室的筹建工作。

1972 年 6 月，技术工作从生产指挥组分离出来，成立了设计科、技术科、技术检查科，同时设立了工具科、设备科和动力科。全厂技术工作由孟少农（时任工厂革委会技术副主任）负责。由于当时采取分级管理体制，具体工艺工作仍在车间，技术科只负责综合性技术（例如制订工艺路线、材料定额汇总、双革、技措、跨车间的技术条件，以及工艺标准化、理化试验、科技情报与工厂规划等）和协调工作。

2002 年 11 月成立了“产品研发中心”，同时撤销“技术中心”，将有关工艺职能划归技术管理部，试制车间划入产品研发中心。

产品研发中心现设机构：军车研发室，负责新一代军车的研发、军车变型车研

图 2–33　陕汽 2300 设计

图 2–34　陕汽 2300 驾驶室设计的主要元素具有回归的特征

图 2-35　陕汽 SX4400 被誉为“牵引之王”

发，军车发动机外围件、变速器及操纵、取力器、分动箱及操纵、车架总成、主保险杠等设计；民车研发室，负责新一代民车的研发、民车变型车研发，发动机外围件、变速器及操纵、取力器、分动箱及操纵、车架总成、主保险杠等设计；应用工程室，负责车型公告、特殊合同产品设计、生产计划产品的临时更改设计；零部件研发室，负责离合器及操纵、悬架系统、转向、传动轴、燃油系统及操纵、制动系统等设计；车电研发室，负责驾驶室总成、悬置、电器仪表、线束、副保险杠、侧防护、货厢等设计；桥研发室，负责车桥的研发；技术情报室，负责标准化、技术情报、档案管理、技术图书馆、描图、晒图等；试制试验室，负责科研试验、新产品试制等，下设试制车间和试验科。

图 2-36　汉阳特种汽车制造厂利用陕汽产品改建的导弹运载车

三、工艺技术

自建厂以来，陕汽一直处于集成、移植国内成熟工艺技术状态。首先，由北京汽车制造厂为主进行包建，其中发动机关键技术由南京汽车制造厂及杭州汽车发动机厂包建，其他国内厂直接支援了整车装配线、车身焊接台、铸造小件生产线所需的各种设备、技术及工艺。其次，国外进口的设备900吨和1 500吨压床、仿型铣床、龙门刨、曲轴磨等悉数到位，使之迅速成为技术配套齐全、工艺较为先进的工厂。另外由于陕汽实行军事化管理，各车间以连队编制，按部队方式管理生产，工艺流程的执行带有强制性，而技术方面又有像孟少农这样的专家把关，出现技术、工艺难点能够轻而易举地集中全国各厂的力量攻关，国内不具备的设备可以到国外购买，所以很快达到了比较理想的状态。在20世纪70年代初期，通过行政命令，众多工艺技术制度得以建立和实施，可以认为陕汽是最特殊的一例。

20世纪80年代中期，随着斯太尔项目的引进，陕汽的加工工艺达到了新的水平。随着产品引进技术的消化吸收，陕汽加工工艺也提高到了一个新的水平。斯太尔产

图 2–37　陕汽锻压车间

品精度要求高，新材料使用多，质量要求严，因此，在生产中采用了不少的新工艺，在高精度加工设备方面，除进口了部分关键设备外，还大量采用了机电一体化的数控设备及专用设备，并从下述各方面反映出陕汽工艺水平的提高。

（1）铸件生产：为满足斯太尔产品对材质的要求，在重型汽车工业企业联营公司支持下，与西安交通大学合作，研制出 QT400-17 优质铸态球铁件，采用 ZW1280 中压造型线造型、工频炉熔化、自硬砂制芯工艺。

（2）1991 年 12 月打通冲焊桥壳生产线：采用了钢板仿型切割，1 000 吨锻压床热压成型，贯通式抛丸机除氧化皮；采用瑞典的埋弧焊机焊接纵缝；采用美国的电子束焊机焊接轴头及法兰盘；轴头精加工采用德国外圆磨，成型砂轮磨削；在桥壳线上还采用了 15 台专机及组合机床，以提高效率，保证质量。

（3）车桥零件加工：分为 8 条生产线，有轮毂生产线（1991 年 12 月打通）、制动毂生产线（1991 年 12 月打通）、主减速壳生产线（1992 年 4 月打通）、轮边生产线（1991 年 12 月打通）、制动底板生产线（1991 年 12 月打通）、半轴线（1992 年 4 月打通）、差速器生产线（1992 年 6 月打通）和制动蹄生产线（1992 年 6 月打通）。共选用了 16 台专机，引进了法国立车和瑞士花键冷打机，选用了 19 台数控机床。

（4）1991 年 12 月打通驾驶室总成装焊线：主要工艺及设备的选型基本上参照了斯太尔工艺，分总成及总成均采用固定夹具装配，国产和进口悬挂点焊机焊接，驾驶室总成调整在地面传动链上进行。

（5）1991 年 12 月打通驾驶室油漆涂装线：主要由长约 130 m 的底漆涂装线、长约 120 m 的面漆涂装线和辅助部分组成。底漆采用水溶性浸漆，面漆采用喷漆方法。

（6）1991 年 12 月打通整车总装配线：线长 254 m，23 个工位，底盘液压翻转，装配小车自动循环，全线集中控制，具有声光显示和通讯对讲系统，并设有底盘补漆和烘干室。93 m 长的内饰线有 22 个工位，输送形式为板式输送带。整车调试在引进美国的磨合测功试验台和制动试验台上进行。

工艺水平的提高是产品品质提高的保证，但是要想得到稳定的产品质量、提高企业经济效益，就必须抓工艺管理。陕汽在引进斯太尔技术的过程中也同时开展了“工艺突破口”活动，重点攻克如下工艺技术难关，推进新工艺、新材料的应用。

1. 曲轴

6130–150 铜铝球铁曲轴选用了杭州发动机厂的产品图纸，也选用了杭州发动机厂的铸造工艺——平浇立冷工艺，就是曲轴水平浇注完以后，要立即将模型立起来放置 15 至 20 分钟，使铸铁球化和凝固。但是，陕汽的生产纲领及厂房设备条件有限，不允许考虑除潮模以外的其他特殊造型方法。陕汽从 1971 年开始分析、试验曲轴潮模平浇立冷工艺，但废品率一直居高不下，其原因主要有二：一是该工艺容易形成铸件内部二次氧化夹渣，难以解决；二是断面处的分散性孔洞易引起材质疏松。经过 1975 年近一年的攻关试验，运用潮模平浇平冷新工艺，不但提高了劳动生产率、工人操作安全性，也避免和减少了夹渣和疏松，大大降低了废品损失，还为进一步在发动机上应用综合强化铜钼球铁曲轴做好了坚实的准备。

为了解决曲轴圆角处的组织粗大和存在缩松等缺陷问题，铸工车间经多次试验，采用卧浇卧冷工艺，造型中嵌入复沙大冷铁，使曲轴组织细化，石墨球细小圆匀，消除了轴颈圆角处的缩松缺陷，为曲轴滚压强化提供了坚韧可靠的基础。

2. 铸态 GGG40 球铁

根据重型汽车工业企业联营公司引进的斯太尔重型汽车生产技术的需要，该车底盘上有占一半以上（50.8%）的高强度、高韧性球铁件——GGG40 球铁件。当时，国内多数企业都是用热处理方法生产的，而生产这种高牌号、高机械性能的铸态球铁的厂家，在国内还未见报道。重型汽车工业企业联营公司为了节约能源，缩短生产周期，1985 年将这项研究任务交给陕汽和西安交通大学，由两家单位合作共同承担这项研制任务。从 1986 年元月开始到 1989 年 4 月结束，研制工作共分两个阶段进行。第一阶段工作在西安交通大学铸造实验室和金属材料研究所进行；第二阶段工作在陕汽铸造分厂进行。在经历了上百次试验之后，取得了上千个试验数据，最终获得了成功。根据当时的试验结果，金相石墨球数多在二级以上，圆整度好，分布均匀，基体铁索体在 95% 以上，切削性能良好。机械性能测试，抗拉强度大于 47 kg/mm^2，延伸率大于 17.5%，并且能够保证在 –40℃条件下的强度和韧性。1989 年 6 月 29 日，该项技术成果在陕汽通过技术鉴定：专家们根据大量的实验室数据和生产数据，一致认为，该项成果工艺先进、可靠，节约能耗，具有显著的综合经济效益，达到了国内领先水平。

3. 大梁滚压工艺

建厂初期，在工人、干部、知识分子组成的攻关小组的共同努力下，陕汽自行设计制造出大梁滚压机。滚压机由床身、靠模、卷扬机、纵梁拉制成型小车、纵梁拉制模芯及压块组成，卷扬机电机采用 30 kW TQZ–81–6 电动机，用 φ28 的钢丝绳，离合器为气动、干式，拉制力≥ 68 吨。纵梁拉制成型小车由 8 对成型辊组成（左右各 8 只，成型辊的角度分别为 8°、15°、23°、33°、45°、60°、75°、92°），每只成型辊都有一个靠模辊和它共同装在一个滑板上，小车上下两边各有压辊 9 个进行小车导向和保证小车对压块的压力。材料都有回弹，拉制模芯设计是有一定弧度的，是经过多次试验才确定的。大梁滚压机的试制成功和大梁滚压工艺的确定为陕汽生产越野汽车提供了保障。

4. 斯太尔冲焊桥壳

斯太尔桥壳属于冲焊结构，由钢板下料、热压成两个方形断面的半桥壳，通过铣削纵向平面，合焊成桥壳中段，然后两端焊上轴头而成。陕汽从 1985 年设计完成热压成型模具开始至 1989 年 5 月生产出第一批合格的斯太尔冲焊桥壳，经历了多次试验。为了减轻机加工负担，掌握冲压桥壳各部位成型规律，采用在待试的坯料上画出网格线，成型后观察测量变化值的方法，找出规律确定最佳下料尺寸和形状。为了消除冲压桥壳在大孔角部凹坑的缺陷，对模具圆角做了适当调整。焊接质量是保证桥壳疲劳强度的关键。尤其是轴头电子束环焊，对桥壳总成的可靠性和汽车的安全行驶影响很大。因此，对这类焊缝采用了超声波 100% 检验，确保高质量。

5. 斯太尔桥壳淬火强化

为了解决斯太尔 13 吨级桥壳强度不足而在使用中弯曲变形的问题，陕汽采用了桥壳中段整体淬火的工艺，将桥壳材料强度提高了 80%，在我国汽车超载使用的工况下表现良好。2001 年 3 月，陕汽为车桥生产专门建起一条桥壳淬火线，生产能力可达年淬火 7 000 根。

与此同时，一批工艺的应用与国内外先进设备的引进保证了设计的不断改进和产品质量的提高，主要有如下方面：

1. 铸造工艺与设备

X-SWZ1280B 气动微震中压造型线主要生产斯太尔球铁、灰铸铁等铸铁件，投入生产后，随线配备了两套电器，三个炉体中的两个炉体可以同时使用，年生产量可达 4 000 吨，较原来成倍增长。该线从 1987 年筹建，由于资金等原因，到 1991 年 5 月才开始筹备，7 月 20 日开始安装，1994 年 2 月 27 日通过竣工验收。

该线是由两台分别布置在间歇式铸型输送机两侧的气动微震造型机、辅机（翻箱机、落箱机、台箱机、脱箱机、分箱机）、积放式机动辊道柔性连接成的半自动造型线。全线采用美国通用电气公司 GE-Ⅲ可编程序控制器控制，为解决电源停电后造成的电控系统与机械状态不符，系统具有停电记忆功能。

该线在美国通用电气公司 GE-Ⅲ可编程序控制器控制下，可运行四种工作模式：全线半自动运行；只造型，不浇注，不落砂；只浇注、落砂，不造型；各主、辅机局部不工作。设计生产率：60 型 / 小时；冷却时间为 80 分钟；全线运行砂箱 105 副；全线小车 106 节。

3500 kW 250 Hz VIP DUAL TRAK 6×2 吨高效节能中频感应熔炼系统由美国 INDUCTOTHERM 公司提供，而 6 吨中频感应熔炼电炉系统则是由世界著名感应电炉生产厂应达工业（上海）有限公司制造生产的，铸铁车间于 2001 年底修建了两台 6 吨中频炉的基础工程，2002 年 4 月 5 日开始调试，4 月 10 日下午 14 点整流出第一炉铁水，正式投入使用。

2. 车桥工艺与设备

电子束焊：陕汽在斯太尔技术改造项目中总投资约 6 800 万元，而桥壳线就占 1 000 多万元，在整个斯太尔技术改造项目 24 台专机中，桥壳线就有 12 台。在当时陕汽已签订合同的进口设备费用 289.5 万美元里，桥壳线又占了 199.5 万美元，其中从美国进口的电子束焊机是陕汽最贵的设备。这套设备价值高、精度高、管路复杂（光接头就近 5 000 个）、安装调试难度大。电子束焊机一般由电子枪、光学观察系统、高压电源真空机组电气控制柜与操纵台等几部分组成。它的工作原理是，在真空的电子枪中，利用加热灯丝发射出高密度的电子，该电子在阴极与阳极的电场作用下形成高速运动的电子流，在电磁镜聚焦后，轰击置于工作室中的被焊件表面，电子束的动能转化为热能，即可实施焊接。电子束焊的优点：焊缝窄，熔深大，焊缝质量好、变形小、生产效率高，而且操作方便，易于实现自动控制，还能焊接其他方法无法焊接的焊件、修补其他工艺无法修补的零件。

车桥装配线：配有三套车桥翻转机构，适应多品种车桥的装配需要，考虑了一定的柔性，可以生产斯太尔系列前、中、后桥和 250K 系列的前、中、后桥，设计生产能力为单班 120 根。

新桥壳线：新桥壳线就是从韩国引进的原韩国大宇京都桥壳厂的全套生产线。这条生产线具有国际 20 世纪 90 年代的水平，也是当时国内先进的重型桥壳生产线，其中含有四条生产线，分别为下料线、焊接线、机加线、随动桥线。

机加线是一个由自动上料、13 台数控设备、4 个辅助工位、两个机械手组成的柔性数控加工单元。从工件上线到工件下线全部实现自动化，全线只要 6 个人操作、管理，生产节拍为 6 根 / 小时。关键设备有日本 NISSIN 数控车床、意大利 SAIMP 公司数控双头磨床、韩国大宇的 ACE–V85 立式加工中心等，关键设备上均采用随机检测装置，确保了桥壳加工精度比老线提高一个等级，达到 0.1 mm 以内。

焊接线是一条由半壳点焊、三角板点焊、机器人自动焊接单元、镗孔、钻孔、面圈焊、法兰点焊、轴头点焊、后盖焊 9 个工位组成，通过滚轮连接的流水线。其中纵缝焊采用机器人焊接，内孔采用机器人等离子切割、机器人打磨，自动化程度很高，面圈焊、后盖焊均配有焊接机械手，并采用 X 光机随线检测焊缝质量。生产节拍为 14 件 / 小时。

随动桥线是一条集焊接、机加、装配为一体的流水线。从半壳料至装配成随动桥总成可在这条线上完成。该线主要工位有点焊半壳、纵缝焊、打磨、镗端面、装焊轴头、数控双头车、装焊法兰盘、磨床、键槽铣、装配等。其中主要设备有日本

NISSIN 数控双头车床、德国 SCHAUDT 磨床等。生产节拍为 16 件 / 小时。

下料线（未在车桥厂安装）包括板料切割、加热、热压、抛丸等工位。其中主要设备有程控式加热炉、日本小野 2000T 数控压床、等离子切割机器人等。

3. 油漆线

油漆线是陕汽为了提高车桥总成表面涂装质量，于 2001 年批准立项实施的车桥重点技改项目，该线通过挂桥上线、漆前处理、烘干水分、面漆喷涂、面漆烘干等工序实现前处理磷化喷漆烘干连续生产，其喷漆室采用水帘式结构，大大提高了漆雾的回收能力，降低工人的劳动强度。其工艺先进主要体现在前处理方面，尤其增加了磷化工序，其耐腐蚀时间由过去的 90 多小时提高到 300 多小时，同时该线是水溶性底面合一漆的生产线，有机挥发物的排放量只有一般溶剂型涂料的十分之一，环保性好。该线物流合理，从桥总成装配线下线的桥，通过过跨小车直接输送至挂桥上线点，在完成全部工序后，由下线点可以直接送往总装厂或发往用户。

4. 车身

（1）驾驶室阴极电泳涂装线

2000 年以前，驾驶室前处理涂装生产采用水溶性浸漆的工艺方法，驾驶室涂层耐腐蚀性等达不到国家标准，涂装质量不稳定，不能满足客户需求，而且生产能力较低，双班年产设计能力 5 100 辆。

针对以上问题，车身分厂 2000 年提出驾驶室阴极电泳线技术改造，这条线由预处理、脱脂、水洗、磷化、电泳、喷淋、纯水洗、吹干等 16 道工序组成，按每 7 分钟一挂的生产节拍运行。该线工序完善，自动化程度高，纯水制备采用美国 AMT 双极反渗透设备和节能环保的二级超滤设备；悬挂葫芦选用德国德玛格产品；电气控制仪表采用日本欧姆龙产品、系统 PLC 控制采用日本三菱产品。承建单位为机械工业部洛阳第四设计研究院涂装所，2000 年 9 月中标，2000 年 10 月完成设计，11 月开始施工，2001 年 2 月建成并开始调试，2001 年 4 月 23 日顺利投料并一次试车成功，4 月 28 日举行了剪彩仪式。改造后的驾驶室涂装生产线达到了国内重型汽车同类生产线的高水平。

驾驶室前处理底漆涂层耐腐蚀性有了明显提高，底漆质量达到国家 JB/Z 11186 标准要求。无论是漆膜厚度、漆膜硬度，还是耐腐蚀性、耐候性及内腔防蚀性等技术指标都有了质的飞跃，同时生产能力大幅度提升，双班年生产能力可达两万辆以上。

（2）驾驶室焊装线

车身分厂原来的斯太尔驾驶室焊装线就是 1985 年工厂引进斯太尔重型汽车制造技术时在西安厂区兴建的装焊车间，作业面积 5 040 m^2，该线按斯太尔公司驾驶室加工形式，采用固定工位方式组织生产，驾驶室总成和分总成焊接夹具基本上采用手动装夹形式，设计生产能力为双班年产斯太尔系列驾驶室 5 100 辆。

2002 年，工厂对斯太尔驾驶室焊装线进行专项技术改造。车身分厂利用原装焊车间已有的生产条件和资源，于 2003 年 11 月改造建成真正意义上的斯太尔驾驶室焊装线。它主要由“六区”和“两线”组成，即零部件点焊区、地板生产区、后围生产区、 前围生产区、顶盖生产区、车门总成生产区、驾驶室总成焊接生产线和驾驶室总成调整线。驾驶室总成焊接生产线采用升降往复式输送线，电控系统选用了日本三菱 PLC 控制器，调整线采用变频调速控制的板式输送线。驾驶室总成和分总成焊接改为用以气动夹紧为主的焊接夹具，车门包边也使用了液压包边机新技术，增加了地板总成地面传送滚床，前围、后围总成 KPK 滑角线轨道，配德玛格电动葫芦上线装置，顶盖总成真空吸盘上线装置等分总成空中传送装置，更新配备了一体式、分体式悬挂点焊机 78 台，CO_2 焊机 57 台，固定点焊机 11 台。车间里采用了 CO_2 气体集中供气系统和焊机冷却循环水软化处理系统等措施，减小了劳动强度和生产辅助时间，改善了车间内环境。改造后生产线设计生产纲领为双班年产斯太尔系列驾驶室 2 万辆。

车身分厂 F2000 驾驶室总成焊接生产线于 2003 年 7 月建成并投产。焊接生产线通过引进德国曼公司先进的 F2000 驾驶室制造技术，以固定工位配备焊接夹具，全线 20 个工位采用 25 辆液压锁紧随行定位小车机构进行流水作业的方式焊接驾驶室焊接总成。线上主要配有同体式悬挂点焊机 29 台、CO_2 气体保护半自动焊机 10 台、德国进口螺柱焊机 2 台等焊接设备，另有自行葫芦上线输送装置 2 套等工艺设施。

该生产线设计纲领为双班年生产（进口 CKD 驾驶室冲压合件）F2000 驾驶室 1 万辆。

5. 总装配线

这条流水线是由国内设计、施工的，航天部西安 210 所设计这条线时在汲取国内外流水线技术的同时，做了大胆的创新，以地链带动装配小车，线上装配小车能自动回转，装配线上设有专门的车架翻转机构，与之配套的还有驾驶室内饰装配线，全线行进节拍通过中央控制室采用微机控制。整个装配线长 254 m，有 23 个工位，双班生产能力可达年产 5 100 辆。该项目 1986 年 6 月 1 日破土动工，1987 年 12 月建成。

2003年又对这条线进行了技术改造，由于原装配小车强度不足、故障频繁，全部更换为新设计的加强小车；更换了地链驱动电机，使装配线行进速度调整范围扩大，有可能实现连续行进；增加了进口螺母拧紧机，保证了悬挂和车轮工位螺母拧紧力矩；为了适应更长或更短轴距车辆的装配，将原来机械液压的车架翻转机构改为绞索车架翻转机构；改造了整车下线举升平台、车间内试车尾气排放装置；增加了发动机分装过跨线、驾驶室存储循环线等。这些技术改造大大提高了生产效率，使双班生产能力达到年装配2万辆的水平。

6. 静电喷涂线

1998 年，为了解决汽车油箱、前围保护栅、上车扶手等非驾驶室表面零件的涂装质量问题，经过调研论证，陕汽决定尽快完成零件表面粉末静电涂装线（简称喷塑线）项目。该线从 1999 年 2 月开始动工，9 月建成，11 月试生产，到 2000 年 1 月正式投入生产，设计生产能力为单班年喷涂 400 L 油箱 3 万件。

这条喷塑线的工艺流程分为四大部分：前处理、烘干、喷粉、固化。这种喷塑工艺要比过去的涂漆工艺先进得多，不仅改善了工作环境，减小了劳动强度和对人员的危害，喷涂效率高，而且大大提高了零件表面的耐老化性、耐候性，使零件外观更加美观。

陕汽在工艺管理方面也独具特色。1973 年 3 月制定的《工艺工作管理办法》明确规定：车间内设技术组，技术组在行政上归车间领导，其业务工作要接受技术科

图 2-38　工程专家在建厂之初利用空闲时间对工人进行技术培训

的领导；全厂基本车间的工艺工作管理采取集中领导与分级管理相结合的管理原则，即厂与车间两级管理。厂级工艺管理权限：①汽车关键零件工艺、热加工工艺的修改和批准；②涉及两个以上车间的工序尺寸、技术条件等工艺的修改和批准；③涉及组合机床、专用设备，以及大型复杂工艺装备增加或减少的修改与批准；④全部铸、锻件毛坯图的修改与批准；⑤综合工艺路线的修改与批准；⑥产品图纸审查。凡属于车间范围内，不涉及上述情况的工艺修改与批准的权限属于车间，如工艺卡、工序卡、车间平面布置图和自行设计的专用设备、工装的修改。1973 年第三轮样车还在试验中，虽然发现了一些零部件存在问题，但同时也证明许多零部件已基本成熟，为了争取时间，厂里采取了将全车 528 个总成分批定型的办法，成熟多少就定型多少，定型后的总成立即整顿产品图纸，确定生产工艺，安排生产准备，这样，在整车定型时已有部分零部件完成了工艺准备工作，争取了近两年的时间。1979 年以后，来自包建厂的许多老技术人员完成了支援三线建设的任务后陆续撤回原厂，而新一代的工程技术人员专业知识不足，经验不多，为弥补技术力量的损失，工厂专门组织69、70 届大学毕业生脱产补习一年的专业课，然后将全厂工装设计人员集中到技术科，成立了中央（工装）设计室，集中力量搞工装设计，提高工厂的适应能力。

全厂贯彻工艺，严格工艺纪律工作也是从 1979 年开始的。工艺纪律检查不仅促进了产品质量的提高，而且促进了技术管理。

技术情报室密切配合生产技术发展的需要，做了大量的翻译工作，编写科技简报与专题译文。1975年，陕汽创办了《陕西汽车》杂志，孟少农同志题写了刊名。该杂志后来作为陕西省汽车学会的定期刊物，在省内外汽车行业中很有影响，直至2001年因故停刊。

四、品牌记忆

1. 陕汽基地试制生产出第一辆样车

当时工程抢建和试制生产第三轮样车的任务很重，困难很大。土建、安装力量不足，已建成的机修、工具两个厂房都没有安装设备；工艺装备很缺，连一把车刀也没有；运输量大，车不足，一些急需的生产材料运不进来。在军管会的领导下，工人阶级发扬了特别能战斗、特别能吃苦的精神，铸工车间首先打响第一炮。1970年8月12日，第一炉铁水的化出，为当年出样车创造了条件。

当时车身车间没有厂房，没有设备，工人们发扬了“蚂蚁啃骨头”的精神，用手工操作解决了11道过去用机床加工的工序，自创模具14种，解决了工具不足的困难。他们说：“为了早日出战备车、政治车，就是用手抠、用牙啃也要把车造出来。”第一任厂长陈子良经常在一线亲自“操刀”。

铸工车间前桥壳、转向机体的木模外协任务，因时间不能保证，他们说：“毛主席要我们抓紧三线建设，别人能干的，我们就能干。我们要把时间抢回来。”于是，他们要回了前桥壳、转向机体外协任务，克服了无经验、无设备的困难，提前20天完成任务。

工具、机修车间，由于安装工人不足，起重设备缺乏，设备安装进展缓慢。同志们说：“有条件要安，没有条件也要安。”于是他们为了早安装、早投产，白天搞运输，晚上安设备，既保证快又保证好，士气越战越高。在安装一台十几吨的大立车时，遇到了拦路虎，吊车吊不动，汽车拉不动。工人们说：“我们工人阶级没有克服不了的困难，没有攻不下的难关。”老工人常增寿师傅为了搬运这台大立车，用手推车三次去蔡家坡往返七八十公里拉回了滑轮。大家紧上钢丝绳，拉的拉，推的推，硬是用土办法把这只拦路虎攻了下来。经过20天的奋战，安装设备80台，

图 2-39　陕汽早期的车间，图中操作者为陕汽第一任厂长陈子良

保证了按时投产。

2. 延安牌 SX250 型越野汽车的四轮试制生产

延安牌 SX250 型越野汽车不仅是革命激情和大干的产物，同时，它也是严谨的科学态度的结晶。凡是了解延安牌 SX250 型越野汽车研制过程的人，绝不会对它的成功感到奇怪。它的第一辆样车，表面上看是研制组 50 个人连续奋战 150 天搞出来的，一举成功，而实际上并不是那么简单。早在 1986 年 5 月，陕汽就成立了由技术精英组成的 5 吨车设计组。6 月，设计组和国防科委十二院共同组成调查组，到中国人民解放军各军、各兵种领导机关和北京、南京、沈阳、广州等军区炮兵及高炮部队进行普遍而深入的调查访问，详细了解部队当时配备的进口 5 吨级越野汽车的使用情况和战术要求，并根据部队要求初步拟定了基本设计原则。有了这样的前提和基础，8 月才成立了三结合设计试制组。这是一个优秀的群体，优良的素质为试制工作奠定了基础。试制组的工作极为扎实，他们认认真真地研究了乌拉尔、洁比西、小戴高乐、萨维姆、太脱拉等进口重型车的优缺点，取众车之长，并考虑了当时我国的技术、工艺水平，最后才慎重地确定了设计方案。考虑到整车长度及部队提出的拖炮、载员和装载的要求，试制组决定采用平头驾驶室、平底板、高栏板及带翻转座椅的车厢。

根据整车动力要求及国内已有产品，试制组决定选用杭州汽车发动机厂生产的6130型车用柴油发动机、变速箱及后桥主、被动齿轮，根据整车要求委托北京齿轮厂设计试制。离合器参照黄河牌汽车的离合器结构及尺寸设计，自行设计加工传动轴。前桥在太脱拉138的基础上进行了修改设计。中、后桥参考了乌拉尔结构，在长春汽车研究所的协助下设计了贯通轴结构。轮胎选用上海大中华橡胶厂生产的越野轮胎。转向机参考洁比西的结构进行设计。制动系采用黄河单管路气制动。车架是委托济汽压制的8 mm厚“E”形直大梁，并应部队要求设计了中央充气装置差速器自锁机构。

如果没有一个科学缜密的设计方案为基础，180天连续作战又能造出什么样的汽车呢？其结果只能是像1958年“汽车热”中有的工厂拼凑出来的拖着去报喜的所谓“汽车”了。

1971年，汽车专家孟少农接手试制工作。当经过较大改进的第三轮后两辆样车交付部队试验后，部队比较满意，建议提供定型。可是孟少农却请来许多专家对样车进行“会诊”。大家在充分肯定样车各项优点的同时，针对样车存在的主要和关键问题提出了6项攻关项目。零部件严格按照设计要求加工，坚决克服因产品加工质量问题而造成的早期损坏现象，同时更好地考察设计的合理性。

在定型会期间，与会代表对延安牌SX250型越野汽车的各种试验报告和技术资料进行了认真的研究、分析，认为延安牌SX250型越野汽车有以下特点：

（1）动力性能好。发动机功率、扭矩符合设计任务书要求。整车加速性好，最高车速达到74 km/ h，最低稳定车速达到1.2 km/ h。单车满载能顺利爬过30°干硬土坡，满载牵引能爬过22°。

（2）越野性较好。采用低压宽胎面轮胎能通过一般砂地、泥泞地、无路雪地、灌木林地带和战术地形，涉水深度达1.57 m。

（3）机动性良好。转弯半径小于9 m，便于机动灵活地通过多弯山路和乡村道路。转向、变速箱、离合器、制动器及油门踏板等操纵较轻便。

（4）制动性良好，比较柔和、平稳。采用三管路气制动系统，并设有排气制动

图 2-40　陕汽领导班组欢送陈子良调一机部汽车局工作

装置，安全可靠，制动效果好。单车载重 10 吨、初速 30 km/ h 的制动距离为 8.5 m。

（5）平顺性较好。在坎坷不平的路面上行驶比较平稳，平均车速较高。

（6）整车布置紧凑。各总成设计结构具有较先进的水平和一定的可靠性、耐久性。经25 000 km可靠性行驶试验，各主要零部件磨损量较小。

据此，与会代表根据国务院《军工产品定型工作条例（草案）》的规定认为：延安牌 SX250 型越野汽车的主要战术技术性能达到了设计任务书定的指标，符合部队实战使用要求。主要总成、部件具有一定的可靠性和耐久性，所用配套产品和原材料能立足于国内。设计图纸、分析计算书、试验报告、验收条件、使用说明书等技术文件基本齐全。达到设计定型的要求，建议车辆定型委员会予以批准设计定型。

3. 延安牌 SX250 型越野汽车受阅中南海

1975 年 6 月 17 日下午，陕汽试制生产的两辆延安牌 SX250 型越野汽车开进中南海，接受了中央领导的检阅。5 吨车经过两天两夜急行军，于 17 日凌晨 0 时 30 分到达北京，大家只睡了几个小时，上午 9 点就起来洗车，中午接到部里电话，将车开到一机部，下午 3 点以前进中南海。

检阅的中央领导有当时的国务院副总理李先念、谷牧，陪同的有康世恩、张才干、李水清、周子健等一机部、总后勤部及其他部门领导。参加接见的陕汽领导有厂党委书记陈子良、设计科科长赵乃林和军验组樊少军、杨春山等。

李先念、谷牧副总理看车后做了重要指示。李先念副总理说：这个车型很重要，质量是否都过关了，一定要把质量搞好，把数量搞上去，按原纲领建成之后还可以再扩大，要多搞一些这一类车。谷牧副总理亲自登车乘坐。首长们知道这个车已定型，反映很好，都很满意，准备还要看实地表演。

4. 中美军用越野汽车青藏高原性能对比试验

1984 年 2 月，中国人民解放军总后勤部车船部发出《关于试用美国 AMG 公司军用汽车和考核国产越野车质量的通知》。试验时间是 1984 年 4 月至 1985 年 2 月。参加性能对比试验的军车有美国 M813 型、M925 型 5 吨越野车各一辆；国产陕汽延安牌 SX250 型越野汽车两辆，还有其他两种重型越野车 4 辆。所有参试车都是 1984 年 1 月至 4 月生产的新产品，代表了中美两国的最高水平和最新潮流。行车路线是青藏公路。试车里程是美国车 35 000 km，国产车 30 000 km。从西宁至拉萨往返 6 次，西宁至格尔木往返 4 次。

长达 10 个月的马拉松式军车试用试验，目的是考核中美 6 种车在青藏高原地区及严寒条件下的适应性和可靠性。

在这场中外军用越野汽车性能对比试验的 8 辆车中，表现最差的是美国 M925，两次半途而返，两趟未出车。国产车中，一辆因迟到和故障未修复两趟轮空，另一辆因迟到而轮空一次，延安牌 SX250 越野汽车则参试了全过程。《延安牌 SX250 等越野车青藏高原适应性使用试验报告》对延安牌 SX250 型越野汽车的评判结论是：“延安牌 SX250 装有 SX6130Q 型柴油机，动力性和加速性比较好，在高速行驶时能达到设计的最高车速；延安牌 SX250 每吨百公里耗油 6.06 L（另两种国产车分别耗油 7.27 L 和 6.25 L）；延安牌 SX250 采用超低宽断面越野轮胎，地面通过性能好；延安牌 SX250 操作灵活，视野好；延安牌 SX250 驾驶室温度上升较快，能保证取暖，

在环境温度为 -25℃时能顺利启动，启动时较其他两种国产车快；在可靠性方面，延安牌 SX250 更好些。”

陕汽延安牌 SX250 型越野汽车征服了世界屋脊，随后被总参谋部、总后勤部选为装备部队的唯一重型越野汽车。

5. 延安牌 SX250 型越野汽车的殊荣

陕汽研制生产的延安牌 SX250 型越野汽车自 1974 年定型并投入批量生产以后，不断装备部队，逐渐发展成为中国军队主力重型越野车之一。

自 1978 年以来，延安牌 SX250 型越野汽车多次获得奖励和光荣称号：1987 年被评为国家一等品和陕西省优质产品，1988 年又被评为机电部优质产品。

1984 年，它荣幸地参加了国庆 35 周年阅兵大典，受到国务院和中央军委的嘉奖。

延安牌 SX250 型越野汽车曾多次为祖国争光，为人民立功：1974 年，越野汽车在北京南口、永定河沙滩、槐树岭等地与两种外国车的对比试验中赢得了阵阵掌声；在 1984 年至 1985 年中美两国军车青藏高原对比试验中，经受了恶劣气候和复杂路

1949 1984

嘉奖令

国防科技工业战线和承担国防军工协作任务的全体科技人员、工人、干部和军代表同志们：

你们研制的各种现代化战略武器和常规武器，在举世瞩目的建国三十五周年阅兵盛典中，光荣地接受了伟大祖国和人民的检阅，显示了国威，显示了军威，振奋了民族精神，赢得了全国人民的热烈赞扬，在国际上也引起了强烈反响。国务院、中央军委特予通令嘉奖。

国防科技工业战线的全体同志，要认真向受阅部队学习，把成功的经验运用到今后的科研、试验、生产实践中去，坚决贯彻党中央关于国防科技工业建设的方针，发扬改革创新精神，勇于进取，同心同德，充分发挥全体科技人员、工人和干部的聪明才智，研制出具有中国特色的技术更先进、质量更精良的武器装备，为加速国防现代化建设做出新的更大的贡献！

国务院　中央军委

一九八四年十月二十三日

国务院、中央军委关于表彰参加国庆阅兵装备工作各单位和全体同志的命令

国发[1999]21号

在举世瞩目的中华人民共和国建国50周年阅兵盛典中，一批性能先进、质量精良的现代化战略武器和常规武器光荣地接受了祖国和人民的检阅，展示了新中国50年特别是改革开放20年来国防现代化建设取得的成就，显示了综合国力和国防实力，激发了人民的爱国热情，增强了民族凝聚力，进一步坚定了全国人民统一祖国、振兴中华的信心。

近两年来，参加阅兵装备工作的各单位按照国务院、中央军委的统一部署，加强领导、科学计划，周密组织、精心安排，互相支持、密切配合，保证了阅兵装备各项工作的顺利进行。战斗在阅兵装备工作第一线的广大科技人员、工人、干部和驻厂军事代表，发扬“热爱祖国、无私奉献，自力更生、艰苦奋斗，大力协同、勇于攀登”的“两弹一星”精神，顽强拼搏，发奋图强，夜以继日，克服困难，攻破技术难关，高标准、高质量地完成了阅兵装备科研、生产和技术保障任务，为50周年国庆首都阅兵的成功举行和国防现代化建设做出了突出贡献。为表彰参加阅兵装备科研、生产和技术保障工作的各单位和全体同志，国务院、中央军委决定，特给予通令嘉奖。

国务院总理　朱镕基

中央军委主席　江泽民

一九九九年十月十四日

图 2-41　中央嘉奖令

况的严峻考验，得到部队好评；1986 年，在老山前线，当特大洪水冲毁道路，其他车辆均无能为力之际，独有延安牌 SX250 型越野汽车以其卓越的越野性和动力性把弹药给养及时送到前沿阵地，在战场上立下了赫赫战功。

五、系列产品

1. 军用载重汽车系列

为了更大限度地满足部队需要，在 SX250 型越野汽车的基础上，陕汽进一步开发了多种军用变型车和专用车底盘，逐步形成了 SX250 系列产品，这些产品外观造型几乎没有差异，主要有以下几种：

SX250A 型越野汽车，该车附有 9 吨机械绞盘一台。1980 年 4 月完成设计工作。

SX250B 型越野汽车，装用 SX6130E 型高原增压发动机。在海拔 5 200 m 时最大功率为 117. 6 kW，在海拔 2 800 m 时最大功率为 147 kW。1980 年 12 月完成设计工作。

SX250D 型越野加油汽车专用底盘，越野载油 5 000 L，公路行驶载油 8 500 L，附装有 QL40B 型气动操纵取力器，输出功率为 73. 5 kW，1981 年 3 月完成设计工作，1983 年 1 月通过设计定型。

SX250DF 型导弹发射车专用底盘，1989 年 1 月完成设计工作。

SX250DH 型越野工程汽车专用底盘，中置消声器，带平板车厢，1983 年 8 月完成设计工作。

SX250E 型工程抢险汽车专用底盘，装有 F500A 型分动器，有动力输出装置，带平板车厢，1981 年 9 月完成设计工作，1983 年 7 月通过设计定型。

SX250F 型导弹运输汽车专用底盘，带平板车厢，1981 年 7 月完成设计工作。

SX250F13 型越野汽车，1988 年 8 月完成设计工作，是在原 SX250F 基础上将车架用 L 梁外加强，宽度和形状不变。前、中、后三桥用 SX161 的驱动桥，传动轴及半轴长度改变。轮边用 SX250 的，对轮毂及刹车毂重新设计；轮胎用 SX250 的，将气压增至5.5个大气压。制动系统采用SX161的，变速器采用SJ80TB型，发动机用杭发X6130Q型。

SX250H型40管火箭炮专用底盘，1983年8月完成设计工作。

SX460型越野半挂牵引车底盘，牵引总重量23吨，1981年3月完成设计工作。

SX2190型越野汽车的研制成功，使我国有了二代军车的基型车。根据总参谋部〔1992〕参装字784号文《CA2052军用越野汽车战术技术指标》和我国二代军车的发展规划，5吨级（4×4）军车是二代军车重型汽车中5、7、12吨系列中的5吨级军车。陕汽和重型汽车工业企业联营公司技术中心在设计时，为了更好地满足部队对军车的使用要求，将它分为两个车型：SX2151型是具有较高机动性的、越野载重5吨、前后轮单胎（14.00R20）的5吨级（4×4）；SX2180型是主要供公路运输、载重8吨、前单胎、后双胎（12.00R20）的8吨级（4×4）。由于SX2151型和SX2180型越野汽车与SX2190型越野汽车属同一系列，在设计中所采用的发动机本体、前桥、后桥、分动器、变速器、转向机、电器仪表、制动阀类等总成均相同，可以理解为SX2151型越野汽车是在已定型生产的7吨级（6×6）基础上去掉一个中桥后得到的车型，驾驶室与7吨车相比，由双排加长驾驶室变为单排驾驶室。SX2180型越野汽车考虑整车造型效果，驾驶室并未抬高100 mm，发动机功率为191 kW。除此之外，两种车型其他总成均与7吨（6×6）军车一致，这也是贯彻通用化、系列化原则的体现，同时也大大缩短了样车生产研制的过程。

2. 民用载重汽车系列

为了充分利用陕汽的资源和适应市场需求，陕西省机械局1975年以陕革发机计字（75）165号文要求陕汽试制12~15吨重型载货汽车及自卸汽车。1977年，在孟少农总工程师的带领下，陕汽参考沃尔沃及斯堪尼亚卡车样车设计了SX160型15吨公路运输汽车，但因各方面条件所限，未能投入试制。

1978年3月，按“尽量通用SX250型汽车”的设计原则，陕汽开始了SX161型重型公路运输汽车及SX360型重型自卸汽车的设计工作。1978年底，陕汽设计和试制出第一轮SX161型12吨公路运输汽车及SX360型10.5吨自卸汽车样车各一辆，

图 2–42　SX161 型 13.5 吨载重汽车

整车零部件与 SX250 型越野汽车的通用率为 80% 左右。1979 年对样车进行了性能试验和道路试验，证明样车基本上达到了设计指标，但也暴露了一些问题，如车辆超宽、轮胎负荷较大等。

1980 年下半年，针对试验中暴露出来的问题，陕汽进行了第二轮样车改进设计：

图 2–43　装备液压系统的 SX360 采用 SX160 型成熟技术，为 6×4 底盘及后倾翻车厢

将 SX161 的轴距从 4 400 mm 增加到 4 550 mm；车架总成改为前宽后窄；轮胎由 10.00–20 改为 11.00–20 等。1981 年 6 月又试制出第二轮 SX161 型公路运输汽车样车 7 辆及 SX360 型自卸汽车样车 8 辆。从中各选一辆进行性能试验和道路试验，其余车辆分别送交用户单位试用。1982 年，根据试用情况，又进行了第三轮改进设计，将 SX161 的载重量提高到 13.5 吨，将 SX360 的载重量提高到 12 吨；将 SX161 的轴距从 4 550 mm 增加到 5 050 mm，车厢也做了相应加强；后悬及六横梁都做了加强设计。1983 年初试制生产了第三轮样车，同年 7 月进行了 25 000 km 可靠性试验。

各种试验和试用证明，SX161 和 SX360 的性能及可靠性均达到了国家车辆验收标准。1984 年 6 月 SX161 汽车被批准定型，1986 年 4 月 SX360 自卸汽车也被定型。1986 年，SX161 型重型载货汽车被评为陕西省优秀新产品。1987 年，SX360 型自

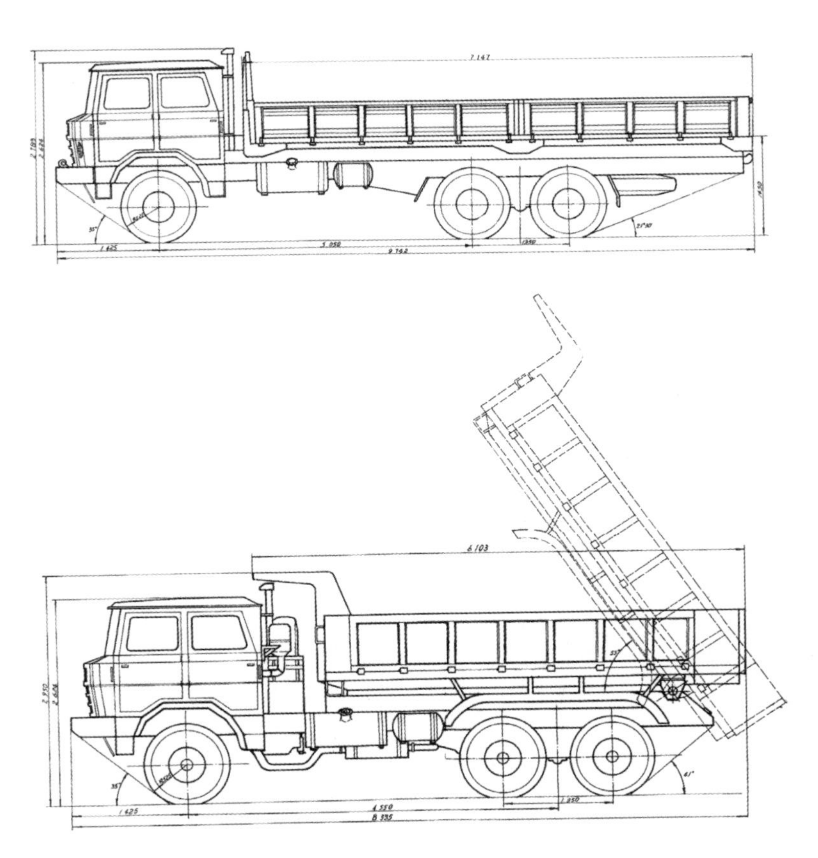

图 2–44　装备液压系统的 SX360 主要尺寸

卸汽车被评为陕西省优秀新产品。根据用户要求，陕汽又先后试制了 SX161D（装用 6J80E 六挡变速器）和 SX161E（运油车底盘）等多种车型。

SX161 型公路运输汽车及 SX360 型自卸汽车以较快的速度设计投产并批量投放市场，对缓解当时重型汽车严重不足的市场情况起了重要作用。随着我国重型汽车工业的迅速发展，及斯太尔系列重型汽车制造技术的吸引，SX161 及 SX360 型汽车因批量小、整车水平不高等原因而逐渐退出市场，取而代之的是更新一代的民用产品，但是引进国外技术、与军用车互动的开发设计模式一直保留至今。

3. 陕汽德龙系列

陕汽德龙系列车型主要采用了宽体加长 MAN–F2000 驾驶室、宽体高顶加长 MAN–F2000h 驾驶室，206 kW、235 kW、265 kW、298 kW 大功率绿色环保发动机，达到欧 II 排放标准。陕汽德龙是高档的重型汽车，是真正替代进口重型汽车的产品。该车型是中德技术合作的范本，整车由德国曼公司设计，尽显欧陆风情，被誉为“集聚德国技术、引领运输潮流”。

从整体配置和试驾情况看，陕汽德龙适用于平原和丘陵地带的长途标载运输，华北、东北、华中、长江三角洲、东南、珠江三角洲地区的用户特别能够接受这款车。潍柴发动机加斯太尔底盘也是上述地区用户追捧的对象，但是苦于斯太尔技术车辆

图 2–45　陕汽德龙 F2000

自重大、油耗高，在长途标载的环境下，许多用户已经不再考虑它，转而购买适合长途运输、引进日本技术的重型载重汽车。优化设计后的德龙汽车性能指标优于引进日本技术的产品，宽敞的驾驶室以及低行车噪声也给人以全新的感受。

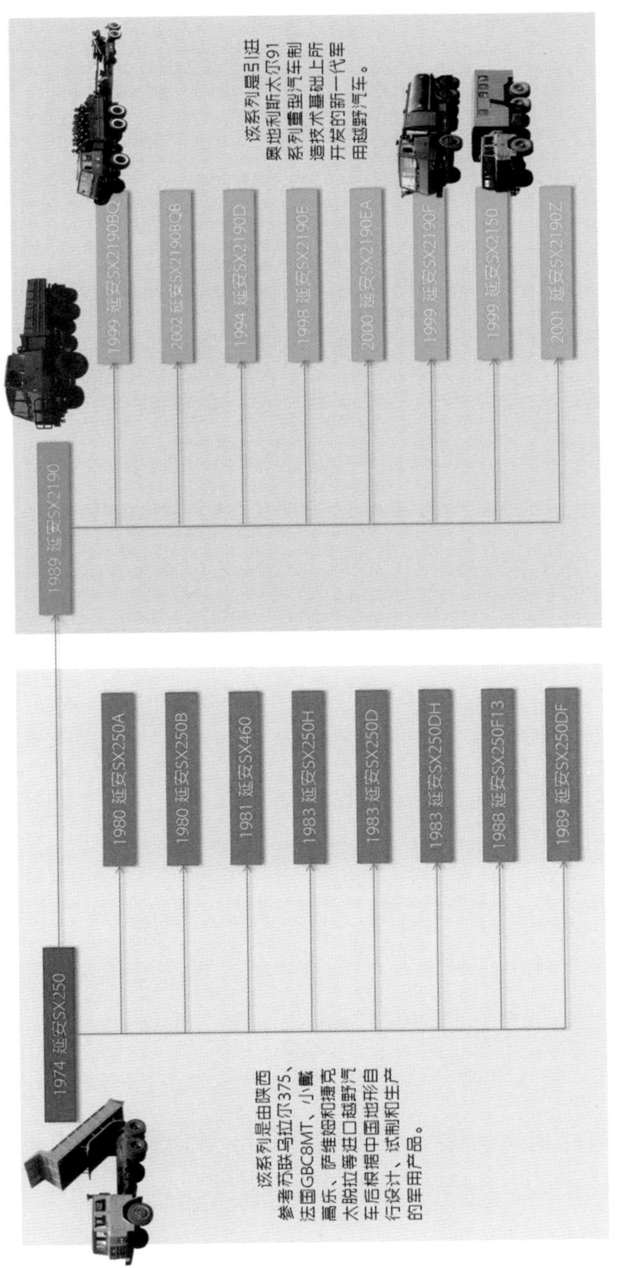

图 2-46　延安牌越野载重汽车主要产品设计发展谱系图

第三节　北京牌轻型越野车

一、历史背景

1957 年底，中国军队装备汽车总数已达到 10 万辆，其中来自苏联的汽车占 70% 以上。虽然已经有解放牌 CA10 型载重汽车列装，但是 0.5 吨左右的轻型越野车（俗称吉普车）则完全是空白，这种车就是像苏制嘎斯 69 型，或是美国的威利斯牌 MA、MB 型轻型越野车，即毛泽东在南苑机场阅兵时乘坐的那种车。

原重庆 456 厂（国营长安机器厂前身）在对几辆美国同类车进行测绘后，利用当时的技术条件，终于在 1958 年 5 月生产了第一台样车，定名为“长江 46”型，经过 25 000 km 道路试验并做改进后部分装备了部队，至 1963 年将全套技术资料移交北京汽车制造厂时，该车已生产 1 390 辆。

1960 年底，我军技术指挥车已无法再从苏联购买。中国人民解放军总参谋部呈报当时的国务院副总理李富春，建议以研制“东方红”轿车的北京汽车制造厂为基地生产轻型越野车，1961 年 1 月国防科委批准了上述建议，确定研制型号为 210 的轻型越野车，其中“2”代表越野车，“1”代表不超过 1 吨的重量，“0”则代表是第一轮设计的成果。该车车身结构参照美国车，底盘与美国车完全相同，造型上车门处也有一个缺口，发动机则是参照苏联伏尔加的直列四缸功率为 51.5 kW 的发动机，驱动桥和“东方红”轿车一样，变速器、分动机结构则借鉴嘎斯 69 型。

1963 年 4 月在尝试性地生产了 300 多辆后，设计师和工程技术人员下部队听取了意见，客观地说是获得了好评。但是一些部队首长和高级将领看后指出，BJ210 只有两个门，上下车不方便，而且车身偏小，不符合军事指挥的实战要求。时任副总

图 2-47　BJ210 型吉普车

参谋长张爱萍上将提出了具体的产品开发要求，在 BJ210 的基础上生产一种车身稍大、四门、双排座、宽敞舒适的指挥车，其所有技术性能指标不能低于嘎斯 69 型。

当北京汽车制造厂进行第二轮研制并拿出样车 BJ211 和 BJ212 时，正好召开全国人民代表大会，各大军区司令员都到北京来开会，总参谋部请他们对样车进行评定，最后大家认定 BJ212 型样车性能比较突出。后来由总后勤部和国家科委邀请专家做了全面鉴定，一致认为该车达到了设计要求，其动力性、燃油性等个别指标甚至超过了嘎斯 69 型。1965 年，BJ212 和 BJ212A 型轻型越野车正式定型生产，后者主要是在后座顺车身侧壁布置了两排折叠座椅，可供 8 人乘坐。

图 2-48　北京牌 BJ212 轻型越野车

二、经典设计

BJ212 型轻型越野车总体布局十分紧凑，五门格局，车后门可以打开。后座后面紧接与车身后侧壁等高的货台，货台下面是行李箱。主油箱位于行李箱下，副油箱在驾驶座下，驾驶室内有切换主副油箱的开关，配置 16 英寸轮毂，底盘离地高度 22 cm，最大爬坡度 26.5°,配置可拆卸式软顶。

BJ212 型整体造型可以用“硬派”一词概括。其一是体现了一种力量之美，车头的横格栅形成了一个“大嘴巴”，配以两个圆形照明灯，显得十分精神，尾部平直表面设计十分强势，厚钢板的前后保险杠确实给人“保险”的感觉。发动机盖上的加强筋强化了力量感。其二是“逻辑”之美，各部件造型之逻辑十分简单却显得有机，即非“横”即“竖”，所有轮廓线几乎都是横平竖直。

两块前挡风玻璃为平面，可以分别开启，这样的设计是出于在车上架设武器的考虑。B 柱几乎与车厢垂直，这样在战时可减少前挡风玻璃反光，特别是在夜间可以减少被敌方轰炸机从高空发现的概率，但的确也产生了挡住驾驶员左侧视线的问题，尤其是左转时问题非常突出。出于同样的考虑，前大灯也被设计为嵌入在一个垂直的前脸上，强光灯安置在左侧挡泥板上，上面加了伸出的遮光罩。

定型产品前挡泥板立面设计也为折线，并形成一个水平面，设计主要考虑战时可放军事地图或维修工具，据该车设计师回忆，原挡泥板上后侧设计成弧形，但囿

图 2-49　BJ212 设计过程中制作的 1 ∶ 1 样车

图 2-50　BJ212 前脸的设计

于当时生产条件只能冲压成型，部件后侧不甚平整，车间里十几个工人只能用小榔头去敲平，既费工费时又不能完全达到美观的效果，产品越来越多，老是这样下去肯定不行。最后的解决方案是，上面一个平板作为一个部件，后面作为另外一个部件，用电焊连在一起。后来设计干脆改为直线，反而显得十分妥帖。

中国部队在使用美国越野车时普遍认为“七孔加两个灯”的造型太像骷髅，而苏制嘎斯造型太像老鼠，希望将 BJ212 前头设计得宽大一点。

BJ212 几乎没有什么细节可言，依附于整体的一些细节设计强化了整体产品的力量感。后视镜与车架采用螺栓连接，车门锁设计很简单，没有任何缓冲设计，开关时声音很响，但却很牢固，车门上半段为拆卸式帆布，中间有小窗，这显然考虑了野外作战的多种需要，在天气炎热的时候可卸下上半段车门，而寒冷却需要透气时可以打开小窗。

整个驾驶舱仪表盘设计几乎照搬了解放牌 CA10 型的设计，也有资料说就是用了 CA10 的仪表盘。表面为钣金喷黑漆，只装备提供最基本数据的仪表，即速度表、油量表、发动机转数等，没有手刹车信息提示，对于非专业驾驶员来讲常会犯没松手刹车就踏油门上路的错误，但 BJ212 主要是给专业驾驶员使用，据老驾驶员称，他们凭听觉便可判断发动机的转速，更能在加速时敏锐地感觉到是否带着手刹车。

BJ212 型轻型越野车均为绿色，无亮光，主要是适合野战的要求，不容易被敌方发现。随着 BJ212 产量的提高，产品由列装部队扩展到边缘乡村，甚至很多企业、学校也配备了这种越野车，但在近 30 年的时间里没有改变过色彩，使用者为拥有这一身绿的产品而自豪。

1983 年，北京汽车制造厂和美国汽车公司（该公司 1987 年被美国克莱斯勒公司兼并）合资组建了北京吉普汽车有限公司（BJC），而未合资的部分仍为北京汽车制造厂（BAM）。随后，两家公司都推出了 BJ212 的后继车型，北京吉普汽车有限公司推出的是 BJ2020 系列，北京汽车制造厂推出的则是 BJ2023 系列。

北京吉普汽车有限公司引进切诺基后，原本计划在 1990 年结束生产当时已不能适应市场发展需要的 BJ212，但是在用切诺基技术对 BJ212 进行了 100 多项技术升级后，推出的 BJ212 换代车型 BJ2020 系列却大受欢迎。于是 BJ2020 系列从 1988 年开始生产，一直延续到现在，当北京勇士上市后其才算真正退出历史舞台，其间 BJ2020 系列一共有 BJ212L、BJ2020N、BJ2020S、BJ2020V 等车型。2000 年推出的 BJ2020V 是该系列的最后一款车，军用款。应该说 BJ2020 系列还有 BJ212 的韵味，老北京吉普的基本风格仍在，而北京汽车制造厂后来设计的 BJ2023（战旗）系列则换脸参照了克莱斯勒吉普牧马人。

BJ212 搭载 2.445 L 水冷 4 缸 4 冲程发动机，从 BJ2020 开始，其发动机功率由

图 2–51　BJ212 的部件结构设计

图 2–52　BJ212 的驾驶舱布置得十分简易，驾驶盘为最基本的“三辐”式，没有动力转向辅助，是为身体健壮的人而设计的，右边副驾驶座前有拉杆，在颠簸路段行驶时可以使用

图 2-53　BJ2020V 军用越野车

图 2-54　北汽战旗系列吉普车

原来的 55 kW 提高到 63 kW，原 BJ212 的三前速变速器被换成四前速变速器，前进挡由三个增加为四个，前进挡之间增加了同步器，大大提升了车的操控性能。车身面漆也一改单调的“绿军装”，增添了白、红、蓝等多种颜色。车顶也不再是软顶一种，出现了金属硬顶车型。

由于 BJ2020 系列的车型较多，仅 BJ2020S 系列就包括 BJ2020SN/SG/ST/SY/SM/SA/T/TY 民用吉普车，BJ2020SJ/SAJ 型军用吉普车，这里对民用吉普车不作赘述，仅介绍其军用型。

BJ2020S 系列军用吉普包括 BJ2020SJ 5 座短轴 0.5 吨级和 BJ2020SAJ 8 座长轴 0.6 吨级车型。BJ2020SJ 和 BJ2020SAJ 都是 4 × 4 轻型多用途车辆，BJ2020S 系列曾经是解放军基层部队中数量最多的轻型多用途车辆之一。

1. BJ2020S

BJ2020S 与 BJ212 一样，采用非承载式车身，拥有坚固的梯形钢质大梁。BJ2020S 的前后悬挂没变，与 BJ212 的基本一样，依然是纵向半椭圆形钢片 / 弹簧和液压双动式伸缩筒式减震器，并采用前后硬轴。与 BJ212 一样，BJ2020S 同样采用油箱后置，并采用鼓式刹车系统。

升级后的 BJ2020S 军用吉普车代替 BJ212 成为在中国军队和武警部队中最流行的轻型多用途车辆，在其基础上还改装了不少武器平台和突击车，如伞兵突击车等。

BJ2020S 系列军用吉普车一直生产到 2000 年左右，随后被更新、性能更好的

图 2-55　具有多项装饰选项和不同车身色彩设计的 BJ2020S 型越野车

BJ2020V 替代，部分退役的 BJ2020S 流入民间，成为爱好越野的车迷们的猎物。对于车迷们来说，采用化油器的 BJ2020S 耐用、易修理，对油品的要求不高，结构简单、结实，越野能力也比较强，成为可以玩、玩起来不心痛的车型。

2. 北汽勇士越野车

北汽勇士越野车的诞生标志着继我国第一代军车 BJ212 系列之后，北京汽车制造厂再次成为独家定点研制和生产二代军车的企业。北汽勇士越野车分为 5 乘员设计和 8~10 乘员设计两种车型。北汽勇士越野车外部造型是在研究了欧、美、日三大流派越野车造型发展趋势的基础上，结合中国文化特色和中国越野车的特点而设计的，具有原创性。其外形设计的目标原则是强调在继承中发展的思路，实现突破创新和现代感的全新造型；强调中国文化底蕴，不与国内、国外车型雷同；在保持传统特色的同时还要强化现代感。其以粗犷、简洁、威武的造型，展现了我军威武之师、现代军队的风貌和现代“硬派”越野车的风格。外形个性鲜明，车身外观紧凑而流畅，前脸造型模仿狼眼外眼角上扬、怒视前方的表情，与前保险杠融为一体的狼牙造型，将野性、威猛的气势演绎得淋漓尽致。篷顶后部稍向下延伸，恰似豹子起跑前的后坐姿势，突出了整车的动感与强悍。

（1）汽车动力

两种不同轴距的北汽勇士越野车均搭载从日本日产公司引进的具备世界级先进水平的3.152 L增压中冷柴油发动机，在每分钟3 600转时输出额定功率为101.5 kW，在每分钟2 000转时最大扭矩为313 N·m。同时，匹配先进的三维同步结构的5速5挡全同步手动变速器，具有汽、柴两种发动机通用，质量可靠，技术先进，重量轻，噪声小，传动效率高等优点。

北汽勇士越野车采用先进的柴油动力总成，提高了汽车的最高车速、加速性等动力指标，同时也适应了今后车辆柴油化的趋势，使油耗明显降低。该发动机还具有良好的低温启动性能，当环境温度高于 -30℃时，可在10秒内启动和20秒内运行；环境温度在 -30℃到 -41℃之间时，采取辅助措施可在30秒内启动和45秒内运行。

（2）车桥与悬挂设计

为增强整车的地形通过性，北汽勇士越野车选择了与英国陆虎越野车同样形式的非独立悬挂的驱动桥，其结构形式为整体冲压式车桥，且产品的焊接工艺水平达到世界先进水平。北汽勇士越野车装备中央一级双曲线齿轮减速器，前后桥主减速器总成采用国际先进技术，具有大扭矩、低噪声的特点。后桥装备科技领先的限滑差速器或锁止式差速器。

在悬挂系统的设计上，北汽勇士越野车研究了世界著名越野车，如悍马、丰田

图 2-56　二代军车的代表北汽勇士越野车

陆地巡洋舰、尼桑途乐、奔驰G级车、陆虎等车型的结构特点，采用双纵向控制臂式，前悬架为螺旋弹簧非独立悬架，后悬架为变刚度钢板弹簧非独立悬架。非独立悬架和整体桥的悬挂结构提供了汽车在恶劣路面上卓越的越野行驶性能，具有良好的通过性、可靠性、维修性和高速操作稳定性。

（3）安全设计与配置

计算机辅助车身结构设计确保了车辆在越野路面行驶时的车身高强度、高安全性和高可靠性。北汽勇士越野车的车身采用非承载、开式车身结构。车架设计充分考虑碰撞吸能要求，采用与奔驰G级车类似的边梁式结构形式，具有典型的高强度、耐撞、安全的特性。纵梁前部采用双方向多次弯曲形状，纵梁断面为矩形，确保实现碰撞过程中的“之”字形变形吸能；纵梁中部高强度的直线设计确保了乘员区域基本不变形。碰撞试验与空降跌落试验的结果验证了车架碰撞吸能设计是成功的。

北汽勇士越野车在设计上充分体现了全天候、全路面越野，乃至适应一些极限越野的理念。勇士系列车型的驱动形式为四轮驱动，采用了与悍马军车相同的四驱分动器，这种分动器非常适用于轻型越野汽车，具有扭矩容量大、越野性能卓越的特点，且增装了标准取力口。

北汽勇士越野车具有较高的驾驶位置和开阔的视野，最小离地间隙为235 mm。2 600 mm轴距的车型越野装载质量和越野牵引质量均为500 kg，最小转弯直径为12 m；2 800 mm轴距的车型越野装载质量和越野牵引质量均为750 kg，最小转弯直径为13 m。其系列车型的涉水深度为0.6 m，采取辅助装置可达0.8 m；最大行驶侧坡为40%、接近角42.0°、离去角33.0°、纵向通过角29.0°（2 800 mm轴距的车型为26.0°）、垂直越障高度为0.35 m、越壕宽度为0.55 m。

值得称道的是，整车前部设置防撞杆和两个拖钩，并可选装电动绞盘，后部也装设了牵引装置。当车辆陷入泥地等恶劣境况时，可利用绞盘实现自救和互救。轮胎则选用LT265/75R16子午线无内胎越野轮胎，全地形花纹，各方面性能优异，并可配置泄气可行驶内支撑或防泄气特种轮胎。同时，勇士越野车还在车架上设计了6个系留环，适用于运输系留、起吊、牵引与被牵引的需要，车架前后还均设置有硬牵引和推拉装置。

与一般越野车相比，勇士越野车在信息化水平上大幅升级，配置了一般车型所不具备的双体制全球卫星导航定位和无线集群通信系统，车上留有安装两副通信天线的结构或位置，加强了与外界或集团行动队、组之间的信息沟通与联络，能适应用户的特殊需要。

汽车仪表具有精度高、重复性好、分度均匀、响应快和可靠性高的特点，同时安装军车多功能专用仪表，仪表盘设置车速表、发动机转速表、机油压力表、水温表、电压表、燃油表等；车灯设置包括照明灯、转向信号灯、雾灯、倒车灯、制动灯、牌照灯和前防空灯等，均符合国家和军队有关标准。

勇士越野车的出众之处是，它不仅仅是一款优秀的战地越野汽车，同时北汽也在此基础上开发建立了一个汲取当今国际成熟领先技术、集中代表了我国先进汽车水平的越野车型的平台。作为拓展，这个成熟而先进的平台可以根据不同用户的需要衍生出各种性能先进的车型，从而向客户提供高质量的军车、功能强大的特种专业车辆以及现代时尚的民用车辆。

与被誉为“百变金刚”的梅赛德斯·奔驰旗下的乌尼莫克（Unimog）军用与商用系列车型一样，勇士越野车的可塑性极强。正是由于它提供了一个适应车身改装变化、适用范围很广的底盘平台，因而，作为军车可以用作作战指挥车、物资运输车、兵员乘用车、通讯指挥车以及轻武器装载车等，也可以衍化为民用车，广泛用于公安、武警、工程抢险、森林消防、地质勘探、石油等特殊部门的专用车，也可成为一般用户载人购物、野外旅游、探险、物资运输等方面的交通工具，具有典型的机动性强、多用途的特点。

三、工艺技术

20世纪50年代初，中国人民解放军北平汽车修配厂（北京汽车制造厂前身）主要承担汽车修理任务，同时也生产活塞、连杆螺丝、螺母、活塞销、连杆铜套等汽车配件，技术装备比较简陋，主要有车、铣、刨、磨等金属切削机。

1958年，北京第一汽车附件厂开始研制生产轿车与吉普车。技术人员与工人结合，自行设计制造400吨油压机，解决了车身大件制造难题。车身焊接除采用多种焊钳在点焊机上扩大使用范围外，还增加了滚焊机和凸焊机。汽车附件生产采用通用或专用组合机床，逐步建成固定或可变的专用流水线。

1966年，北京汽车制造厂开始扩建，北京轴承厂厂区划归该厂，按年产5 000辆轻型越野车和轿车的批量进行技术改造。桥壳、桥壳盖、差速器采用组合机床加工，购进半自动六角车床、半自动液压单行程、多行程仿型车床、组合镗床、金刚镗床，还从国外引进精密镗床保证产品加工精度。冲压件采用震动剪下料，购进1 000吨、630吨双动压床完成车身八大件拉延成型，用800吨压床对车架纵梁落料、冲孔、压弯，用1 250吨压床分段校正。电镀件采用该厂自行设计制造的电镀生产线加工和垂直提升的大型自动装置镀锌。热处理件，从国外引进带有碳位自动控制装置的保护气体发生炉和密封式氮化光亮淬火炉进行零件处理，其中包括从英国引进的贝力克炉。车身内饰在长36 m、9个工位的板式运输带上以流水方式进行；汽车组装在长82 m、16个工位的双链式和板式两条机械化传送带上以流水方式进行；轿车内饰在长30 m、5个工位的双排轨道上以流水方式进行；总装在长48 m、8个工位高架和地面轨道组成的装配线上进行。该厂还从国外引进成套试车设备，整车下线后在室内试车。为加快整车生产节奏，该厂改造制作了600 m悬挂输送链、5条机械化传送带和2座专用吊车高架位仓库。1973年，北京汽车制造厂拥有3 236台设备，其中主要生产设备1 796台，金属切削机床1 209台，锻压设备163台。

“四五”期间，该厂除提高铸锻冲压设备能力外，还提高了机加工、装焊、油漆、总装的技术装备能力。

铸造改造：自行设计制造铸模自动线和砂模自动线，使BJ212底盘玛铁件自给。

锻造改造：新增2 000吨机械锻压机和1 250吨平锻机各1台，解决了汽车锻件毛坯供应。

冲压改造：在新建1万平方米冲压车间厂房内按贯通式布置大型薄板冲压线和

中型板冲压线，在原车身老厂房内改建厚板大件冲压线，冲压线之间用传送带运送零件。

汽车装焊：用多点焊机组成车身焊接生产线，车架焊接也改建成装焊生产线。

油漆线改造：将车架与车身分开，设电泳线和油漆生产线。

机械加工：采用高效、专用设备组成转向机壳体线、拉杆生产线、桥壳自动线等，购进组合机床 12 台，自制专用设备 118 台。

电镀线改造：在扩建的厂房内自制安装一条程序控制环形滚镀锌自动线；法兰、磷化与酸洗、电镀分离各设立专用生产线。

汽车总装：新建一条长 160 m、33 个工位的总装配线，采用六条悬挂链及一条地下板式输送带将大部件、分总成送往总装工作地，使总装线能按节拍协调地运转。

1984 年，北京汽车制造厂对北厂区进行技术改造，除汽车附件生产外，重新建设冲压、装焊和汽车总装等生产车间与生产线。

首先因陋就简在旧仓库内建成一条长 24.6 m、5 个工位的车身板式内饰线和一条长 40.6 m、7 个工位的桥式总装线。1984 年 3 月 1 日，第 1 辆 BJ121 轻型载货汽车下线，当年完成 BJ121 型汽车 4 050 辆。同年 4 月 11 日，国家计委、经委批准按年产汽车 1 万辆的生产能力对北京汽车制造厂进行技术改造，总投资 2 690 万元；9 月 11 日，北京市计委批准北京汽车制造厂货车总装厂技术改造初步设计，总投资 2 728 万元。1986 年 4 月 28 日，北京市经委批准北京汽车制造厂货车总装厂技术改造初步设计，总投资由原定的 2 738 万元调整为 2 953 万元。该项目被列入“六五”期间全国机电行业 550 家重点技改项目，至 1986 年底先后完成总装、涂装、车身和冲压基建及技改项目。

总装配线：在新建的总装厂房内，建成一条长 60 m、10 个工位的板式内饰线和一条长 98 m、18 个工位的总装配线。

涂装线：在新落成的涂装厂房内，铺设安装车身前处理线和面漆线，从意大利引进阴极电泳设备组成流水线生产。

装焊线：在车身厂房内铺设长 40 m、7 个工位的采用计算机控制的车身装焊线，铺设长 18 m、5 个工位的地板线和长 60 m 的调整线，长 40 m 的储备线，实现 BJ121、BJ222 系列轮番流水生产；同时还铺设了长 40 m、7 个工位的采用计算机控制的 BJ122 地板线，铺设长 30 m、6 个工位的车身总成装焊线和长 52 m 的调试线、长 40 m 的储备线，实现 BJ122 汽车单、双排系列车混线轮番生产。

冲压生产线：在怀柔县建成冲压件厂，安装国产 250 吨、400 吨、630 吨压床，从日本引进 800 吨 /500 吨双动液压机和 600 吨 /400 吨双动机械压力机，解决大型复合件拉延成型，基本形成大、中、小冲压生产线。在机械加工方面，通过采用新工艺新技术，引进日本转向轴滚道磨床提高转向器总成加工精度，引进美国管带式制管机提高散热器产品质量，后桥和传动轴总成采用数控加工中心等。

1986 年，北京汽车制造厂拥有设备总数为 2 397 台，其中生产设备 1 522 台，金属切削机床 734 台，锻压设备 128 台。1987 年 6 月，北京汽车制造厂同北京摩托车制造厂实现资产经营一体化，组建成北京汽车摩托车联合制造公司。经过“八五”技术改造，工艺技术装备水平有了进一步提高。第一总装厂改造后，设有一条长 200 m、43 个工位的桥式总装线和一条长 100 m、37 个工位的板式内饰线及 78 m 长两大跨的调试间，发动机和轮胎分装后，可用运输链送到总装线上，年生产能力 4 万辆；新建第三总装厂，设有一条长 33 m、6 个工位的桥式后箍线；一条 8 个工位的地面环形导轨和一条 5 个工位的地面输送带组成的总装配线，年生产能力 5 000 辆。车身分厂新增一条 4 个工位的车身地板总成线，以提高 BJ2020A 和 BJ2023S1 的生产能力。1995 年，该公司拥有设备总数 3 470 台，其中生产设备 2 186 台、金属切削机床 1 037 台、锻压设备 131 台。

北京汽车制造厂于 1953 年将技术室改为技术科，负责全厂工艺技术管理和新产品试制工作，逐步建立产品工艺规程。开始时只编制加工步骤，后增加估计工时定额，到年底采用计算工时定额。技术科内设机钳组、热工组，分别负责对口车间的工艺技术问题。1954 年，技术科组织学习苏联技术文件，举办经验交流会、质量分析会，逐步完善了工艺文件的种类并制定生产准备工作制度。1956 年工厂迁至光华路新厂区后，全厂建立工艺体系，将技术科改为工艺科。工艺科对全厂主要产品编制了工艺路线、工艺卡片、工量具明细表、材料定额、工艺守则等10种工艺文件指导现场生产。当年还建立了标准化室，制定的工厂规定数目由132种增至440种。

1972年，北京汽车制造厂重新组建工艺科，车间建立工艺组，工艺工作实行两级管理。同年，为了贯彻全国质量会议精神，工艺科对车身分厂生产的666种零部件、228个分总成、1 687道工序进行了系统的工艺普查，查出冲压、装焊工艺问题659项，当年解决了80%，对大模具的不易解决的问题采取了临时工艺处理。

1980年，工艺科对工艺管理制度进行整顿，修订完善工艺装备图纸，更改工艺纪律考核制度等。对桥壳铸件毛坯裂纹、球关节磨损、密封胶和渗碳层不匀、转向球销高频淬火、半轴中频感应进行了工艺试验。

1984年1月15日，北京汽车制造厂成立工厂改造部，下设工艺科、工装设计室。工艺科负责老产品的工艺管理和新产品的工艺文件编制工作。工装设计室负责相应各工种的工装设计及工艺验证工作。

在修订企业管理制度的同时，工艺科修订了工艺制度共17种，整顿编制工艺文件格式59种、工装标准1 533种，纳入企业标准正式下发使用。工艺科还编制了BJ121A型车工艺路线、BJ122型车工艺路线、H201A化油器工艺路线和上述产品的工艺卡、工量具明细表、材料消耗定额等全套工艺件；工装设计室设计了BJ122型车工装近2 000套。

1987年6月8日，北京汽车摩托车联合制造公司组建后，工艺工作实行公司与专业厂两级管理的工艺管理体制。公司成立工艺研究所，归口管理公司工艺工作，对各专业厂实行业务领导，设备联营厂的工艺工作逐步纳入公司工艺管理轨道。1988年，撤销工艺研究所，成立工艺处，归口管理公司工艺工作。公司还建立了由副总工程师负责、质量处具体实施的工艺监督机制。

1989年，北京汽车摩托车联合制造公司被列为第2批开展“工艺突破口”工作试点企业。该公司成立领导小组，由工艺处负责日常组织工作；各专业厂（车间）成立相应的工作班子，制订计划组织实施。公司先后建立健全工艺规章制度，编制、修订了《工艺工作管理条例》《工艺工作管理办法》等制度；编辑了《标准资料手册》；

图 2-57　BJ121 型载货汽车

根据《产品零件质量标准项目分级汇总表》，编制了《主导产品关键件、主要件汇总表》、专业厂与联营厂《关键工序质量控制点明细表》，整顿了质量控制文件，工艺文件的"三性"率（完整性、准确性、统一性）基本达到 100%。

1990 年，工艺处又修订了《工艺文件的完整性》《工艺规程格式》《管理用工艺格式》《专用工艺装备设计文件格式》《工艺文件编号方法》等厂内工艺标准 200 个，并修订工装标准 1 596 个。公司引进意大利阴极电泳线，提高涂装前处理的工艺水平；引进日本汽车最终检测线，完善整车检测手段；引进转向机螺杆磨床、管带式水箱制带机与装配机、低熔点浇注机、化油器量孔综合加工机床与综合试验台等先进设备，提高了附配件产品质量。开发应用微机管理网，提高了工艺工作质量。

公司还针对产品质量要求和状况，改进生产工艺。机器盖、后备厢盖与车身焊接由先漆后装改为漆前装焊工艺后，两盖与车身成为整体涂装，既解决了色差，又改善了外观质量；面漆材料从普通漆改为金属闪光漆，提高了汽车面漆档次。

四、品牌记忆

1939 年出生的魏忠印先生早年毕业于中央美术学院附中，他的同学王华在北京汽车制造厂当总工艺师，当时北汽正在搞轿车，需要车身设计师，于是就推荐他去了。

魏老认为"BJ212"是真正意义上自主开发的首款汽车。他说："我之所以坚持要自己的设计，因为我觉得汽车设计最重要的一点是不管漂亮不漂亮，一定要有自己的独特性，不能做人家的影子。”

当时一机部为设计师们下达了生产军用车的任务，最初的设想是搞一个可以空投的小型越野车。设计师们以美国威利斯为原型，设计了 BJ210 吉普车，主要就是改了机盖，别的地方改的不多。后来把 BJ210 加长，搞出了 BJ211，但宽度没改，结果不稳定，容易翻车，最后又加宽、加长，成为 BJ212。

从 BJ212 开始，设计师们算是有了一些设计程序，画整车草图、效果图，做模型，经过讨论，最终定型。当时的草图都是用水粉画的，分两种：一种是构思草图，是设计师给自己用的。还有一种是概念草图，要把自己的概念传达给别人。这个图可能会在小范围，比如设计组之内大家讨论。效果图要更正规一些，画得更逼真一些，是让领导看的。魏老记得当时厂领导，包括党支部书记，一起跟科领导和一些技术人员开了一个现场会，设计师们讲解了设计意图，然后就定了。之后，设计师们做了模型，但用的还是厂里自己弄的黑油泥，容易变形，做得不太规范。

可以说，从这时候起，魏老开始走向自己的设计。BJ212 是 1963 年定型的。实际上，这种汽车造型的设计是最难的，比轿车难设计，因为可以造型的手段太少。不能像

图 2-58　定型前的三款造型及定型产品主要差异在进气栅的造型

图 2-59　用于风洞试验的 BJ212 模型

轿车那样有过多的双曲面，不能有装饰件，要用最简单的手法创造出个性。所以魏老就想一定要躲开美国的造型。但说实在的，美国的越野车太优秀了，非常简洁、简单而且特痛快，魏老看了也被深深吸引。

根据技术人员的要求，BJ212 的挡风玻璃还是两块的，能够分别打开，以便于在战争中把炮伸出去。中国车的内饰基本没有设计，就是从解放 CA10 拿了一个综合仪表装了上去。

BJ212 确实给了设计师们一定的设计空间，设计师们也基本走了一个程序，但很不完善。真正的设计周期是有时间保证的，但当时没有。

当时是一种什么状态？任务没来，设计师们老想着什么时候来一个新车让他们搞搞设计；任务来了就有一个大问题，领导说什么时候“献礼”，就把截止日期限定了。这样，搞发动机的、搞底盘的、搞车身的、搞电器的，等等，各个环节都要分时间。

造型确定不下来，其他环节都要等着。但工程是一个硬项，看得见，摸得着，可以量化；造型设计没有正确与错误，只有好和坏，不可量化。而且过去我国汽车没有市场，也没有竞争对象，造型方面很多人感觉差不多就行了。所以，一个项目中造型的时间通常被压缩到最少。

产品定型以后，负责生产图纸的技术人员要把所有的结构图画出来，交给工艺设计师设计模具，然后在车间生产。在生产当中如果出现问题，就又转回给设计师，更改图纸。因此，在 BJ212 造型完成后，魏老就跟厂领导强调，在汽车未来的发展趋势中，气动力学将占有很重要的比重。但是厂里只是象征性地给了点钱。设计师们跑到北京气动二所，自己做了用于风洞试验的 1∶5 小模型。

五、系列产品

1. BJ121 型载货汽车

20 世纪 70 年代末期，经济体制改革和商品经济的发展推动了城乡之间的物资交流，对短途运输的交通工具也提出了新的需求，特别是对一吨以下轻型载货汽车的需求更为迫切。北京汽车制造厂通过市场调查和预测，认真分析了市场面临的新形势，将试制生产一吨轻型载货汽车的问题提到议事日程。

在选型问题上，该厂组织各方面人员进行了广泛的讨论，提出了两种方案：一种方案是设计一种新车型，问题是投放资金多，周期长，见效慢；另一种方案是在 BJ212 轻型越野汽车基础上发展变型车。最后选定在 BJ212 型基础上改制变型车的方案。根据这个方案，在设计思想上，变型车结构设计必须要满足于机动性、可靠性和经济性要求，装卸方便，绝大部分零部件通用 BJ212 型汽车的典型结构，以利于组织生产和尽快投放市场。根据这个主导思想，又经过反复论证，北京汽车制造厂确定了变型车（BJ121 型）的基本结构，即整车较 BJ212 型加长 725 mm，增设货仓，取消前驱动和分动器，传动轴采用两节加中间吊挂，载重 900 kg。从图纸计算，BJ121 型与 BJ212 型通用系数可达 88%。

1978 年 4 月，第一辆 BJ121 型样车试制成功。经过 500 km 坦克路面强化试验，整车性能全部达到设计任务书的要求。由于 BJ121 型载货汽车轴距加长，取消了前桥驱动，并增加了前桥稳定杆和重新布置了后减震器，操作稳定性和转向轻便性都较 BJ212 轻型越野汽车有所改善。

1979 年，该车完成了第二轮 5 辆样车的试验工作，验证了图纸。1980 年，为进一步确保使用性能，又试制 50 辆。同年 7 月，在由北京市汽车工业公司主持的产品鉴定会上，BJ121 型载货汽车通过了技术鉴定。1982 年试制生产了 700 辆，投放市场。当时北京市公安局车务科及其他用户反映：BJ121 型汽车质量不错，载重量适当，便于城市运输使用。操作稳定性好，转向轻便，但传动轴中间轴承支架强度差，侧围护板采用螺钉连接装配困难，外观差。耗油量反映不一，有的车 11 L/ 百公里，有的高达 20 L/ 百公里。根据用户反映的问题，北汽又对 BJ121 型汽车进行了设计改进，并投入了生产技术准备工作。

1982 年 7 月，该厂向北京市汽车工业总公司呈报了《BJ121 型载货汽车设计任务书》。8 月，由北京市汽车工业总公司主持召开了 BJ121 型载货汽车投产鉴定会，以基本具备年产 2 000 辆的生产能力通过了定型投产鉴定。1983 年，该厂生产 BJ121 型载货汽车 1 450 辆。

2. BJ212L 系列轻型越野车

1984 年 1 月 15 日，北京汽车制造厂与美国汽车公司合资组建的北京吉普汽车有限公司（简称吉普公司）正式营业，BJ212 系列车型（含 BJ212LJ、BJ212LA、BJ212LAJ）转由吉普公司生产经营。

该公司决定借鉴美国汽车公司对产品采取年度换型生产的方式，对 BJ212 车型进行改进，1986 年底开发出了 BJ212L 车型。BJ212L 与 BJ212 相比，在满足汽车法规、保障行车安全、提高整车性能要求、外观、舒适性等方面做了 30 多项改进。

1986 年底，该公司完成 BJ212L 样车试制工作。1987 年 4 月 5 日，完成了 7 500 km 公里可靠性强化试验。同年 6 月，该公司成立 BJ212L 车投产委员会，负责协调试装、生产准备等工作，先后组织了 4 次小批量试装。同年 6 月和 9 月，该公司向北京汽车工业总公司提出《关于 BJ212 车改进型（BJ212L）的报告》，申请办理 BJ212L 车投产的有关手续。北京汽车工业总公司于 9 月 22 日批复可以批量投产，并明确该批复“具有鉴定证书效力”。

驻吉普公司军代表室根据中国人民解放军总后勤部车船部的要求，于 1987 年 2 月 3 日发文确定军车 BJ212LJ 采用的 21 项改进。据此，吉普公司于 1988 年 3 月开始试生产 BJ212LJ、BJ212LA 及 BJ212LAJ 军用车。

3. BJ2020N 系列轻型越野车

1988 年 3 月，吉普公司根据产品年度车型改进的规划，在 BJ212L 型的基础上，开发出了 BJ212N 型车。BJ212N 与 BJ212L 相比，共进行了 26 项改进。为了提高整车性能，BJ212N 还借鉴了 BJ/X1213 切诺基车的技术对制动总泵、转向管柱及中间轴、转向器等进行了改进，引进了硅油风扇，同时还加装了前桥抗扭装置、防滚杆、后反射镜、外备胎支架、前防撞杆、新汽车铭牌、灭火器、安全带等，并对仪表盘总成、线束总成、暖风机、散热器、制动系统、空气滤清器、化油器、风挡、前座垫、软管卡子、桥通气管、制动液等进行了改进。1988 年 4 月，吉普公司成立 BJ212N 车投产委员会；5 月，完成了 7 500 km 强化试验；11 月，进行了 7 500 km 可靠性试验。1989 年 8 月，按 GB 9417—88 国家标准，BJ212N 车正式被命名为 BJ2020N 车。同年 12 月 15 日，正式试装 5 辆。1989 年 12 月 29 日，北京汽车工业联合公司下达了《关于认可 BJ2020N 轻型越野车定型的通知》。1990 年 3 月 9 日，完成了 BJ2020N、BJ2020NA 型车 1 万公里可靠性试验及性能试验。3 月 14 日和 3 月 17 日，先后两次试装 170 辆。4 月 1 日，BJ2020N 车正式投产。BJ2020NJ 军用车根据中国人民解放军总后勤部车船部的要求，在进行了 18 项改进后于 1990 年 8 月投产。

4. BJ2020S 系列轻型越野车

（1）BJ2020S 车型

1990 年 4 月 1 日，BJ2020N 系列车型投产后，吉普公司随即开始进行 BJ2020S 系列车型的开发准备工作。

1991 年 9 月 16 日，吉普公司向北京汽车工业总公司提出 BJ2020S 车型立项申请报告。BJ2020S 系列车型在 BJ2020N 型的基础上又进行了 36 项改进（含 1 项选装）。1991 年 10 月 8 日，吉普公司成立 BJ2020S 系列车型投产委员会。1992 年 1 月 28 日，完成了 4 辆 BJ2020S 车及 BJ2020SA 车 1 万公里性能试验和可靠性试验。1992 年 12 月 9 日，北京市汽车研究所完成两辆 BJ2020S 车性能试验及 15 万公里可靠性试验，此次试验为该车的定型试验。1993 年 3 月 23 日，吉普公司向北京市公交管理局机动车辆管理所提出《关于分批体现 BJ2020S 车改进项目的报告》。改进工作分 3 批进行，1993 年 3 月 1 日前，改进前地板及其相关部位，包括电瓶外移，车架、过渡座椅及过渡线束。1993 年 3 月 15 日前，改进车门、门锁相关部位，包括新型车门、车门锁、车门密封条及车门限位器。1993 年 6 月 1 日前，改进其他项目。改进中新制模具 164 套，改制模具 86 套，新制装焊设备 17 项，总装工装 11 项。

1993 年 5 月 5 日，该公司对 BJ2020S 车进行了质量认证。1993 年 6 月，全部改进工作如期完成。6 月 20 日，北京汽车工业总公司组织了 BJ2020S 车的鉴定会，同意批量投产，并签发了新产品投产鉴定证书。

1994 年 11 月 18 日，该公司决定将 BJ2020SA 车（包括军车）于 1995 年转由北京汽车摩托车联合制造公司（原北京汽车制造厂）生产。

（2）BJ2020SG 车型

1993 年 9 月 24 日，吉普公司提出改进 BJ2020S 车型计划，提高 BJ2020S 型汽车的动力性，改善排放，提高操纵稳定性，改善汽车外观，决定推出 BJ2020SG 车型。改装 62.5 kW 发动机、无触点高能点火系统（选装）、6 × 16 铝车轮、215/50R16 子午线轮胎、后备厢隔板垫、铭牌、4 速变速箱。次年投入批量生产。

（3）BJ2020SC（城市猎人）车型

BJ2020SG（城市猎人）是在 BJ2020SG 的基础上增加了选装项：光亮型管状保险杠和前防撞杆、光亮型后保险杠、光亮型踏脚板、车身装饰彩条、高档收放机和扬声器、可放倒篷杆和篷布、三辐条方向盘、加粗防滚杆、仪表板罩。1994 年第四季度，在吉普公司产品部改装车间试生产 100 辆车。1995 年初，城市猎人型车被转到北京双环实业总公司装选部件。

（4）BJ2020SG（SE 标记）车型

1995 年 7 月 10 日，吉普公司决定在 BJ2020SG 车的基础上增加以下选装项：209 化油器、无触点分电器、恒温进气及进气歧管加热、新型管柱硬三辐条方向盘、新型 6 辐条 6 × 16 铝车轮及 215/80R16 轮胎、PPG 金属漆。1996 年 7 月 11 日，吉普公司提出准备计划，为了便于管理，决定此车型定名为BJ2020SG（SE），并在车身尾部加SE标记。1996年7月18日，该车型完成生产准备并投产。

（5）BJ2020SJ军车

1996年3月25日，中国人民解放军总后勤部车船部正式确定军用BJ2020SJ车采用BJ2020S车的20项改进。4月19日完成《BJ2020SJ车设计任务书》，4月30日完成技术准备工作，5月13日试装2辆，6月24日试装10辆，7月19日试装104辆。8月13日正式投产，同年底完成产品鉴定。

（6）B12020SY硬顶车

1994年2月初，吉普公司组织有关专业人员对BJ2020S车型问题进行讨论，决定开发BJ2020S车型的硬顶车，经过对BJ2020S车现状进行分析并参考同类车型，拟采用FRP玻璃钢材制作可拆卸式硬顶。1994年2月中旬，组成有车身、设计等专业人员参加的产品开发小组，进驻四通新型材料公司，就FRP硬顶的设计和工艺可行性进行了广泛深入的讨论，完成了造型、总布置分析、车身结构分析、硬顶零件的设计等工作。4月，吉普公司组织有关专家对该车型进行评审，肯定了该车型方案，定名为BJ2020SY型。1996年4月15日，BJ2020SY车正式投产。7月26日，BJ2020SY硬顶车专利申请获得批准，专利号为2L952008844.4。

（7）BJ2021系列切诺基汽车

1984年1月15日，北京汽车制造厂与美国汽车公司合资成立的北京吉普汽车有限公司正式开业后，按照《合资经营总合同》规定，吉普公司拟采用联合设计、零部件加工起步的方法，生产军用越野车，取代老产品BJ212系列。开业不久，该公司了解到，美国汽车公司于1983年2月在美国俄亥俄州特利多市吉普车厂最新投产的XJ系列切诺基汽车，兼有越野车和轿车功能，具有较高的越野通过性、坚固可靠性和轿车的乘坐舒适性；在设计、制造和质量上体现了当代汽车制造的最新技术，1984年被美国3家主要四轮驱动车杂志评为“最佳年度车”并被授予金奖。因此，吉普公司拟引进XJ系列切诺基汽车。

吉普公司依据《合资经营总合同》转让动态技术的规定，1984年9月，与来访的美国汽车公司高级代表团商谈，达成了在吉普公司生产切诺基汽车的意向。1984 年 10 月，董事会特别会议就产品做出了决议：以 CKD 方式引进美国汽车公司的 1984 年 XJ 新车型，车型名称暂定为 BJ/XJ213，并决定在 1985 年 10 月 1 日出车。1985 年 2 月，生产新车型的准备工作全面铺开，到 1985 年 9 月，建成装焊、喷漆、内饰、总装 4 条生产线，形成年产 7 000 辆切诺基汽车的生产能力。1985 年 9 月 26 日举行新车投产剪彩仪式，第 1 辆被命名为“北京 Jeep”的切诺基汽车开下生产线。1989 年 8 月，按国家新颁布的编号规定，该车改名为 BJ2021 切诺基汽车。

吉普公司先后生产过切诺基系列的 6 种车型：①化油器式四缸机车型 BJ2021（CX1、CX2）；②汽油喷射六缸机手动变速器车型 BJ2021M6（CX3）和 BJ2021E6Y（CX6）；③汽油喷射六缸机自动变速器车型 BJ2021A6（CX4、CX9）；④汽油喷射四缸机 BJ2021E（CX5、CX7）；⑤化油器式四缸机两轮驱动车型 RJ7250（CX8）；⑥右置方向盘车型（CRI）。1995 年该公司生产的切诺基车型有 5 种车型，即 BJ2021（CX1）、BJ7250（CX8）、BJ2021E（CX5）、BJ2021E6Y（CX6）和 BJ2021A6（CX9）。到 1995 年底，共生产 109 766 辆。基本型切诺基汽车国产化率已达 83%，其他车型也已达 60% 以上。

5. 北汽 B40

北汽 B40 越野车拥有方正粗犷的美式硬派越野车经典造型，极具吸引力。前格

图 2-60　北汽 B40 越野车

栅五方孔的设计传承了北汽军车的特色。背负式备胎是很多硬派SUV上常见的设计，定位为低价位的硬派越野车，B40在底盘结构和四驱系统方面展现了自身的传统优势，这一设计吸引了众多汽车爱好者。B40配备了2.4 L发动机和5速手动变速器，这款2.4 L四缸汽油发动机的最大功率为105 kW，最大输出扭矩为217 N·m。该车采用了双门四座设计，车型尺寸为4 200/1 800/1 750 mm，轴距为2 400 mm。

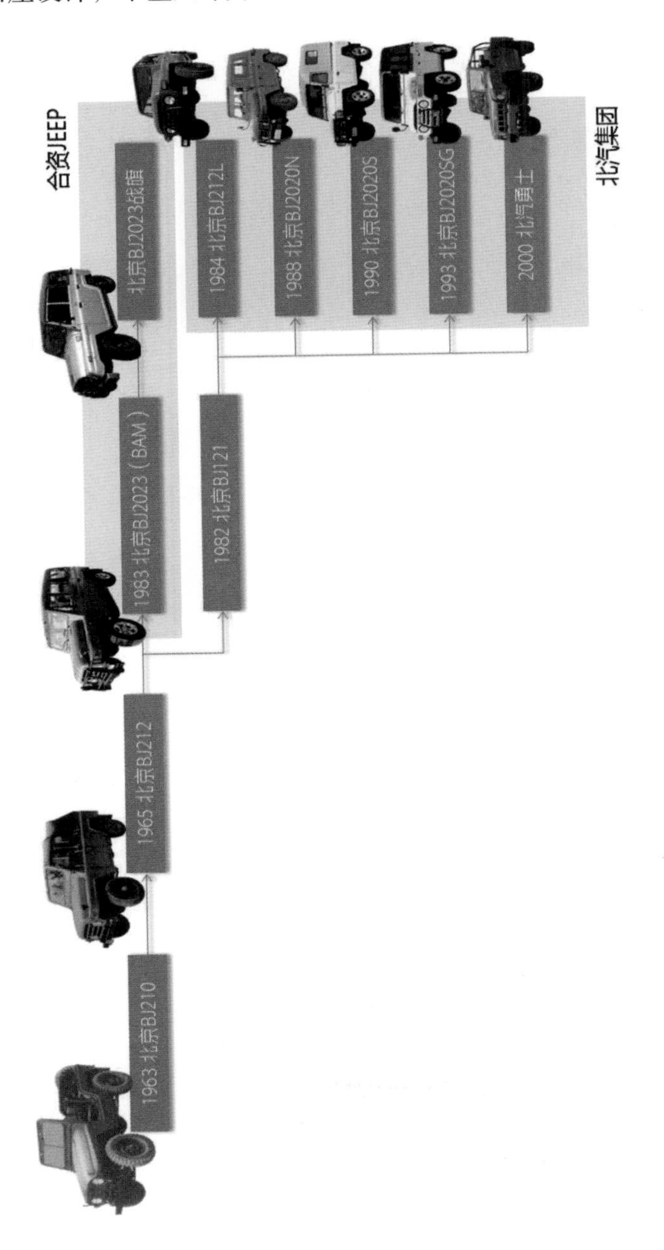

图 2-61　北京牌轻型越野车主要产品设计发展谱系图

第四节　其他品牌

1. 东方红牌越野车

1966 年，第一拖拉机制造厂参考法国 GBC 越野汽车底盘、捷克斯洛伐克太脱拉等外国车型，吸收国内外其他成功车型的经验，试制成功了我国第一辆军用重型越野汽车——东方红 LT665。1967 年 10 月该车投入小批量生产，1970 年正式投入批量生产并实现了小批量出口。

东方红 LT665 不仅成为我国第一辆自行研制、生产的军用重型越野汽车，而且是我国第一辆使用风冷发动机的军用车辆。东方红 LT665 装备部队后，使用单位普遍认为，该车功率大，越野性能好，启动快，操作轻便，使用可靠；但也存在风冷发动机噪声大、油耗偏高等问题。但在当时我国的技术条件下开发的东方红 LT665

图 2–62　东方红牌越野车

图 2-63　红岩牌越野车

总体性能已与法国 GBC 性能相近，个别指标有提升。

东方红 LT665 在使用性方面，因使用了液压助力转向机构，即使在使用加宽超低压越野轮胎时，也可使车辆转向操纵灵活自如；同时在各驱动桥上装配了牙嵌式差速锁，可使车辆在泥泞路通行能力大幅提高；首次采用了干式液压传动离合器；装有暖风装置的长头型整体驾驶室舒适性得到提高；部分车型还在车前加装了 10 吨的拉力绞盘。

东方红 LT665 主要装备陆军炮兵部队，用于牵引 130 mm 加农炮、152 mm 加榴炮等师属火炮。

2. 红岩牌越野车

四川汽车制造厂的建设开始于 1966 年。1974 年该厂开始生产红岩 CQ260 重型越野汽车。随后，CQ260 被改进为 CQ261。CQ261 在部队中的主要应用仍然是为炮兵部队牵引重型火炮。

3. 福州牌 FZ211 型越野汽车

1970 年，为支持福州市上汽车，福建省交通厅将福州汽车修造厂、永安汽车修造厂等企业 1966 年协作试制并小批量生产过的福建牌 66A 轻型越野汽车图纸和部分工艺装备移交给福州市汽车修配厂（福州汽车厂），试制生产福州牌 FZ211 型汽车。该厂把福建牌 66A 型越野汽车前部分改成北京 BJ212 型汽车前外形式样，并取掉分

图 2-64　福州牌 FZ211 型越野汽车

动箱、前传动轴，把前后驱动改为后驱动。改动后的汽车在城市和城乡间公路使用均较轻便。1971 年小批量生产 50 辆。至 1978 年，累计生产 1 500 辆。

4. 铁马牌越野车

20 世纪 70 年代末至 80 年代初，我国从德国戴姆勒－奔驰公司引进了奔驰 2026（6×6）8 吨级越野车，用于牵引重型火炮。由于该车的载重牵引能力和行驶速度等性能比当时部队装备的国产和进口重型越野车有显著提高，使用单位反映良好。

为满足部队和国内石油钻探等民用部门的需要，根据国家机械工业委员会《全国汽车工业调整改组方针（试行）》的精神，80 年代开始，以重庆西南车辆制造厂为主的四川省 11 家有关企业以奔驰 2026 为基础，结合中国国情，研制我国新一代重型越野车“铁马”。1982 年底，铁马 XC2200（6×6）7.5 吨载重越野车样车研制成功。

为进一步提高我国重型车辆的水平，1985 年，经国家批准又从德国引进了具有 80 年代国际先进水平的 ZF 机械变速箱及 KHD413 系列风冷发动机技术，随后这些技术被用于 XC2200。1986 年，XC2200 设计定型并投入批量生产。

与国产第一代重型越野汽车相比，XC2200 的高速行驶能力显著提高，最高速度达 85 km/ h；该车装用的 ZF5S110GPA 变速器有 9 个前进挡和 1 个倒挡，使用了双

图 2-65　铁马牌越野车

H形换挡装置，变速杆与高低挡变速杆合二为一，简化了操作；轮间、轴间均有差速锁；驾驶室的内饰和显示灯、警告灯、操纵系统均比第一代重型越野车有较大改进，驾驶员乘坐舒适性有了明显提高。

XC2200已逐步成为陆军重型越野车的主力，除作为重型火炮的牵引车外，利用其底盘改装的装备还有90式122 mm 40管火箭炮、WS-1多管火箭系统、重型机械化、重型机械化路面敷设车等；利用其技术还研制成功了WZ551轮式步兵站车、轮式装甲人员输送车、轮式HJ-8反坦克导弹发射车、WZ901保安车、WJ94装甲防爆车等，目前该车已向东南亚大批量出口。

5. 东风猛士越野车

高机动越野车是现代数字化战争不可或缺的重要作战工具，美军曾对高机动性有明确的定义，要求非常规的动力性、越野通过性，最突出的是坏路、无路面的平顺性。悍马是美军唯一称为高机动性的第三代，被国际评为当代最优秀的军车。为了提高装备技术水平，打赢现代化战争，2002年部队决定研制这种最先进的车型，2003年初东风争得这一研制任务。

东风猛士是东风汽车集团股份有限公司下属东风越野车有限公司生产的一款主要供军事用途的越野型汽车。其车型有长头短头两大系列，单双排软硬顶、溜背软硬顶、厢式硬顶、高硬顶 8 种主要车型。其中单排软顶车型的篷布、侧窗可拆，前风挡翻倒后可装轻、重机枪，软硬顶车内中央有安放台和踏板，顶部可加装重机高机榴弹发射器的武器转盘，后备厢有导弹发射平台，形成轻型高机动性轮式作战系统。

东风猛士为中置发动机，人员乘坐在车架外侧，室内中央有战斗平台，使整车得到最小的高度和最大的离地间隙。应用可靠性设计理论，通过传动系静强度和疲劳强度优化匹配、采用轻质材料、零部件多功能化，实现整车轻量化；通过承载系统结构件优化设计，采用优质材料和先进工艺，在提高承载能力的同时也实现了整车轻量化，使质量利用系数提高 10%。

东风猛士整车外形符合国际军车发展潮流，且更加有灵气，内饰舒适、简洁。发动机罩盖、灯具、前格栅等造型组合突出猛士形象，形成东风新一代军车标志，使得整体风格威武、霸气，更加有激情、有跃跃欲试的视觉冲击。作战与运载统一，长头 / 短头、硬顶 / 软顶相结合，单排、双排、溜背、厢式结构并存。腰线上下两部分相对独立，方便地实现了车身不同型号之间零部件的通用化。整车还设计了装甲防弹。通过计算机辅助设计，东风猛士车身采用钢铝混合，铆钉连接，突出军车效果，实现了柔性车身多点悬置、SMC 发动机罩在大扭转情况下的等应力设计，提高了可靠性、密封性。驱动方面，东风猛士全面掌握了全时四驱分动器的设计和制造技术，攻克了薄壁铝合金壳体、小模数行星齿轮、前后扭矩合理分配及轴间差速锁止、无声大扭矩链条传动的设计和制造难题。通过分体式铝合金壳体驱动桥、大承载大滑

图 2–66　东风猛士越野车

移等速万向节半轴、轮边减速器的开发，攻克了自适应限滑差速器的开发和制造技术难关，解决了桥边、轮边、万向节双向防渗漏、防尘、防泥水等密封性技术难题。

为了进一步实现了柔性车架的等应力设计，使车架寿命提高3倍，猛士采用双横臂独立悬架、螺旋弹簧的开发和制造技术。加大悬架动行程70%，提高缓冲能力2.89倍，成功解决了车架、螺旋弹簧、三角臂耐久性难题，发明球头新结构，寿命较美国悍马提高3倍。根据东风新创立的转向系统设计理论，转向梯形矩形化，优化前轮侧偏角在内外轮的分配，得到理想满意的操纵稳定性。

第三章　轿车

早年留学美国、后在美国福特汽车公司实习，参与一汽、二汽、陕汽建设，哺育了解放牌、东风牌、陕汽牌等多种车型的老一代设计师孟少农有一句名言：造载重车是小学生水平，造轿车是大学生水平。笔者的理解是，就设计而言，造载重车一如小学生做作业一样，答案大同小异，有明显的“对”与“错”之分，而轿车则需要更多地将设计者的意识，即对未来产品的构想，投射到产品之上，从句法设计（即产品组成要素）、语义设计（即产品各要素的构成所表述的意义）、语用设计（受众对语义的正确读解）三方面构成完整的逻辑演绎，并应用相关的技术、工艺来支撑，而这种支撑的集成度更高，应用难度较之载重汽车以平方级数增加。反之，轿车设计领域也是设计师大显身手的领域，为设计师提供了其他领域几乎无法提供的创造空间，以及建立人与产品良好界面的可能。

从设计思维方式来看，红旗牌高级轿车是中国哲学思想的物化表现，其语境的创造仍是今天的设计师望尘莫及的，但这种语境又是可“触摸”的，所有人都认可这是一辆高级轿车。有很多人认为它是“抄袭”了美国的高级轿车，笔者对此持否定态度，与其说抄袭，不如说它是设计师解读了当时轿车设计的潮流后，站在中国的审美立场对所谓高级轿车阐释的结果，所以对这个设计过程的追溯是有价值的。

从实际需求来看，红旗牌高级轿车体现的是新中国的国家形象，但这种意识形态的要素表达是建立在上述设计思维之上的，从整车设计来看所占比例并不太大，也没有人为造成滑稽的印象，相反为整车的高级感增加了分量。

从工艺技术的角度来看，红旗牌轿车得益于一汽在设计、制造载重汽车时积累的家底，加之不断更新的设备、工艺，当时条件下的集成水平可圈可点。特别值得关注的是，内饰材料、工艺的精选和手工加工的大量介入，使得高级感更加得以张扬。

从历史价值角度来看，红旗牌轿车的设计为后人留下了一笔独具价值的工业遗产，在后代红旗牌轿车的改型设计中，虽然也有吸纳国际化设计方法的探索，但终究偏离了红旗牌的品牌个性而遭人诟病，虽然这些产品在技术上与国际兼容接轨，事实证明以技术替代设计来达到振兴红旗品牌的道路是走不通的。后来回归原型车的设计取得了良好的反响，这是中国设计师再次解读国际高级轿车设计并对品牌自身反思后做出的设计。

上海牌轿车设计堪称是现代主义设计思想的一次完整实践，其目标是批量生产，事实上也是中国计划经济时代唯一一款批量生产的中级轿车。基于这样一种目标设定，设计思想迅速从具有“美化”“象征”特征的思路转向“合理”“逻辑”，并直接推动了产品的升级换代。

从具体设计操作上来看，上海牌轿车有众多的功能集成、部件相融的设计，这正是现代主义设计所倡导的整体性设计，抓住了中级轿车的设计要领，而在红旗牌轿车设计中看到更多的是部件的“相加”。

从技术应用的角度看，上海牌轿车采用了 V6 发动机，后轮驱动，紧扣了当时中级轿车的两大硬性指标。从开发方式来看上海牌轿车采用了上海企业一贯主张的“分工合作制”。基于上海一些成熟的零部件制造企业的技术力量生产总成，最后实现整车组装，并尽可能在不降低产品品质的基础上努力降低制造成本，同时通过不同色彩设计尽可能拓展产品的个性，符合不同使用者的身份。

本章最后一节记录了中国众多品牌的中级轿车、微型轿车的设计简史，虽然这些车均没有批量生产，但却不同程度地闪烁着“设计”的思想火花，代表着中国轿车设计的思考过程。同时我们将历经合资生产以后中国自主品牌的典型产品也列出，对此我们不能简单地评判其设计优劣，而是想表述各自探索的不同道路和轿车设计理念的更新。

第一节　红旗牌高级轿车

一、历史背景

中国轿车设计起步较晚，因为在当时国人的概念中，轿车不是必需的生活用品，所以在中华人民共和国成立初期引进苏联技术时，并没有安排引进轿车制造技术。1957 年 5 月，长春汽车制造厂制造的东风牌小轿车问世，并送北京中南海请毛泽东同志等中央领导检阅，这可谓新中国第一辆轿车。

在东风牌小轿车之后又有了红旗牌轿车，据全程参加第一批红旗牌轿车试制的史汝楫回忆：

1957 年 3 月，黄敬部长来厂，向厂里提出三项任务：第一项任务是载重车要改型，第二项任务是要搞越野车，第三项任务是要搞轿车。当时我们提出了 3 个要求：一是增加设计人员，二是增加设计部门工作面积，三是要给轿车样车。黄敬部长当时

图 3-1　一汽工人正在组装第一辆东风牌轿车

就答应了，并且当年兑现。当时参加会见的有吴敬业、刘炳南、富侠、叶智、史汝楫。1957 年 6 月，史汝楫偕胡同勋（发动机设计工程师）去北京物色样车，确定了法国西姆卡和美国福特 Zephyr 两车比较合适。回厂后立即报请部里批准调拨，不到两个月，样车就运到厂里。样车一到，就开始组织人力，进行研究和开始设计方案，在当时副厂长兼副总工程师孟少农的亲自参与下，进行了整车设计、造型设计、发动机及底盘设计和协作产品安排。当时选定以西姆卡为基础，但发动机采用德国奔驰 190 型，设计的原则是参考为主，自主设计并取名“东风”。至 1958 年初，图纸基本齐全，到 1958 年 4 月初，全厂动员加速试制。第一辆样车于 1958 年 5 月 12 日完成并决定向中国共产党第八次全国代表大会第二次会议献礼，厂里派史汝楫与机修车间工部主任纪斯标、设计处试验司机田玉坤三人为代表赴北京送车。

车到北京后，厂长饶斌亲自掌握，厂长秘书李岚清、司机钱海贵同时介入，由饶厂长带李岚清将车送杨尚昆处。他提出“东风”二字用汉语拼音不好，应改为“东风”汉字。

中国共产党第八次全国代表大会第二次会议开始，车即送中南海，停在小花园内，供代表们观看，并将厂里事先印好的简要说明书，分送各代表桌上，供代表们阅读。

5 月 21 日下午 2 时，毛主席在会议休息时间来到了小花园，亲自参观并乘车绕小花园一圈，然后高兴地说：“我坐了我们自己的小车子了。”主席来到车前时，和史汝楫等人一一握手，并询问各人从事的工作。和毛主席同坐车的有林伯渠，开车的是钱海贵，由于当时距下午开会尚有一段时间，故当时在场的代表不多，饶厂长也不在场。

毛主席看车后的第二天，刘少奇主席看车，饶厂长亲自接待。刘少奇记忆力很强，在哈尔滨一次开会时见过饶厂长，他还记得。

第三天周总理看车，看得很详细。打开了机器盖，看了发动机。接着又问饶斌，生产时有什么困难？设备，原材料，行吗？总理问得很详细。

接着先后看车的领导很多，朱总司令也坐车绕花园一圈。

“东风”在京期间深受北京市民喜爱，“东风”驰过，沿途群众都欢呼、鼓掌，十分热烈，一路都开绿灯，可以直驶中南海。

“东风”回厂后，厂内立即掀起大搞轿车运动，全厂投入，接着又掀起为中央首长做车的高潮，大干“红旗”之风，随之掀起。

红旗的样车是在1958年6月从吉林工业大学借来的1956年出厂的克莱斯勒69型，后来经过厂里努力，又从国内运来一辆1957年美国通用公司的最高级轿车凯迪拉克和美国福特公司的最高级轿车林肯，周总理送来一辆法国雷诺，朱总司令送来一辆斯柯达440。

第一辆红旗，完全是“大跃进”产物和群众运动的成果。厂内把克莱斯勒样车拆了，用“开庙会”的办法，大家抢件，各自绘图制造或直接照样制造，凡一时无法制造的零部件，如液压变速箱阀体、发动机缸体以及发动机的复杂零件，一些协作产品，则暂时装用原车件，在一个月内就装成了第一辆红旗车。这是一个飞速又大胆的尝试，起到了大破迷信的作用。

于此同时，设计部门在总厂厂长的直接领导和关怀下开始了正式设计。按程序制作总布置和内外车身模型，设计发动机底盘零部件，确定设计原则。整车布置是按厂领导意图设计的，就是要宽敞舒适、大方、有气魄、有民族风格，并且安全可靠。因此，主要总成结构都参照了国外样车，而结构参数则按自己的布置要求决定。对部分短期内无法制成的总成，则采取两条腿走路方针，即一方面试验研究原样机结构，另一方面先设计较为简单可靠的总成，予以替代，如液压变速箱即是一例。发动机则采用克莱斯勒和凯迪拉克两机之所长，利用克莱斯勒缸体，按照厂里生产条件，作适当改进。又利用凯迪拉克先进的燃烧室，参照其结构参数，设计了新缸盖。另外对非攻破不能成车的零部件，则组织三结合突击队，进行攻关。当时共组织了28个突击队，如活塞环、挺杆、凸轮轴摩擦副、活塞、高压油泵、减振器、雨刷机构、门锁机构、风窗玻璃升降机构等。对协作产品，组织了若干与协作厂一起组成的突击队，如风窗玻璃、风扇皮带、火花塞、点火线圈、分电盘、化油器、雨刷电机、暖风电机等，各设计人员分赴协作厂共同工作。

后来，厂里感到“东风”“红旗”同上，力量不够，决定暂停“东风”，将正在进行的300余套“东风”模具半成品封存起来，全力以赴大搞“红旗”，于1959年4月制成首辆按图纸制成的红旗样车，送往北京。当时对于首台红旗样车，北京是毁誉各半，汽车局于5月份开会，在热烈的争辩中，批准了红旗CA72型，于当年国庆前送京30辆并检阅2辆。

在这以后，一汽全力争取达到载重车班产250辆，另组织轿车车间及红旗轿车指挥部，抓轿车质量。这时28个突击队所攻项目部分取得成果，多数仍在研制中。协作产品质量问题更多，于是厂里把重点转向狠抓质量，而不搞数量。一些重大课题逐步取得进展。

1964年6月，综合性轿车厂正式建立，将设计试验部门划归轿车厂领导，成立轿车设计科。这期间，段君毅部长来厂，督促轿车厂集中力量，把质量搞上去，然后生产三排座，以供中央首长乘坐。如质量搞不好，轿车厂将会关门。

在段部长的督促之下，轿车厂以王振厂长为首组织突击攻关轿车质量，当时列出了一、二、三类项目共42项，工作进展十分迅速，效率极高，不到半年时间，逐一予以解决。将轿车质量大大提高了一步，当年生产的轿车已经具备了较高的质量

图3-2　一汽工人正在组装第一批红旗CA72型轿车

水平，送北京有关部门使用，得到了好评。

当时无论中央首长使用或接待外宾用车非三排座不可。在这以前，红旗 CA72 型是两排座，质量没有过关，一汽原想在红旗 CA72 基础上，将其加长改为三排座，终因为原设计不适合改为三排座，八次试验均告失败。在 1964 年下半年，红旗 CA72 质量得到提高后，一汽决定重新设计新型三排座 CA770。

为迅速完成上级任务，一汽成立了轿车联合办公室，集中一批技术人员以解决红旗轿车研发及制造过程中遇到的各类重大技术问题。至 1964 年，红旗 CA72 一直是一款高规格的国宾接待车。随着国民经济的进一步发展，此时中央感到应该有一种更大型、更豪华的轿车来替代红旗 CA72，由于在其研发、制造期间已经积累了相当的经验，1966 年一款三排座红旗高级轿车应运而生，定名为“红旗 CA770”，其中 C 代表中国，A 代表第一汽车制造厂，第一个 7 代表当时轿车的固定编号，第二个 7 代表此型号为 7 座位车，0 代表这款车的基本型编号。此后，红旗 CA770 主要作为领导及国宾接待用车。

三排座设计的原则是外形美观大方，有民族特色，内部布置恰当，比较宽敞，性能力求先进，但以安全可靠、舒适为第一。设计时首先考虑降低车高而不牺牲内部尺寸，以提高车辆的行驶平顺性和稳定性。设计大胆采用了先进的框形车架新结构，不仅降低了车高，而且减轻了重量；采用了 1959 年不敢采用的液压自动变速箱，以

图 3–3　部分红旗轿车试制组成员与红旗车的合影

图 3-4　作为一人一号的首长座驾，每辆红旗轿车出厂前都会经过一番精心护理

提高操纵方便性；增加冷气设备，重新设计了发动机的冷却系统和消音系统，既降低了排气噪声，又降低了高速时的动力消耗；取消原来的大膜片真空加力装置，而代之以安全可靠的双套双管路气顶油加力装置，以提高制动性能；取消原钢板弹簧前悬架结构，而代之以螺旋弹簧新悬架结构，以提高行驶稳定性和舒适性；取消了原动力转向，而代之以萨哥诺（Saginaw）循环球转向机，以提高安全性和可靠性；结合中国道路实际情况，重新确定了前后悬架参数，改进了前轮定位，以提高稳定性和舒适性。新车的设计，比原两排座无论在布置上、结构上、安全可靠和舒适性上，都提高了一大步，使新设计的三排座 CA770 接近了当时先进国家的大型轿车设计水平，这是我们第一次放开手脚独立自主、自行设计、大胆创新的尝试。事实证明，设计是成功的，也证明了中国人有志气、有能力独立设计相当水平的轿车。

由于制造经验和国外有差距，工艺水平、原材料质量和全面性工业水平还落后于国外，一汽制造的红旗 CA770 和国外同类型轿车相比还存在一定差距，主要表现于小毛病多、可靠性差等方面。

红旗 CA770 批量投产不久，开始了红旗 CA772 保险车的开发设计。当时中南海的要求是“上八达岭不换挡”，于是进行了 8 L 大 V8 发动机设计，221 kW，当时是国内最大的汽油发动机。一汽设计的 V8 发动机也可以和国外轿车上采用的最大发动机相比，这是一个全新的设计，事实证明，这个设计也是成功的。

图 3–5　依次出厂的红旗 CA770 轿车

在这期间，一汽又进行了扩大 CA770 用途的设计，设计试制了 CA771 和 CA773 小三排和两排座轿车。在设计 CA770 时没有同时设计两排座车型，这为后来改两排座增加了困难。与此同时，一汽还进行了许多特种车的设计，如带翻转小座的检阅车、救护车、殡仪车等。

20 世纪 70 年代末期，中央号召赶超世界水平，汽车局要一汽设计更先进的轿车。根据此精神，一汽设计试制了 CA774 新三排。此车外形略小于 CA770，设计更紧凑，性能指标高于 CA770，送京后就得到了各方好评。为了赶超世界先进水平，汽车局曾经安排与德国保时捷公司合作，并送来了项目建议书，因为这是一种接近跑车的车型，不是我们所希望的车，谈判没有取得结果。

但是，时过不久，中央又突然提出号召“省油”，说红旗费油，一时间，红旗停产了。红旗 CA770 轿车总计生产 1 540 辆。一汽轿车厂为了生存，进行了 CA630 面包车的设计、试制及生产。

一汽千方百计地寻找样车，准备中型车的设计与试制，由于得不到各方支持，国家有关部门还是希望暂时进口，不希望自行生产，所以没有结果。后来经汽车局支持，与德国奔驰公司谈判，由 CKD 散件开始引进并组装了 828 辆。当时中央认为引进生产轿车的条件尚未具备，与奔驰公司的合作也没有得到进一步发展。

二、经典设计

1. 红旗牌 CA72 型高级轿车

1956 年 7 月 15 日，一汽建成，大批量生产解放牌中型载重车以后，在黄敬部长的指示下，于 1957 年下半年开始设计生产轿车。在饶斌厂长的领导下，当时设计处选定了法国西姆卡轿车为样车，并选定奔驰轿车发动机为样机，车身的造型设计则要求具有我国独特的风格，设计程序以苏联“组织设计”所规定的程序进行工作，进行了效果图设计并选定，没做小比例模型设计和选定，只做了 1∶1 模型雕塑设计工作，经批准后，绘制主图板，绘试制图，按图纸试制了样车，经试验修改后完成样车，车型定名为 CA71“东风”，并选用“龙”为前标，车头两侧分别凸压上“中国第一汽车制造厂”毛泽东题字的主体标志，尾部则制成“宫灯”外形的尾灯，显示出国产汽车的特点。

设计国产汽车最明显的标志是汽车外形，当时车身设计原则是参照国外汽车车身结构，设计出具有民族风格的汽车来。在效果图设计过程中设计师们画了几十种方案，当时没有更多探讨整车造型风格问题，只改变了原车一些曲面，大家最先想到的是车身上要出现汉字和民族风格的标志，于是出现了“东风”和“中国第一汽车制造厂”汉字和金龙前标、宫灯形的尾灯，具有这样特色的轿车在中国大地上是前所未有的，无怪乎一汽全厂职工和长春市民欢欣鼓舞，抵达北京时首都市民人群沸腾，人民发自内心地感到自豪和欢乐。

1958 年 4 月，一汽开始酝酿设计试制高级轿车，取 1955 年美国克莱斯勒轿车为参考样车，全厂动员试制，发动机和底盘各总成分解到车间设计，车身则按东风设计程序设计，只有外形布置图，车身结构仍以原车为蓝本，由于时间紧，直接雕塑了 1∶1 油泥模型，以车型更充分体现出民族风格的造型、水箱面罩采用中国扇子形象为领导所肯定，保险杠防撞块为云纹形，车头两侧为毛泽东“中国第一汽车制

图 3-6　东风牌小轿车

造厂”题字，后尾仍取宫灯形尾灯，车标为红旗，尾标图案中标有毛泽东题写的“红旗”二字，内饰件更加华贵，以织锦为沙发面料，顶棚料也是丝织品，仪表板和窗框均采用精选的木纹材料装修，地毯采用中国手工地毯，花纹也是民族形式，整车内外体现了浓郁的民族特色，较东风中级轿车高了一个档次，车名定为“红旗牌高级轿车”。此车在试制过程中有关职工日夜兼程只用了 1 个月时间于 8 月 1 日试制成功，试制成功后受到省、市领导的称赞，后经领导决定，一汽只生产红旗牌高级轿车，不生产东风中级轿车，致使已进行了大半的东风生产准备就此停止。

由于红旗轿车在短时间内试制成功，不像东风试制过程按程序进行，图纸、文件齐全，可以直接进行生产准备。于是，1958 年 10 月，一汽对红旗轿车重新设计，定名为 CA72 型红旗高级轿车。按程序设计，设计任务书、整体布置强调了庄严大方，整车长、宽、高取最大尺寸，内部后座尺寸尤为突出，后座前沿至后轴尺寸定为 1 000 mm，后座前沿至前座后靠背为 500 mm，比一般大型两排座轿车竟长出 200~230 mm，是特大型内部尺寸。发动机设计结合一汽生产情况自行设计，参照克莱斯勒样机广泛收集资料，设计出行程 × 缸径为 100 mm × 90 mm，压缩比为 7.5，容积为 5.6 L 的 147 kW V8 型发动机，传动系统采用液压自动变速箱，前悬挂为独立悬挂，前后有减震器，膜片式真空鼓式制动器，转向为动力转向，车身结构为四门封闭式金属结构，车身中部仍基本按克莱斯勒结构设计，而车身前部参考 1957 年林肯结构设计，车身后部行李箱等参考1957年卡迪拉克结构设计，CA72型红旗轿车车身设计在结构方面采取了三种美国大型轿车之优点而成的，为自行设计车身的初步尝试，较东风又前进了一步，也逐步显示出国产轿车设计的特点，车身造型要体现出庄严大方的风格，并继续保留第一辆试制样车的成功部分，前标仍为红旗，取消了防撞块，尾灯仍为宫灯，后标改后设计仍有毛泽东题写的“红旗”二字。内饰设计较第一辆宽大，仍强调采用民族工艺美术制品。在仪表板和窗框上采用福建大漆工艺，比如，以赤宝砂作为暖色调内饰再配以暖色织锦沙发面料及丝织顶棚料，地毯仍用手工地毯，用绿宝砂作为冷色调内饰，再配以冷色调沙发面料、顶棚材料等。约有五种福建大漆品种备用，均配以相应的内饰材料，使内饰多色调，在出口车和特殊用途车上更多地采用一些工艺美术品以强调民族特色，诸如在车门立柱上装景泰蓝花瓶，顶灯四周加象牙雕刻的灯圈，扶手上的烟灰盒盖也是象牙雕刻饰品，再配以纱窗帘。为班禅额尔德尼做了一辆内饰全是黄色调的，从沙发面料到顶棚地毯、纱窗帘无不以黄色装饰，装扮得古色古香，华贵感更强。

CA72试制后经领导审查修改，绘制了主图板，出图，1959年第一季度图纸完成，进行生产准备，第三季度主模型完成后进行大型模具制造，1960年陆续完成生产准备并正式投产。1959年国庆十周年前送北京30辆，其中有几辆参加了国庆检阅典礼。CA72型红旗轿车自投入批量生产，共生产了202辆。

图3-7　红旗CA72正面，造型取自中国文人的扇子

图3-8　红旗CA72侧面装饰线造型取自中国武士的矛

1959 年国庆前夕，一汽在 CA72 轿车基础上制造了无顶检阅车，供中央首长检阅用，1962 年 4 月设计制造了可自动升降后座的检阅车供在夹道欢迎时使用，避免站立过久而疲劳。

2. 红旗牌 CA770 型高级轿车

20 世纪 60 年代初，由于中苏关系变化，苏制吉斯 110 三排座轿车的更新配件已无来源，开始酝酿三排座轿车的设计工作。一汽先在 CA72 型基础上加长轴距，加长了 400 mm，但制出后全车显得太长，CA72 车原来已感笨重的造型，加长后更显庞大，后来以 CA72 型二排座不加长轴距重新布置三排座试制出样车后，后座舒适性太差，未采用。

在 CA72 车上经三轮改三排座车的尝试均未成功，一汽决定重新设计，总结了高级轿车设计的经验，进行了使用调查，设计原则是三排座高级轿车是国家领导人用车，又用于国事活动，迎接外宾等用途，车型要技术先进，使用可靠，庄严大方，有民族风格的造型。设计原则和主要参数确定后，新车型设计工作严格按设计程序进行，其具体设计中总布置设计要紧凑合理，在保证内部空间尺寸实用舒适，并突出后排座的舒适性的前提下，力求外形长、宽、高的尺寸最小，以保证汽车的机动性和减少风阻。新车型采用了当时世界上先进的框形车架，既降低了整车高度，又使车内部宽敞，由于本车型的特殊需要，在前排后增设了中隔墙，并装有自动升降隔音玻璃，使后两排座自成一单间，中排座则为活动座，此车定名为 CA770 红旗三排座高级轿车。

图 3–9　参加国庆活动的红旗 CA72 轿车

图 3–10　由 CA72 改装的红旗检阅车

CA770 轿车发动机是在原 CA72 发动机的基础上再次提升功率，高压缩比为 8.5，162 kW，此发动机性能好，质量稳定，曾用于军用活动电台、飞机启动电源车等处，是国内较好的高速汽油发动机。传动系仍采用液压自动变速箱，前悬挂为独立悬挂，增加前稳定杆，采用加长加宽的后弹簧，提高了舒适性。制动系为双套空气一油压式双管路、筒式加力器，双向双分泵，每个车轮的两个分泵分别连接两套管路，保证一套失效时另一套仍能对四个车轮制动。

CA770 红旗三排座高级轿车，是在 CA72 型轿车的基础上总结了经验而设计的，有了进一步的创新。此车第一台是在 1965 年第三季度完成的，试制完成后立刻为厂领导和全厂职工所称赞，后送北京亦得到中央领导的肯定，并指示生产，1966 年五一送北京 20 辆。从最早的红旗 CA72 轿车开始，红旗轿车设计师一直坚持“基于现代高级轿车主流风格，追求中国民族化的设计”的设计原则。正因如此，在 CA72 基础上，经过一系列功能及设计要素的精练，红旗 CA770 轿车诞生了。

整车设计要素的选定可以分成两大部分，第一部分是与“意识形态”相关的造型要素，即车头上的红旗造型，这是借鉴专供苏联最高领导人乘坐的吉斯轿车的设计语言；车身两侧的三面红旗，由此前 CA72 车身上分别代表“工、农、商、学、兵”的五面红旗演化而来；车尾有毛泽东手书“红旗”二字及其拼音组合作为品牌标志。

第二部分设计要素是与设计师智慧紧密相联的设计语言。在支撑整车造型方面设计师想到用“中国折扇”的造型来构思轿车前脸，在车身侧面则用“矛”的造型来装饰，前者是中国文人的必备道具，体现造型的优雅仪态，后者是中国武将的武器，干练有效。二者呼应，“文武双全”，使车体外形有了十足的“气场”。

这些设计要素在 CA72 上十分抢眼，至 CA770 时则演变得更加隐性化。红旗

图 3-11　CA770 车头上的红旗造型

图 3-12　CA770 侧面的三面红旗

图 3-13　车尾的红旗品牌标志

图 3–14　保存于中国工业设计博物馆中的红旗 CA770 型轿车（1）

CA770 的造型在表现中国传统风格的同时，又遵循了现代产品设计的原则。扇形的水箱格栅被抽象化，圆形的前大灯被保留下来，前脸更趋向方正，矛的装饰则演化成防擦条，原来作为设计元素的各类装饰显得更合理，丝毫没有生搬硬套，配合其他中国元素的运用，使之更有“现代高级产品”的感觉。这种设计理念在今天也有很高的借鉴价值。

红旗 CA770 轿车外观尺度完全按 C 级车设计，长 5 980 mm、宽 1 990 mm、轴距 3 720 mm，这种大尺度的设计，使 CA770 轿车具有“方、平、直”的可能，虽然整车质量达到 3 290 kg，但即使是静态车体本身便有一种抬头挺胸、奋勇向前的动感。

红旗 CA770 轿车前脸设计采用了现在所谓的“直瀑式”造型，完全是国际高档轿车的主流设计风格，前大灯、雾灯设计归纳为照明功能，呈圆形，转向灯设计为提示功能，呈长方形，两种形态穿插得体，使前脸设计逻辑十分有序、清晰。特别值得一提的是，前大灯上方有一排穿孔，似乎是“眉毛”，其实是功能需求使然。为使前大灯具有更高的亮度，特采用较粗的钨丝，但散热却成了问题，为此前大灯后面装有反向运转电扇，通过穿孔吸进冷空气来为灯降温。

CA770 只有驾驶员一侧设有后视镜，因其一般情况下不会倒车，况且该车出行都有护卫车队，所以在设计中将其右侧后视镜省略。尾灯外罩设计融入了中国传统

图 3–15　保存于中国工业设计博物馆中的红旗 CA770 型轿车（2）

宫灯的造型，与装饰镀铬线条保险杠相结合，突出了轿车的高档感。

后排沙发可调节靠背的倾斜度，可让乘坐的人更舒适地休息。前排与中排、后排之间设有升降玻璃，用于保密谈话，充分体现了在设计过程中的“以人为本”考虑。

CA770 室内设计是集中国经典工艺之大成的巨作，车内装饰采用了景泰蓝、福建漆、杭州织锦等多种中国独特的传统工艺。车内座椅采用杭州丝绸面料外套，仪

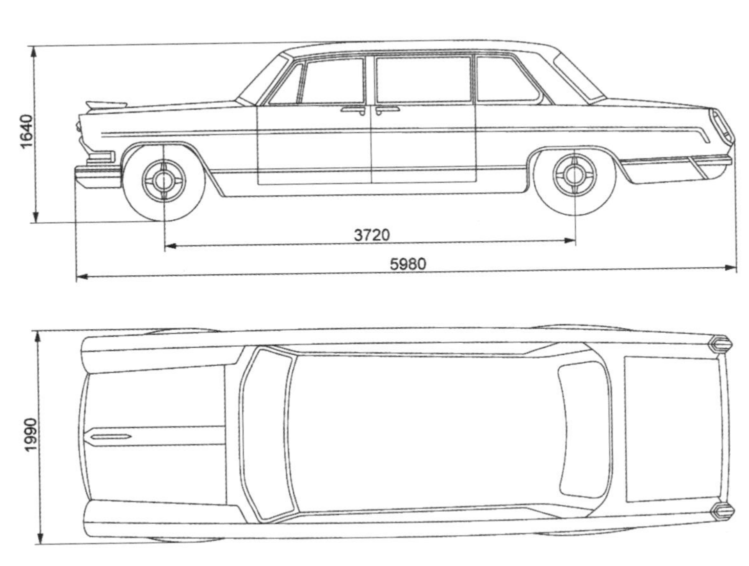

图 3–16　红旗 CA770 尺寸参考图

图 3–17 CA770 前大灯细节

图 3–18 CA770 尾灯

表盘、车门内侧均采用上好的木材，经手工刨制而成。据设计师回忆，每辆车内饰软装色调还会根据每位领导人的爱好做一些调整。

方形的综合仪表盘、石英钟都为玻璃罩面外框，空调出口均镀铬，其冷峻与本质温和的感觉形成鲜明对比，增加了其品质感。方向盘直径为 45 cm，双圈二辐造型，内圈可按响喇叭，中心处为镀金葵花造型，右侧为排挡，共分空挡、前进、后退三挡，挂挡后在综合仪表盘上天安门图案的门洞上有相应的红色显示，空挡为中间大门显红色、前进挡为左侧门显红色、后退挡为右侧门显红色。这些显示同时投影到方向盘下方一块磨砂有机玻璃上提示驾驶者，可见设计师在“人机界面”上所花的功夫。

红旗 CA770 轿车开发成功还有其“设计管理”上的因素，原副厂长孟少农为红旗轿车制订了“设计策略”，当时称为“基调”，轿车科吕彦斌科长毕业于清华大学建筑系、机械系，为著名建筑家梁思成的学生，由此形成了内行领导内行的局面，各部门、各岗位互相协调、紧密配合，全国各科研机构、企业相互配套、协作，从当时的老照片便可见一斑。

贾延良就读于中央工艺美术学院建筑装饰美术系，师从留法归来的著名设计教育家郑可教授，于 1963 年冬天来到厂里设计处实习，在校期间他就设计了北京 BK651 型城市公交车，积累了一定的经验，毕业后被吕彦斌招入红旗 CA770 设计组。

在设计 CA770 之前，大家都在考虑该如何把中外各车型的优点结合起来，造出有中国特色的高级轿车。当时，德国轿车奔驰造型显得庄严，英国轿车显得绅士和保守，日本轿车则小巧伶俐，美国轿车张扬个性，苏联伏尔加车型线条动感，这些

图 3-19　CA770 前排内饰

图 3-20　贾延良先生与他的老师郑可先生

设计手法都成为 CA770 的参考。

红旗 CA770 车身造型的线型，利用了明式家具的线脚，并结合了空气动力学的原理，车型更富有动感和整体感。车厢里采用了红木、树根的切片、牛皮、织锦缎等材料，体现了民族风格。

红旗 CA770 内饰设计更让贾延良等人费尽了周折。在设计 CA770 时他们看到劳斯莱斯样车内饰板上有非常漂亮的木纹，却并不知道英国人到底是怎么做的。于是，贾延良决定和邱良彪一起到长白山、大兴安岭去挖木根，再运到北京光华木材厂进行刨皮。最后发现，树根年轮越多刨出来的花纹越好看。

图 3-21　以红旗底盘设计的北京公交车

图 3-22　同事们讨论设计方案

图 3-23　红旗 CA770 设计效果图

“如果要说在第一辆红旗中有真正体现我们中国人自己的东西，红木就是最主要的一部分。”在完成两万公里路试后贾延良肯定地说。“现在想来，这辆车确实花费不菲，国家也是不计成本。那个时候造的汽车绝对都是货真价实。”团队成员更是尽心尽力，共同打造了一辆好车。

此外，红旗 CA770 几乎都是清一色的黑色，在后期少有几辆银色车出现，其设计都是按照“一人一车一号”的方法进行。所谓“一人一车一号”是指针对某一位领导用车进行制造并编号，每一台车部件、内饰设计略有不同。可以认为在一千余辆车中，几乎没有两辆车是完全一样的。

1987 年，一汽在红旗 CA770 的基础上改变车身外形，设计了 CA770D（只改头尾，保留中部），此车设计目标是尽量少改，但要提高舒适性，内饰为软化设计，增设饮料柜等设备，此车设计后试制一台，提请厂领导审查。1994 年称“改进型

图 3-24　红旗 CA770 试制团队

图 3-25　红旗 CA7560LH 三排座高级轿车

CA770”，现在改称为红旗 CA7560LH 三排座高级轿车，改进了司机座部分，增长了 200 mm，增加了副仪表板，前座设两个座位，均能移动，前座增加了靠枕，增加了安全带，仪表板等改为软化，设备齐全。车内色调淡雅，宽敞而华贵，全车加长 200 mm 为 6 180 mm，前风窗由 48° 斜度改为 35° 。此车型 1995 年又制造一辆，以后没有再生产。

时至 1998 年，一汽以美国林肯城市型为参考设计了 CA7460 型，在外形上略结合了一些红旗原有的要素，内饰则与其原型完全相同。虽然在技术数据上均有极大提升，驾驶、乘坐舒适度也大大提高，但终究因各种原因未实现批量生产，其设计基因大大偏离红旗品牌要素是一个极为重要的原因。

2005 年，一汽推出了独立设计研发的 HQE 概念车，定位于元首级座驾，长度

图 3-26　采用林肯城市型工艺所生产的红旗 CA7460 型轿车

图 3–27　2005 年上海国际汽车工业展上推出的红旗 HQE 概念车

超过 6 m，轴距为 3 900 mm，采用 6 L、V12 发动机，目标是超越奔驰、劳斯莱斯，在车展上请了程正老先生来助威。

2009 年，胡锦涛乘坐这一代车检阅陆、海、空三军，但其外形并没有延续概念车的设计，而是回归到了 CA770 型的状态并做了新的设计。

至 2012 年，HQE 改称为 L7 型，并迅速成为国家礼宾接待车，其短轴车型 L5 也同时投产，以开拓民用市场为目标。

L7 型“谨慎的设计”通过设计回归达到了品牌回归的目的，红旗轿车设计仍沿用了原有的设计要素，但却创造了新的“语境”，让人感受到新时代的气息和与时

图 3–28　在国庆 60 周年时使用的检阅车版本已是回归红旗品牌的设计

图 3–29　2012 年北京国际汽车工业展上推出的红旗 L7

俱进的更新。

红旗轿车的设计过程告诉我们：作为承载国家形象的产品是不能仅依赖技术来打造的，工业设计是其灵魂，并且这种设计不能指望由国外设计师来替代完成。

三、工艺技术

1. 同心协力做好工艺工作

红旗轿车有 5 000 多种零合件，包括协作件，分布在 14 个分厂生产。1960 年 5 月，工艺处成立了生产准备科，设立了红旗轿车组，专门组织红旗轿车的生产准备和质量攻关等工作。

工艺处对红旗轿车拥有四种职能：（1）编制红旗轿车的工艺路线；（2）组织实施红旗轿车的生产准备（包括工艺设计、编制工装制造计划）；（3）组织 14 个分厂进行红旗轿车的质量攻关；（4）组织各试验室对红旗轿车进行工艺试验。

工艺处生产准备科在几十年的工作中，编制了红旗 CA72 两排座、CA770 三排座、CA772、CA630 等工艺路线，实施了这四个车型的生产准备工作，曾组织过几十项质量攻关。红旗轿车组负责 14 个分厂的工艺工作，体会到红旗轿车的工艺比较复杂，技术管理也比较困难，特别是从红旗轿车的特殊性出发，在工作中遵循两条原则：

（1）采用合理工艺

由于红旗轿车生产数量少、产品质量要求高，必须采用合理工艺来保证产品质量。1965 年 2 月，轿车的设计师们集思广益画出效果图，然后制造了 1∶1 的油泥模型，取样板画出一套产品图。由工艺处生产准备科编制工艺路线表，发往铸造、锻造、铸模、精铸、热处理、散热器、空调器（设备修造 6 车间）、车轮、车身、弹簧坐垫、配件、吉标、辽泵、轿车分厂。

这 14 个分厂接到工艺路线表后，工艺人员编出工艺卡，提出工艺装备、非标清单，由工艺处工装室进行设计。一张产品图纸，工艺、非标平均要三张图纸的比例。凡是达不到产品图纸要求的，工艺人员进行工艺试验，得出最合理工艺，保证产品质量。为此，厂里曾两次进行红旗轿车的封闭工作，就是为了解决大量流水生产的工艺与

图 3-30　第一辆红旗轿车在制造过程中，从技术工艺到造型用料都是一个群策群力的过程

红旗小批量生产工艺的矛盾。

第一次封闭工作是在1961—1962年，为了封闭工作，成立“轿车联合办公室”，由黄兆銮任主任。这次任务，要建立轿车新厂房，将分散在发动机、底盘、车身分厂等处的3 000多种零合件封闭到轿车新厂房生产。这次也是一次比较大的生产准备工作。“轿车联合办公室”经过一年半的工作，建立起比较完善的红旗轿车生产阵地。

第二次封闭，是在1973年。根据（73）－机计字088号文的精神，国家投资3 000千万元人民币，要求红旗轿车从每年100辆达到每年300辆份。厂里因此又成立了“红旗300辆办公室”，刘克春任主任，汪声銮任副主任，这次任务，要建立东厂房，从轿车老厂搬到东边新厂房，要把14个分厂的工艺重新审查，提出工装、非标，使能力达到300辆。这又是一次比较大的生产准备工作。在一年半时间内，14个分厂共提出15台较大非标设备，450套工装，组织设计、制造、调试合格后使其工艺更加合理，质量更加有了保证，满足了国家的需要。红旗轿车要求质量高，采取封闭的生产方式、采用合理工艺保证了红旗轿车顺利生产。

（2）设计好的产品工艺性也要好

根据几十年的工作经验，产品设计得好坏，不能仅仅看外表，而且要看是否好制造，也就是工艺性如何。产品工艺性好的零件，成本下降，质量容易保证。产品工艺性差的零件，成本增加，生产准备周期长，质量很难保证。在试制CA770三排座轿车时，由于使用和性能上的要求，有如下几个零件工艺性很不好，给生产准备工作带来很大困难：

①铸造分厂的发动机汽缸体，工艺性差，生产准备周期长，制造了47套金属模具，废品率仍很高，给该厂领导带来很大压力，投入了大量人力、物力。

②锻造的羊角也是工艺性差，组织过多次会议，工艺与设计师研究改善工艺性，修改产品图，修改拔模角才达到了质量要求。

③铸模分厂的压铸件，总共有100多种，废品率50%~60%，主要问题是出现气孔，疏松，导致工艺很难保证。后来从法国购置一台真空补漏机对有气孔的零件进行真空补漏工艺，合格率达到80%左右。

④轿车分厂的翼子板，由于工艺性差，工艺人员提出10套冲模，也无法保证产品合格。当时两个翼子板，就是两个零件号前后两个零件，由于形状太复杂，第一套冲模拉延出零件就开裂，我们组织冲压专家、冲模专家，老工人反复研究，认为必须更改产品图纸，从两个零件变成四个零件。最后再用焊接工艺，焊成两个零件。工艺性改善不小，采用这种结构用四套冲模，就生产出合格的翼子板，从而将质量提高，外观也很漂亮。

综上所述，产品设计要好，工艺性也要好，才能生产出好的产品来。有的产品设计很好，可是制造不出来，也无法实现设计师的愿望，可见合理的工艺是保证质量的手段，必须编制合理的工艺，才能保证产品质量。

由于14个分厂同心协力采用合理工艺，保证了红旗轿车的生产。在几十年的生产实践中，工艺方面的广大职工不怕困难，任劳任怨，兢兢业业，为生产红旗轿车做出了巨大的贡献。

2. 过硬的红旗轿车工艺队伍

1958年，一汽自主研发了红旗轿车，首先是设计师们的努力，有了美丽的造型，其次就是广大工艺人员和技术工人们付出辛勤劳动，在30年生产红旗轿车的实践中，锻炼出一支技术过硬的工艺队伍。

负责工艺的工程师王季荃回忆：1958年，试制CA72两排座红旗轿车时，由于当时的各种因素，有些零件未经过台架试验，也没进行生产准备工作，所以红旗轿车曾出现一些质量问题，如发动机的气阀弹簧断坏、车轮焊接开裂等，给工艺工作造成很大困难。1963年，厂里列出30项质量攻关，从技术上解决了这些质量问题。

（1）1963—1964年，由工艺处生产准备科、底盘分厂的技术科、弹簧车间、热处理车间共同组织一个攻关小组。对气阀弹簧断坏进行全面试验，以便找出断裂原因，采取工艺措施。工艺处责成相关专家主持攻关小组研究方案，进行了一年的攻关。

气阀弹簧材料是65锰盘状钢丝。这次抽出两辆份进行寿命试验。结果4.6万次就断坏了。国际标准气阀弹簧寿命为100万次，红旗弹簧只有4.6万次，相差太远。

王季荃老人回忆：沈尧申处长对此非常重视，他借给我一本俄文喷丸书籍，对我帮助很大。借鉴书本知识，我们第一步先采用强化喷丸技术达到40万次，比4.6万次提高了10倍。我们对这组弹簧解剖进行金相化学分析，发现是原材料有较深的裂纹。这就是早期疲劳断裂的原因。我们查阅了国内外有关资料，飞机、高级轿车的气阀弹簧都用磨光钢丝，可以将裂纹磨掉。第二步，我们决定也用磨光钢丝。大连钢厂有磨光钢丝，我乘火车来到大连钢厂，走进钢丝车间，看到了几台专用磨床正在磨制，看工艺卡上规定磨后不允许有划痕，表面光洁度V9，钢丝牌号50铬钒，直径4.5 mm。这种钢丝正是我们红旗弹簧所需要的，找了钢厂有关领导，请求支援我们一汽这种钢丝，他们回答：这里所有磨光钢丝，都是供给飞机上使用的，现在还加班加点呢，这任务很重，实在给不了你们。我再三请求，并告诉他们，我们生产的红旗轿车是给中央领导乘坐的，比飞机还重要呢，要绝对可靠，这位领导让我第二天再来一趟，他们研究研究。第二天早晨我就赶到车间，他们同意给我们500公斤。我很高兴，回厂可做试验用，以后再通过供应处办理。

回厂后，我向有关领导汇报了磨光钢丝情况，厂里决定尽快运回钢丝。我们攻关小组加班用50铬钒新材料进行制造。喷丸工艺，从原来的大小丸子混合喷，改为预先喷圆的钢丸并用筛子过成0.8~1.0 mm的弹丸，再进行强化喷丸处理。结果，这4台份弹簧，寿命全部达到了100万次。全组非常高兴。重新修改产品图纸，原材料从65锰改为50Xø磨光钢丝，又采用0.8~1.0 mm均匀的钢粒喷丸和预压24小时等工艺措施。我们攻关小组经过一年多的时间，工艺技术上有了很大提高，在干中学习，不怕苦、不怕累的精神战胜了一切困难。

（2）1973年，冷气压缩机被烧坏了11台，引起厂领导重视，胡传聿总工程师组织工艺处、轿车分厂、设备修造六车间召开会议，对烧坏压缩机的问题要限期解决。胡总工程师责成工艺处生产准备科负责。

第一步先查出烧坏压缩机的原因，从成品中抽出两台经过70小时试验，拆开后发现装入压缩机内的250 mL润滑油，已经剩130 mL和30 mL，托盘已经被磨损0.08 mm，钢球磨损0.05 mm，活塞磨损0.052 mm。润滑油的消耗加速了零件的磨损。

油为什么跑了？经过对挡油板测定，发现挡油板的间隙过大，按图纸规定公差为 ±1 mm，实际测量为 ±2 mm。而美国样机为 ±0.02 mm。润滑油就这样从挡油板跑掉。攻关小组重新规定了挡油板的几何尺寸，公差为 ±0.02 mm。经过 80 小时的试验，托盘磨损为 0.008 mm，钢球磨损为 0.005 mm，降低至 1/10。润滑油一点也没跑掉，压缩机自然就不会被烧坏了。

第二步，又把托盘上三个钢球垫从铜合金改为聚酰亚酸材料，用模具压制成钢球垫的寿命提高了五倍。经过一年多的攻关工作，冷气压缩机的台架试验工艺终于稳定了。为了万无一失，还要进行路试，攻关小组的同志们，有人读 6~7 个点的温度数，有人要记录下来。出口处温度很低，时间长了，都感到腿痛，同志们只好用厚泡沫把两个膝盖包了起来，继续工作。

（3）从 1972 年开始，红旗轿车出现几次车轮轮辐开裂、车轮总成焊缝开裂的情况，造成不良影响。国家汽车局胡亮局长打来电话要求尽快解决。1977—1978 年一汽将这一问题列为总厂重点质量改进项目，胡传聿总工程师责成工艺处、生产准备科、焊接试验室、车轮分厂、轿车分厂组成攻关小组进行攻关。

轮辐开裂、车轮总成焊缝开裂，是因为 1965 年 2 月试制 CA770 三排座轿车时，对原来的 CA72 两排座轿车的车轮没经过寿命试验，就用于三排座轿车，三排座比两排座自重多 410 kg，三排座比两排座多两人（130 kg），合计 540 kg，显然，车轮存在着超负荷运行。CA72 轮辐钢板厚度为 3.5 mm，国产 10 号钢，做了台架试验，转速 750 r/min，试验结果寿命仅为 6 000 次，按照国际标准，这样轿车的轮辐寿命应为 7.4 万次。所以，使用时疲劳开裂。小组决定将轮辐改为 08 号钢，钢板的厚度为 4.5 mm，试验结果达到 7.6 万次，超过了国际标准。

关于车轮总成焊缝，根据西德资料介绍，焊缝寿命应为 100 万次。对红旗轿车进行台架试验发现，焊缝寿命仅为 40 万次。经过多次的工艺试验，找出两种合理的工艺：第一，在轮网和轮辐合成时过盈量要在 1.26~2.40 mm。焊缝采用 CO_2 保护焊，采用这样工艺后全部达到 100 万次。为了确保万无一失，李治国副厂长决定去牡丹江桦林橡胶厂对装有轮胎的车轮总成再做一次试验。改良后的工艺经过桦林橡胶厂试验达到了标准。1966 年，轿车厂在红旗轿车的车身焊接装配线上开始应用 CO_2 保护焊接工艺加强个别焊缝。1978 年试制成功 CO_2 保护焊机用于红旗轿车车轮生产。

轿车试验是汽车设计定型投产不可缺少的必要程序，随着轿车车型不断开发和改进，试验手段也需要不断加强。1964 年 5 月，设计科成立道路试验组，进行整车试验。1974 年轿车厂扩建试验组，增加人员，设道路试验、总成试验、发动机试验、电测仪表、测功机等试验组，试验设备增加了发动机试验，安装了直流电力测功机、涡流测功机，对以后轿车厂生产的发动机试验鉴定发挥了很大作用。以后又添置了丹麦产完整的一套 B/K 噪声振动测试仪，还有磁带记录仪、X–Y 记录仪、示波器等电测仪器，并自行设计制造了刹车试验台、转向试验台、减振器试验台、油压振动试验台、50 吨压力试验台、扭力机等，还自制了光速测速仪，大大加强了试验手段，使轿车各总成试验可以不委托当时设计处，轿车厂可自行试验。

1976 年，轿车厂引进日本汽车底盘模拟测功机成套试验机，1978 年先建临时安装厂房，1979 年为掌握试验机使用方法派人赴日实习，1980 年到货，日方派人来厂安装调试完成，1983 年新厂房建成，轿车厂组织搬迁，在很短时间内顺利迁入新厂房，并调试完成。底盘模拟测功机是现代化室内整车测试设备，其中包括各种测试仪器，其主要功能是模拟道路的工况在室内进行试验，可以进行除振动以外的所有试验项目，诸如进行动力性、经济性、排放等项目，如油耗、功率、行驶阻力、爬坡性能、加速性、最高车速等测试。1985 年为使底盘模拟测功机配套完善，再引进发动机净化测试设备——排气分析仪，对汽车排放测试进行详细的分析。轿车试验阵地的建立与完善，对轿车质量起了保证作用，并对新车开发采用新结构进行了试验研究工作，多年来在开发新车、提高质量、配合生产等方面起了重要作用。

1978 年初，厂里按新的工艺，投产一批车轮，派出人员为用户更换了新车轮，得到了用户的好评，挽回了影响。存在几年的车轮质量问题，得到了解决。为此，胡总工程师曾几次在会议上表扬了攻关小组。1977 年，工艺负责人王季荃被评为先进工作者，并荣立总厂一等功。

通过以上三个质量问题的事例，可以看到工艺的重要性。几十年来，虽然很苦很累，但从内心比较高兴，通过解决质量问题，提高了自己的技术水平和组织能力，只有用一丝不苟的精神对待技术工作才能有好的收效。技术工作来不得半点虚假，只要脚踏实地地工作，没有解决不了的问题。在生产红旗轿车的几十年中，工艺系统锻炼出一支技术、思想过硬的队伍。

四、品牌记忆

1. 第一代设计师忆红旗

程正是红旗CA72轿车的主设计师，时任轿车造型组组长，燕京大学机械系毕业，平时十分喜爱美术与欧洲古典音乐，特别喜爱汽车设计，具备了机械系的基础和良好的艺术修养。从其设计的草图中可以看出，正是他奠定了红旗轿车的基本性格。

第一辆红旗轿车是在1958年经过33个不平凡的昼夜而诞生出来的。实际上，第一辆红旗轿车完全是一次试验性的样车试制，并没有时间去精心设计正式生产用图纸。所以它与后来正式的红旗CA72的造型，除水箱面罩的扇面图案和尾灯的宫灯形象之外没有任何相同之处。

以下是程正先生的回忆：

第一辆红旗轿车诞生的重大意义，是在政治上而不在技术上。当时正值帝国主义对社会主义新中国封锁禁运，我们为了冲破他们设置的经济封锁，表现出了中国人在共产党领导下具有战无不胜的自力更生精神。我们要向世界宣告：依靠中国人自己的力量而立于世界之林；我们要争中国人也能造轿车这口气，打破帝国主义的封锁与技术垄断。我们在技术条件极其困难而原始的状态下造出汽车工业的高尖产品，这首先是政治上的胜利。从汽车设计上看，第一辆红旗轿车的造型不可否认是非常粗糙、幼稚的。但是它向所有人表现出一种精神状态，那就是："我们坚持走自己的路。"这一点和世界上任何一种发明创造的事物一样，在后来看它都不可避免认为它粗糙、幼稚。但是没有人会因为这个"新生事物"的幼稚而否定其创造性的历史贡献。在第一辆红旗轿车诞生之前，我们曾绘制6种不同的造型效果图方案，

图 3-31　红旗 CA72 型轿车主设计师程正先生

但是最后被选定的方案最有力的依据是不参照当时世界流行的美国式造型风格，而是以表现庄重、大方为追求目标。不可否认，我们自己的设计水平不高，难以做出非常成熟的构思。当时一汽的领导所坚持的是，表现我们中国人特有的艺术风格。以第一辆红旗轿车的水箱面罩形式来讲，在中选的效果图上所表现的跳出美国式的宽扁、光亮华丽的装饰形式，采用了扁长方形内有立条的装饰框。在试制的头几天里，郭力厂长对我说："你能不能想点什么特别有中国风格的装饰？"我当时想到，在中国传统建筑上的门窗开口常采用扇面、寿桃、如意等图案，而在汽车形体上，只有扇面一种形式可与车头的特有形状结合，于是我提出用扇面形图案。郭力厂长和方劼书记大力支持，叫我立即绘制了水箱面罩局部装饰框草图，工人照图配制。做出来后我自己并不满意，特别是前大灯下方的两扁条内嵌了刻有梅花形小开口图案的装饰框，看起来十分生硬。但时间来不及返工只好拿去装车。此后的水箱面罩虽

图 3-32　程正先生画的红旗轿车设计图

然也是扇面图案，而细节上已和第一辆样车上的那个扇面形状很不相同。没有想到，此后在红旗CA72的使用中这种造型逐渐为人们所熟悉，以致后来1965年设计三排座CA770时，水箱面罩的扇面造型成为要求保留的传统象征了。这一象征性的造型在后来30年间一直在各种车型上（如CA771、CA773、CA774、CA750、CA760和CA7221）都沿用下来。后尾灯的宫灯形象虽然在后来的CA770车上采用十分抽象的内面刻纹方法来表示，但仍以“宫灯”为主题作为后灯造型的象征形象。在内饰方面，为了追求民族形式，我们曾走过不少弯路，浪费数量可观的财力、物力、人力。例如，在仪表板面采用福建大漆做面漆。众所周知，福建漆是中国传统民间工艺，成本高昂，工艺复杂。为此，特别从福建省请来为人民大会堂福建厅制作福建漆大花瓶的老艺人李老先生师徒一行多人在长春操作试验，花了半年多的时间，从几十种福建漆品种中，历经筛选确定使用赤宝砂。赤宝砂是用多层底漆上敷碎荷叶，形成层次丰富的美感，然后在此表面上铺一层银箔，而后在此基础上多次涂以琥珀色透明红漆。全部工艺有40多道工序，加工周期一个多月。这一中国民间工艺在汽车内饰上使用在世界汽车史上我们是第一家。所以，后来由于这种漆的工艺性与加工周期无法与轿车生产周期协调而不能继续使用，在1965年设计CA770时将仪表板面改用胡桃秋木贴皮。我们曾在全部内饰操纵手把、按钮、旋钮表面试用中国民间工艺景泰蓝、象牙雕等，但都以这些手工艺品难以与大工业的轿车生产方式协调而未能正式采用。坐垫面料我们使用了中国杭州著名织锦厂的云纹织锦，色彩与质地美观大方，带有浓厚的中国传统艺术气息。可惜造价过高，产量也难以跟上轿车工业生产的需要，而在1965年CA770设计中改用高级毛料作为座椅面料。

回顾这一切大胆地追求表现中国民族形式的造型手法，我们确实做了大量工作，并且曾在国外汽车展中受到不寻常的关注，很多外国人士曾要求我们的代表把车门打开，进行拍照，要求进入车中体验一下中国式的内饰风味。固然，由于我们缺少工业设计的经验与考虑，把原始的民间工艺品技术运用在汽车生产上是违背了工业造型设计的原理。事实也已证明是不切实际的做法。但是我们这种追求民族形式的初衷与大胆试验的方法仍然是可贵的，应当辩证地去对待这些经验和教训。

在第一辆样车出来之后，我们马不停蹄地立即开始按全部汽车设计程序进行整车设计，花了半年多时间，到 1959 年 9 月，红旗 CA72 经过 5 个回合的局部改进与技术攻关才正式定型、批量投产。在车身造型上也做过 5 次规模不等的局部改型。

从 1960 年 3 月开始我们以红旗 CA72 为基本型设计了第一辆三排座长轴距的高级轿车，车身的形状与 CA72 头尾相同而轴距拉长，客厢内中部加两个折叠座。对于前面水箱面罩造型也曾试图改进，并设计了象征“三结合”（干部、工人、技术人员相结合）的“众”字标记，但结果并不理想，此车型未被采用，样车被当作交通车使用了。

1960 年夏秋我们又一次以 CA72 为基础试制第二个三排座车型。鉴于有人认为 CA72 造型侧面太平板，而追求在车侧裙部做浮雕，同时对车头、前风窗、车尾都做了修改。遗憾的是，我们对这个造型不够谨慎，设计中也未充分听取各方面的反映意见而使这次样车车身造型失败，未能被采用。

1963 年 5 月开始至 1964 年秋我们又一次进行以 CA72 为基础的三排座轿车试制。我们起初想在此车身造型上尽量使用 CA72 的原件，而在造型过程中总感觉 CA72 造型的笨重感应有所改变，几次变动后出来的样车已在 CA72 车身基础上做了大量改动，失去原来设想的继承性优势。这一次造型又未得到成功的效果。

此车型的失败使我们认识到若想使三排座车型成功应在总布置上重新开始布置，否则修改的办法无法取得令人满意的结果。这一点成为 1964 年年底开始设计红旗第二代车型的伏笔。

在 CA72 基本型的基础上一汽还设计过两次检阅车，虽然这些车都直接交国家使用，基本使人满意，但从车身造型上讲，除了把客厢顶盖取消，或加后座可升举的检阅座以外造型上没有任何变动。

作为第二代轿车车型的设计人员，我们已经有些技术及管理方面较成熟的经验了。另外，我厂从国家调拨及向国外购置了两种同级外国名牌样车——奔驰 600 与劳斯莱斯高顶盖三排座轿车，所以设计的条件比第一代时有所改善。

第二代红旗轿车在造型初期每一步骤都广泛地征求各方意见，进行必要的调整与修改，而在造型的设计思想上更强调独立自主，不跟着外国的风格走。当时在制作1 ：5 油泥模型时共由多名造型设计师按不同构思做出四种不同方案，公开展示，征求工人及各方面人士意见。中选的方案是由当年从北京中央工艺美术学院分配来本厂的大学毕业生贾延良设计的。他的构思是：与第一代红旗相比不走样，消除第一代车身造型的笨重肥胖感觉。他以第一代红旗的车头原样为依据使造型在细节上讲究棱线，表现轻而有力。但使人从外观上直觉仍是红旗的造型。虽然在造型过程中我们认真地研究过各种外国名牌样车，但在具体造型的设计上丝毫没有任何模仿抄袭之处，充分体现了我们的思想风格。这是我国红旗轿车造型思想的宝贵之处。在具体造型处理手法上我们做过细致的推敲和改进，做过大胆的尝试与返工。厂长与党委书记几乎天天出现在全尺寸油泥模型周围，他们对造型人员要求严格但十分亲切，他们从来不指手划脚，不强迫命令，但决不轻易放弃他们认为应当坚持的见解。

CA770 的第一辆样车于 1965 年 8 月送往北京，随即受到好评。后来经过约半年的时间完成了全部设计图纸，在细部造型上做过一些不大的修改。CA770 车型的生产前后延续了 20 年。

CA770 红旗轿车曾多次出现在我国重大政治活动的历史镜头中，它的造型与任何与之同级的车辆相比毫无逊色之处，它永远表现着昂首挺胸、不卑不亢的民族气质。

CA770 正式定型后的造型（1966 年 3 月）与风格，可以认为是红旗轿车造型最为成功之所在。以至于在后来一次国际汽车展览会上，一位世界上著名的车身造型大师曾评论红旗的造型是“东方艺术与汽车技术结合的典范”。

总之，红旗轿车造型经历了不平凡的历程。我亲身参加了第一辆红旗样车的设计到 1995 年的改型造型设计，这是我终生不能忘却的荣幸，留给了我永久不会磨灭的印象。

时间过去了，工作的艰辛与快乐也过去了，留给世人的不应只是记忆和印象，而更有价值的是经验和教训。

2. 第一代研制责任人忆红旗

一汽的建设人员主要有两批人：一批是各个地方的老技术工人和刚刚毕业的大

学汽车专业人才；另外一批，是参加过各种战争、有着武装战斗经验的军人干部。这使一汽在组建之初就具备了一种战斗的热情和精神底蕴。王振属于后者。1952 年年底，王振来到了一汽。刚刚来到汽车厂的时候，他被分配担任技术教育训练处计划科科长。

“那时厂里的干部级别比较高，厂长饶斌是省委书记，处长是地委书记，我是团级干部，就当了科长。”王振告诉记者，刚来一汽的时候不懂汽车，于是找各种资料学习。

一年之后，一汽派出很多干部到苏联学习汽车专业知识，王振主修电器修理。学期一年后，王振又重新回到一汽，做了几年热处理方面的工作。1958 年，东风和红旗轿车试制，王振担任生产处副处长，主管轿车生产方面的工作。

在红旗轿车试制成功之后，很多车送到了北京。不过仅一年之后，北京就传来消息，说红旗车质量问题太多，送到北京就不能用了，刹车跑偏、方向盘转向出现毛病等，问题一大堆，于是红旗车在试制成功后第二年就停产了。

轿车不再生产了，一汽的很多同志都改为到地里去种地。1960 年年初，王振被

图 3–33　负责 CA770 项目协调工作的原一汽轿车分厂厂长王振

派到中央机械部办公厅工作。不久后，中央调万名干部支援农村建设，王振到了吉林，辗转几年后，于 1963 年又回到一汽轿车厂，主管物资整改方面的工作。

那一年，王振回到厂里，眼前的景象已经和当年完全不一样了。轿车已经三年不生产了，原来的生产设备上都布满了灰尘。但是，中央又下达了命令，希望一汽继续生产轿车，这让王振觉得压力很大。

“当时觉得真挺难做的，图纸和设备都没有了。不过好在人才还在，工程技术人员都是不错的，他们都参加过 1958 年红旗车试制工作，工人的平均等级是 6 级。只要这些人在就好办，这也让我们觉得有了信心。”王振回忆，那个时候重新开始造轿车，物资匮乏，难度相当大。

1964 年，机械部段君毅部长来厂，再一次提出要求，红旗车必须重新生产，并且对红旗的两排座提出了“质量不解决，产品不出厂”的严厉要求。

“那时，段部长很严肃地说，红旗车必须搞，因为国内现在没车。”王振老人告诉记者，那天的情景他记忆很深刻，段部长摔门而出，这证明当时国家的确很需要红旗车。

就这样，一汽轿车厂重新开始了红旗高级轿车的生产工作。为了整治这些质量问题，一汽轿车厂分了 40 多个项目组，经过三个多月的努力，将这些问题成功地化解掉。并且，还实现了一批技术革新项目，对车型的很多地方都进行了改进。

当时国家领导人乘用的是当时苏联的吉斯 110 和吉斯 115 高级轿车，而一汽轿车厂生产的两排座不能代替这批苏联三排座高级轿车。因此，机械部又命令一汽轿车厂必须试制出具有先进水平的三排座红旗高级轿车，给中央领导们乘坐。

“三排座是高级车，制造难度比较大，可当时我们手里只有一辆英国女皇牌三排座高级轿车。于是，有关领导就安排我们去中南海，看陈毅副总理乘用的西德产奔驰 600。”

王振和赵世芳、路宝根等 5 人到了中南海，陈毅副总理的司机老李详细地向他们介绍了该车的性能和特点。当时，老李还在抱怨红旗车的毛病太多，德国车一点儿问题都没有。王振向他解释说，那是以前，现在我们不是特意来参考奔驰做高级轿车吗？

正当轿车厂开始投入新车试制的时候，一场意外的事情发生了。

5月中旬一天，风雨交加，砖木结构的轿车厂房有些地方突然开裂，严重威胁人身和设备安全。厂长郭力知道情况后，当即和曹新、徐家宽等同志一起查看了厂房，当场决定：厂房紧急大修，轿车马上外迁。轿车厂房有1万多平方米的生产面积，到哪里去找这么大地方？

于是，王振陪着郭力冒雨去各分厂求援。他们用了半天时间，在越野、发动机、铸模、底盘、附件、教育大楼食堂等6个单位解决了7块生产场地。后来进行的样车试制和1966年五一节前送给中央的20辆新车，大多是在这些场地生产的。

地方定下后，一汽轿车厂很快就搬迁了。全厂靠自己的力量，仅用半个月时间，就把几百台设备一件不丢损地搬到了7个场地，很快恢复了生产。

在搬迁的同时，三排座轿车的整车设计就开始了。这时，离国庆节只剩下不到半年的时间了，要在这样短的时间内试制出一辆具有先进水平的高级轿车，困难相当大。“当时，轿车厂有设计、工艺等工程技术人员70多人，有不少同志曾参加过东风、红旗轿车的试制和红旗两排座轿车的质量攻关，显露过卓越的才华，他们是这次新型轿车试制的先遣队。”王振还向记者回忆，还有300多名技术工人，不少同志是技术高超的多面手，是一支了不起的技术力量。

车身的外形设计，是当时的美工设计师程正、艾必瑞、贾延良、张祥瑞等同志在保证风阻技术指标前提下，按美观、大方、富有民族风格要求，各做一个1∶5的油泥模型，然后发动全厂职工当评论员，出主意，提修改意见。最后把修改后模型的优点集中在一个1∶1的主油泥模型上，形成了最终的红旗三排座轿车外形。

老师傅胡玉树创制了新车门锁结构。在设定内部空间尺寸时，考虑到中央领导同志的身高、体型和乘车需要，定了后座尺寸。驾驶室的空间尺寸也是根据开车最有经验的路宝根、金文礼、崔洪松几位同志的不同身长、不同体形以及开车时的动作要求定下来的。悬架装置的设计，牵涉到许多理论问题，设计师华福林为提高横向稳定性和舒适性，在工人配合下，大胆改进了设计。设计师朱子智同志为了提高轿车舒适性，在外国杂志一张照片的启示下，和焊接工艺师孙德慎等人一起研究，试制出了框形车架。

样车试制中的难题，就这样一个一个地攻了下来。整个进度奇迹般地提前实现了，前后仅用了 5 个月的时间。9 月 12 日，我国第一辆红旗三排座高级轿车成功落地。

厂部派范恒光和司机徐汉普去北京送车。一天晚上 9 点多钟，时任北京市市长的彭真在东西长安街试坐了新红旗车，并一个劲地让车速再快一些。司机说，时速已经是 100 km 了。

彭真当即表扬了一汽的代表，坐在车里没感到这么快，真是一部好车。他对车的性能、外形、内饰都很满意。而且彭真还特别提出，周总理迎送外宾太累，后座能躺倒，总理就可以在车上稍微休息一下。

在第一辆样车送到北京后不久，中央的其他领导也都对红旗有了浓厚兴趣，想要早日乘用红旗车。于是，厂党委根据上级指示，决定在 1966 年五一节前生产 20 辆三排座高级轿车送北京，供中央领导使用。

“我们虽然取得了在 5 个月内试制一辆样车的经验，但要在 5 个月内生产 20 辆新车，还简直有点儿天方夜谈。”王振回忆，第一难关是产品设计图纸和生产准备工作。试制第一辆样车时，有了一部分图纸和工装，但很不完整。另外，如果按部就班地搞，在时间上也是不可能完成的任务。

不过，那个时候，一想到是给中央领导制造轿车，大家便立刻群情高涨，干劲十足。10 月 4 日，一汽轿车厂召开了动员大会，整个轿车厂沸腾起来了，处处呈现出一片火热的战斗景象。

首先要解决的是图纸问题，车身设计组在余兆南同志的带动下，仅用两个月就拿出了 1 000 多张图纸。各个部门几乎是不分昼夜地加工赶制。

并且，王振在主持领导红旗三排座高级轿车量产工作的时候，还特别注重了质量的把关工作，他精心构思了提升质量的管理方法，开创出“四定一公布，三出三不出”的管理标准。这在提升红旗产品质量方面起到了里程碑的作用。

那个时候，王振首创了给每辆红旗车立档案的做法，把每个程序的记录单都放在档案袋里。这样，每辆车每个部件是由哪个车间什么人组装制造，经过哪些人检验，直到出厂环节，都一目了然。

1966 年 4 月 20 日，轿车厂职工经过了 5 个月的艰苦奋斗，克服重重困难，终于提前 10 天制成了 20 辆新型红旗三排座高级轿车，4 月 21 日全部发往北京。至今回忆起当时的场面，王振依然兴奋不已，对于一个老红旗人，这段历史无疑意义重大。

五、系列产品

1. 红旗牌 CA772 型高级轿车

1965 年 10 月，一汽开始设计 CA772 型特种车，是为保卫中央领导而设计的装甲防护车，其外形基本与 CA770 相同。设计时成立了设计小组，设计处派人支援，1970 年至 1972 年先试制了一台，经反复试验修改后定型，以后陆续生产并成为一种特殊任务车。CA772 发动机由于车重而需要增加功率，增加排量为 6.5 L，达到 184 kW，以后根据需要又增加为 221 kW，排量为 8 L，压缩比增至 8.5，缸径增至 110 mm。这样的汽油发动机国外也很少，燃烧室很难设计，试验中曾发生气阀掉头打碎了发动机的事情。多次改进后，改善冷却系统，并改善旋转气阀等，经各方面的改进后终于成功，221 kW 发动机装上了 CA772 特种车。

图 3-34　红旗牌 CA772 型高级轿车

图 3-35　红旗牌 CA770W 型救护车

为了扩大使用范围，1967 年一汽在 CA770 三排座轿车基础上设计了红旗两排座定型号为 CA771 型的轿车，1968 年又设计了 CA773 型小三排座轿车，此车型比 CA770 型短，车内取消了中隔墙，减小了后备厢。

2. 红旗牌救护车

1972 年，美国总统尼克松访华，需配一辆救护车。轿车厂根据用户要求，在 CA770 车基础上采取边设计边制造的方式，用一个月的时间赶制出来一辆救护车。1973 年，法国总统蓬皮杜访华时再制一辆，以后又按解放军 301 医院的特殊要求制造一辆，还曾为其他单位制造过。红旗救护车外形同 CA770，后备厢稍隆起。为使救护车更实用，内部更宽敞，在 CA770 基础上加长车顶，成为旅行轿车形式，此救护车受到首都医院等各大医院的欢迎。

3. 红旗牌 CA774 高级轿车

为准备第二代红旗三排座轿车的先期开发工作，1972 年 CA774 型开始设计。此车设计原则为不减小原 CA770 型内部尺寸，进一步提高舒适性，整车布置要合理，使车高再降低，车长减短，减小风阻系数，并做承载式车身设计的尝试。一汽参考当时世界汽车先进技术，采用一系列的新结构，发动机排量改为 6.5 L；压低了进气管高度以适应整车布置要求；空气滤清器预热；曲轴箱通风；排气、消音方面做了改进，改为封闭循环冷却系统；采用电磁离合器风扇，以提高散热效率，节省功率消耗；传动系统采用三前进挡液力自动变速箱，以提高低速动力性。前后轮均采用独立悬挂，采用子午线轮胎以抗侧倾效果；采用动力转向，轻便而安全；采用盘式刹车，提高制动效率；车身侧窗改为弧形玻璃，降低了风阻；加大了内部空间，内饰全面采用软化装置；空调系统冷暖合并以利操纵并节省空间，暖风、冷风内流、外流任意选择，大大提高了舒适性。车身结构，五轮设计中有一台采用了承载式车身，其他仍为非承载式，对于高级车来说，非承载式结构可以减少噪声，对其占用空间、增加重量方面可以采取措施消除，车身分块考虑到线拉延工艺，便于采用高强度薄钢板，以减轻车身重量。结构件等设计上也尽量减小，如后备厢内部两侧后翼子板由两块改为一块，整车结构较 CA770 大为改进。车身造型保留了红旗风格，使其时代感更强，整车感觉轻快而有动感，又不失其庄严大方的姿态。内饰色调以浅色灰为主调，使之有空间增大感。全部内饰软化，仪表板、窗框仍以高级木纹点缀。仪表板中部以厂标为中心的华贵饰物起到了画龙点睛的效果。车内空调等操纵机构轻便易识。整车内部空间有宽敞感，乘坐舒适。CA774 设计试制过程进行了五轮，共试制出 6 辆车，1972 年至 1980 年逐渐成熟。其中 CA7745E 为厂领导和全厂职工所称赞。当时因 CA770 轿车暂时停产，CA774 定型工作也停止，未做生产准备。

图 3-36　红旗牌 CA774 高级轿车

图 3-37 红旗牌 CA630 高级客车

4. 红旗牌 CA630 高级客车

CA630 设计采用一些红旗轿车的结构，车身为承载式，全金属骨架，座椅采用高级面料，形式为单独分离式可调靠背，仪表板及窗台镶有高级木纹装饰，有高贵感，车窗配有窗纱，顶棚为多孔软化塑料面料，有隔热吸音性能，顶棚两侧各有一排手动球形冷风出口，风口角度可随意拨动，车厢内宽敞明亮。发动机是在红旗轿车发动机基础上设计的，排量 4.52 L，V8 型，121 kW。发动机冷却系统为封闭强制循环液冷式，变速箱为二轴四个前进挡，一个倒挡，三、四挡有滑式同步器，前悬挂为独立悬挂，螺旋弹簧杆式横向稳定杆，筒式减振器，制动器为双管路结构。整车外形美观，在中型旅游车中堪称佼佼者，在国内历次展览会上均得到好评。1987 年，在国家旅游车、客车、轿车等厢式车质量抽查中，CA630 得到“整车质量一等品”称号。CA630 车是轿车厂产量较多的车型之一，自投产以来已累计生产了 1 166 辆。CA630 中型旅游车设计制造了不少变型车，有电视转播车、公安车、消防指挥车、救护车、环境检测车等，都有一定批量生产。

CA630 在生产过程中解决了以下问题：刹车系统增加了油水分离器，减少了储气筒中的水分；提高了制动可靠性；前悬挂球头碗易脱落，将结构由冲压件改为锻件，保证了安全性；球头碗不耐磨，采用热合酚醛石墨塑料制品；机械变速箱三挡打齿，

图 3-38　红旗牌 CA760 型高级轿车

调整了尺寸链；上坡掉挡，齿轮加了斜面而解决；车架前元宝梁变形，重新做模具加强了结构，消除了变形；密封性虽已是国内中型客车中的优质品，但仍存在不足之处，因此采取一系列措施，如改变结构、配制各种密封材料等，使整车密封性达到最佳状态；空调系统不可靠，制冷压缩机离合器打滑，通过加大了离合器直径，改变电磁线圈，解决了打滑问题，通过提升制冷系统清洁度从而提高了制冷效果。

5. 红旗牌 CA750/CA760 型高级轿车

根据部局指示，总厂决定于 1981 年设计 CA750 和 CA760 中高级两排座和三排座轿车，服务对象为中央领导、省市领导、军事机关首长、外宾和侨胞，也可供驻外使馆使用，并以此车的发动机底盘为基础改装生产多种变型车，如轻型货车和客货两用车、面包车等。根据这一任务，一汽于 1981 年初到全国四省市进行了使用调查，在考虑使用道路、城市交通等条件后开始设计工作，如车速不能太高、降低油耗、减小发动机排量、提高功率、尽量缩小外廓尺寸、减轻自重、改进流线型以提高经济性等，并要创造我国汽车的独特风格。

在设计小排量发动机方面一汽做了不少工作，如在设计 485 发动机时曾进行了三轮试制，此机可用于两排座轿车和轻型货车上；685 发动机或 690 发动机可用于三排座轿车上。传动系采用三前进挡液力自动变速箱，阀体部分已投入生产准备，由

图 3-39　红旗牌 CA7226L 型轿车

于发动机的定型，于 1981 年以日本日产为基础开始设计试制 CA750 和 CA760 红旗中高级两排座和三排座轿车。设计中考虑了最大限度地使两排座和三排座车身通用，整车设计按设计程序进行，最后车身设计只改后门，部分更改后翼子板，加长顶盖的最少变动设计方案，于 1984 年 10 月试制出两排座和三排座两辆样车，得到了厂领导的好评。此车以后未定型。

6. 红旗牌 CA7226L 型高级轿车

红旗 CA7226L 型轿车，全长 5 025 mm 的改进型中高级轿车，流线、动感，外观气派，匹配五缸水冷燃油喷射式发动机，最高时速 200 km。

7. 红旗牌 CA7221L 型高级轿车

红旗 CA7221L 型轿车是在奥迪 100C3 车型基础上匹配 CA488 发动机，并倾斜 15° 角，同时将散热器移置发动机前方。

1957 年至 1987 年设计试制生产的各种轿车、客车、特种车计 36 种，参加此项工作的轿车厂全厂职工是一支开创一汽轿车生产的骨干力量，其设计生产的 CA770 红旗高级轿车为国内外所称赞，并列入国际高级轿车华贵车之列，多年来一直收录在世界轿车年鉴中。CA630 高级旅游车是国内同级车的佼佼者，已被评为国产车一等品，在开发中高级轿车 CA774 时参照当时世界中高级轿车发展水平，采用先进技术经过 5 轮设计试制试验，新产品水平大为提高，车身造型具有独特风格。CA770

图 3-40 红旗牌 CA7221L 型轿车

红旗轿车庄严大方，具有民族风格，是根据多年来形成的设计思想并按我国使用条件、结合国外先进技术设计的国产汽车。轿车厂开创的一汽轿车阵地，由于轿车生产不断增加，轿车设计生产阵地也不适应发展需要，轿车厂设计科于 1987 年撤销，并入汽车研究所，提升了轿车开发力量。几年来在引进车型、派出学习、引进技术、请外国专家讲座、联合设计、提高汽车先进技术等方面取得了很大成绩。1996 年，公司号召以红旗精神决战“红旗工程”，这是第三次创业的重大措施，但要在引进吸收上狠下功夫，要刻苦学习，为培养 21 世纪轿车开发力量早做准备，使一汽能早日设计出具有国际竞争能力的轿车来。

图 3-41　红旗牌轿车主要产品设计发展谱系图

第二节　上海牌中级轿车

一、历史背景

当一汽的红旗牌轿车因为作为国家高级领导人的座驾而在百姓的心中被蒙上一层神秘面纱的时候，上海牌轿车却以其规模化的产量，出众的性能，成为中国距离老百姓生活最近的轿车。

“我至今都忘不了 20 世纪 60 年代，上海弄堂里每每有新娘子嫁过来的时候，一部婚车——上海牌轿车引起的轰动和羡慕……”一位在上海生活了 60 年的老人回忆道。

中华人民共和国成立以后，为适应国民经济各个时期的发展需要，政治、经济管理体制不断变革，上海机电工业管理体制与管理机构随之相应多次调整。

1955 年 11 月，为贯彻上海市政府“发展生产，加快对私营企业改造步伐”的指示，上海机电工业局（当时名称为上海市第一重工业管理局）决定筹建 8 家专业公司，其中包括内燃机配件制造公司（简称内配公司）。这就是上海汽车工业的雏形，也是中华人民共和国成立后上海建立最早的专业公司之一。随着国家政治经济管理体制的不断改革和国民经济发展需要，为把内配公司逐步建设成为上海市汽车拖拉机工业现代化管理体制的大型公司，上海机电工业局 1956 至 1963 年对该公司的体制做了四个阶段重大的调整改组，使该公司由低水平的内燃机配件制造公司逐步成为具有当时国内较高水平的汽车拖拉机专业化制造公司，行业协作门类比较齐全，并具备了批量生产三轮载重汽车和小批量生产轿车、拖拉机的能力。

上海汽车工业起步的第一阶段从 1956 年开始，重点是将原来众多分散落后的“弄堂小厂”组织起来，初步纳入专业化管理的轨道，使各企业明确各自的产品发展方向，

图 3-42　上海牌中级轿车

以便建立新型的产品协作关系。以该行业原有的老合营企业，如宝锠汽车材料制造厂、杨复必机器厂、郑兴泰汽车机件制造厂等为基础，将新划入该公司的 274 家弄堂小厂经裁、并、改、合重整为 234 家，形成 34 家中心厂、192 家卫星厂、7 家独立厂和 1 家代管厂的企业管理格局。生产关系的变革，大大提高了广大职工和各方面人员的积极性，促进了生产的发展，产量有了较大幅度的增长，产品质量明显提高，企业管理有了改善。1956 年，在全行业固定资产仅增加 20% 的条件下，工业总产值比上一年翻了一番，达 4 875.3 万元，利润增长近 2.5 倍，并提前 1 年零 56 天完成了第一个五年计划规定的指标。

至 1958 年，上海汽车工业规模得到扩大，增强了产品配套能力。1958 年 3 月，按照市委市政府指示，上海成立电机工业局，原上海机电工业局改为上海机械工业局，同时对各专业公司做了新的调整。上海市内燃机配件制造公司与上海市动力设备制造公司合并，定名为上海市动力机械制造公司，归属上海机械工业局领导，这是上海汽车工业实施的第一次管理机构的调整。合并后共有 292 家工厂。为使该公司产品进一步对口，有利于行业协作，上海机械工业局着重对行业结构做了如下调

图 3-43　上海汽车装配厂生产的早期产品——轻型越野车

整：一是为解决行业产品对口和工艺性协作问题，划入了上海汽车装配厂、新通厂、诚孚铁工厂、安泰铁工厂，使产品协作门类更加齐全；二是将部分非行业产品对口的 60 家工厂划归其他行业公司；三是为有利于产品配套，新建上海钢珠厂，扩建王

图 3-44　早期的上海汽车装配厂生产车间，所有的汽车都是在简单的铁架上进行组装生产

美兴机器厂为该公司机修厂，专门负责修造机床设备。至1958年末，原有292家工厂减至204家。通过调整改组，首先为汽车拖拉机零配件制造工业创造了向整车整机发展的有利条件；其次形成了汽车拖拉机发展的合理布局。如上海汽车厂迁往安亭，为安亭汽车工业区打下了初步基础；再次通过对一批小厂的裁、并、改、合，使零配件生产进一步走上专业化道路，为加强技术改造、发展生产创造了条件。

从1960年开始，上海开始组织生产整台汽车和拖拉机。1960年1月，上海市动力机械制造公司更名为上海市农业机械制造公司，归口产品有整台汽车、拖拉机及汽车拖拉机内燃机配件等。为适应产品对口，再次对该公司行业结构做了一次较大的调整：一是将该公司15家工厂划归上海市重型机械公司和上海通用机械公司；二是将通用公司和铸锻公司所属的23家工厂划归农机公司。1960年，该公司生产三轮载重汽车1 300余辆，4吨载重汽车500辆，凤凰牌轿车12辆，红旗27型拖拉机100余台，出现了汽车和拖拉机比翼双飞的可喜局面。

图3-45　上海汽车厂车体车间

1958年，上海汽车装配厂成功试制轻型越野车。厂长何介轩受长春第一汽车制造厂试制成功东风牌轿车的影响，萌发制造轿车的打算，取得了工程技术人员和老工人的赞同和支持。1958年5月，成立了由厂长、工程技术人员和老工人结合的试制工作小组，开始试制。第一辆轿车的试制，底盘采用无大梁结构，用南京汽车厂的M20型4缸37 kW发动机。车身包括四门二盖、前后翼子板以及底盘中的许多零件，都依靠手工敲制，或在普通机床上加工而成。车身则全靠手工榔头敲制，一个车顶需敲打10万次才能成型。

在试制开始时，第一机械工业部汽车局获悉上海在试制新的轿车，认为奔驰轿车技术质量要求高，我们的制造水平比较低，建议参考苏联伏尔加轿车。当时担任一机部顾问的苏联专家组组长奥斯比扬院士来上海视察，听取了有关工厂介绍并看了工厂设备场地，很担心能不能造出合格的轿车，他曾坦率地说："看来根据你们的条件造玩具汽车还比较合适。"但王公道和各厂领导都坚持原方案，并将第一批试制的轿车进行1 000 km道路试验，暴露问题以便在第二轮试制中加以改进。

在当时的条件下，公司所属各主机厂和配套厂迅速掀起了一场领导干部、工人、技术人员三结合，"土"法上马，大搞技术革新，自己武装自己，攻克技术质量关键的群众运动。上海汽车底盘厂承担前后悬挂和转向机等18个总成的制造任务，特别是循环球式转向机的转向蜗杆精度要求特别高，攻克了转向机制造的难关，只花了7个月时间，完成了全部总成试制。上海内燃机配件厂承担精密度要求很高的6缸发动机试制，他们坚持"三结合"，开展技术革新，不断攻克技术难关。样机试造出来后，在试车中功率达不到要求，有经验的老师傅经过反复研究，摸索出相位角度规律，革新成功刻度盘，使整机功率等指标达到设计要求。上海郑兴泰汽车机件厂和公司技术科科长魏仲根一起对螺旋伞齿轮反复进行理论研究、参数计算，结合操作，经过无数个日夜的奋战，轿车螺旋锤形伞齿轮终于试制成功。工人同志们自行设计制造了车身焊接拼装台，攻克了车身焊接精度关，在不到5个月的时间里完成了车身试制和总装。

20世纪70年代，用户对上海牌SH760型轿车陈旧的外形反响较多，1974年上汽决定对车身的头部及尾部做局部的改动。设计团队将发动机盖的前端和后备厢盖的拱形改为平盖形，又将“冠”形面饰改为横条形水箱栅。增大了前挡风窗的视野面积，前后转向灯改成组合式，圆形大灯改为方形等。改造后的上海牌轿车为SH760A型。1986年换型为SH760B型，是在SH760A型轿车的基础上，运用国内外汽车先进技术成果，采用国内先进、成熟的配套零部件，对转向系统、制动系统和电气系统进行了统筹设计和布置，并对发动机、车身部分及附件做了相应的改进。装用高能点火装置的682Q汽油发动机，使额定功率增至74.6 kW，最大扭矩增至166.6 N·m，总排量为2.345 L，油耗为百公里13 L，最高车速为每小时132 km。制动系统改为760B型真空助力器、呈H形布置的双管路制动系统。在设计、技术改进的基础上扩大了生产车间面积，保证了批量生产的需要。1987年12月通过公司级鉴定，并获市经委颁发的1987年上海市优秀新产品二等奖。

上汽重视轿车的售后技术服务工作。至90年代初，在全国25个省市建立维修站70余家，为用户服务。1991年11月25日，最后1辆上海牌轿车驶下总装配生产线，至此，共生产上海牌轿车77 041辆，可以认为这是计划经济时代唯一一辆批量生产的轿车。

二、经典设计

上海牌轿车的整个设计过程，是集聚工业设计要素，将工业设计思想付诸实践，同时将工业设计的能级放大的过程。为了解更多的设计起始状况，笔者访问了当时参与设计上海SH760的蒋同菊先生，曾任上海汽车制造厂党委书记的蒋老这样回答我们：1958年那会儿，一汽的东风牌已经造出来了，它车头上是一条龙，所以我们就装了一只凤，中国文化里，龙凤呈祥嘛。当时的条件可艰苦了，所以凤凰牌轿车造出来的时候，大家都说这是“草窝里飞出的金凤凰”。为了造出第一辆车，我们向锦江车队借了一辆华沙牌及一辆顺风牌轿车，车身参考顺风牌的样式，底盘选用华沙牌的无大梁结构。1959年，造第二辆车的时候，我们换装了南京汽车制造厂的跃进牌嘎斯51型51 kW发动机，后桥是自己搞的。这两辆车都属于第一轮研制的成果。第二轮研制，也是后面批量生产的SH760是以奔驰220S型为样本来做的。这辆车的原型车还是向机关事务管理局交际处要来的，因为政府支持自己造车，所以能要来一辆。

1958 年 9 月 28 日第一轮原型车诞生，定名为凤凰牌。在车头的发动机上，一只栩栩如生的凤凰展翅欲飞，与一汽东风车上的一条金龙形成了南北呼应。1959 年 1 月进行第二辆轿车的试制，发动机采用南京汽车厂生产的跃进 230 型 51 kW 发动机，后桥采用跃进 230 型的后桥加以改制，车身仍依靠手工敲制而成。整车于 1959 年 1 月试制成功。2 月 15 日，第一辆样车驶入中南海，周总理乘坐后笑着说："我们中国人还是有志气，不容易，把我国的车制造出来了"，并鼓励他们继续努力。于是，一机部于 1959 年上半年要求上海继续试制，并向国庆 10 周年献礼。

当时，上海市动力机械制造公司（上海汽车工业总公司前身）召集有关厂的领导和技术负责人员开会，进行选型论证。会议决定以 50 年代中期生产的国际先进车型为实样，进行第二轮试制。由上海内燃机配件厂试制发动机，上海郑兴泰汽车机件制造厂试制变速箱总成，上海汽车底盘厂试制底盘总成，上海汽车装配厂试制车身并总装，其他零部件分别由有关专业厂试制。第二轮试制的 5 辆样车于同年 9 月 30 日完成，该车型采用全轮独立悬挂结构，发动机为顶置凸轮轴直立 6 缸（缸径 80 mm）4 冲程水冷式，总排量为 2.2 L，额定功率为 66 kW，额定转速为每分钟 4 800 转。1959 年 12 月至 1960 年 1 月，将第二轮试制的 3 辆轿车在杭州、无锡等地进行 6 000 km 道路试验，暴露了分电器、传动齿轮、凸轮及摇臂易磨损，前后悬

图 3-46　1958 年 9 月 28 日试制成功的第一辆凤凰牌轿车

图 3-47　车头上的凤凰标志由从事工艺美术的设计师设计完成

图 3-48　上海汽车装配厂所生产的第一辆凤凰牌定型小轿车，特别装饰了前脸，参加国庆 10 周年活动

挂螺旋弹簧变形，转向器游隙偏大等问题。

1960 年，经过改进，凤凰牌轿车又小批量试制 12 辆。1965 年，进行 2.5 万公里的长途道路试验。同年 8 月，一机部汽车局对上海牌轿车进行质量检查，指出：上海牌轿车自 1958 年试制成功以来，质量在不断提高，可以进行技术鉴定。

轿车是强调“感性价值”的产品，并且确定了未来是以批量的方式来生产的目标，因此，以创造感性价值为天职的工业设计当然不可能缺席。从上海汽车装配厂的轿车项目准备情况来看，大量国际轿车的设计的成功经验已经积蓄成为全体参与者的设计动力。在与当时参与若干次设计的相关人员的交谈中可以明显地感受到这一股无形的力量。当他们将目光锁定奔驰 220S，并且将之作为参照对象时，实质上考虑的不仅是一个车身造型的借鉴，一个完整轿车的产品的移植，而是它的一套完整的产品效应的学习，特别是其对自身品牌的贡献，用现在的话来讲是一套商业模式。奔驰 220S 轿车由于其简洁的设计和各种技术的有效配置而成为 20 世纪五六十年代奔驰轿车的标杆产品，为国际汽车界津津乐道，由工业设计创造的舒适、简约、有机的产品美学特质特别受到中产阶级的追捧，创造了十分可观的经济价值，也再次诠释了奔驰品牌的优越特性。可以认为，上汽轿车的工业设计活动的内容，不仅是造型、技术的协调，更多的还有今天工业设计所常涉及的市场目标的考量。

在三年困难时期，上汽轿车试制工作几乎停滞，至1964年，国民经济开始好转后，上汽轿车试制才得以重新启动。鉴于轿车结构复杂，零部件门类繁多，高新技术密集，需要大量投资，关系到国民经济的发展速度，上海市委和市政府领导给予了极大关注和支持。这一重大决策，为上汽轿车改进设计、完善工艺装备赢得了时间。

时任副市长宋季文亲自主持召开有关轿车制造的钢铁、纺织、化工、石油、轻工等15家工业局、专业公司负责人会议，就建立轿车制造协作网络事宜做了部署。协作网络的建立，为轿车小批量生产创造了极为有利的条件，各承担生产轿车项目的单位，克服试制工作量大、批量小、成本高的困难，支持轿车生产，使恢复生产的工作进展顺利。

1963年下半年，宋副市长在市机电一局副局长蒋涛陪同下，视察上海汽车装配厂，听了该厂关于缺少冲制轿车车身等大型模具和必要工艺装备的汇报后，指示市经委和计委以及机电一局以技革项目拨付，落实市政府恢复轿车小批量生产的决定。

为此，机电一局向所属单位下达凤凰牌轿车试生产计划。有关单位成立了凤凰牌轿车试生产及生产准备技术领导小组，促进了各单位进行技术文件的整改和工艺装备的补充工作。经过一年的努力，制造了10辆轿车，并为1964年进一步扩大小批量生产做好了准备。从1958年开始，市政府对汽车工业增强了投资力度，该年度的投资量为上一年度的18.2倍，除1961、1962两年投资额减少外，以后历年的投资量总体上逐年增加，加速了全行业技术改造的进度，促使行业中42种产品成为全国第一流产品，为轿车批量生产创造了条件。时任上海汽车装配厂厂长何介轩回忆说。

新车研制完成后，上海汽车装配厂将凤凰牌轿车正式改名为上海牌轿车，型号为SH760，并进行了2.5万公里长途道路试验，在产品鉴定会上，与会者一致认为上海牌轿车启动顺利，加速有力，操作灵活，高速稳定，外观造型完整，主要零部件可靠，通过鉴定，并发给技术鉴定证书。时至1965年，年产量为50辆。

图 3-49　为纪念这一代产品制作的上海牌 SH760 型轿车 1：18 合金模型

图 3-50　上海牌 SH760 型轿车

随后，上海牌 SH760 型轿车成为提供给政府部长级干部乘用的公务用车，并在国宾接待中作为辅助红旗轿车的主力车型，即使是停在奔驰、红旗等高级轿车旁边也丝毫不逊色，如接待美国总统尼克松及西哈努克亲王时，都有上海牌轿车的身影。

尽管在研制项目书上没有明确表述，但上海牌轿车从设计开始的那一刻起，就是以批量生产为目标的，定位是中级公务轿车，即 B 级车，但它的外形尺寸分别为长 4 862 mm，宽 1 772 mm，高 1 585 mm，轴距 2 820 mm，像这样的轴距设计是现在很多同级轿车所不及的。特别值得注意的是，它配备直列六缸顶置凸轮轴发动机，最高时速可达 130 km，并采用后轮驱动技术。

图 3-51　上海牌 SH760 型轿车制造车间场景

图 3-52　接待尼克松总统的上海牌轿车车队，大约用了一百辆崭新的上海牌 SH760 型轿车

由于没有“国车”的光环，上海牌轿车从更纯粹的审美角度出发，更多地汲取国际现代主义所谓“功能决定形态”的造型原理，从而成为一辆更具有国际化风格的轿车。将第一代凤凰牌更名为上海牌轿车，便是这种思想的体现，因为前者太传统，后者则更国际化。

SH760A 型轿车与其前代 SH760 型相比，在车身造型上用直线取代了原来的美式曲线，更少弧面，更多平直表面，从而更加符合当时的流行潮流。特别是前后挡风玻璃更平直，避免了弧形的后挡风玻璃被阳光直射后形成聚光镜效应，引起车身自燃的问题。车身两侧靠前部位的一根象征前轮罩的镀铬装饰弧线被取消，代之以一条横贯前后的直线，后备厢及尾部设计更为简洁，这些可视作是国际现代主义设

图 3-53　红旗 CA770（中）、上海 SH760（左、右）

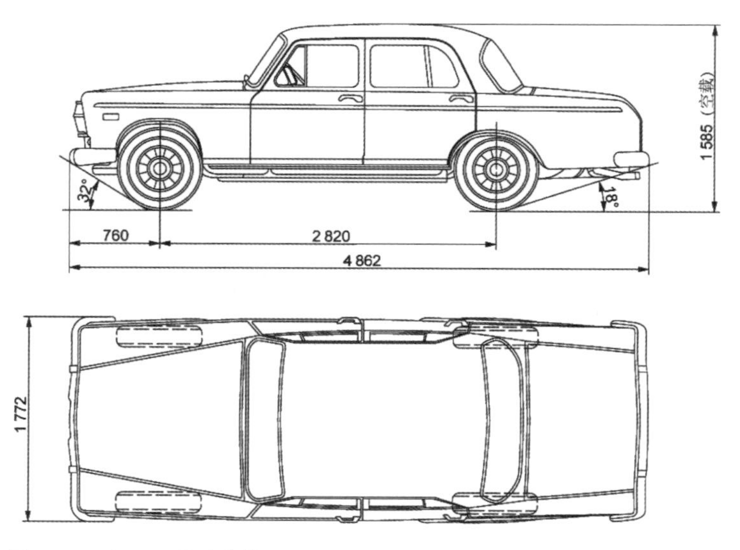

图 3-54　SH760 尺寸参数

计在中国汽车设计上的体现，也可视作中国产品设计思想的重大改变。

随着第二代产品 SH760A 型改型设计工作的展开，设计人员积极发挥主体作用，更加坚定地以现代主义的设计思想融入设计工作。当时国际汽车已经基本采用了船形车身、平直表面来塑造产品造型，这种美学特征也十分明确地体现在换代产品上，这种逻辑清晰的造型将工业产品的魅力体现得十分明确，加之当时车体已采用大模具生产，其加工技术语言形成的逻辑进一步强化了设计的特征，形成了完整度较高的上海牌轿车设计语言，这种设计语言具有国际通用的特性。

在确立国际通用设计语言的表象下，是相关研究机构对国际同行设计成果的深度解析。当时虽然没有像今天这样畅通的国际交流渠道，但国际上主流的汽车情报文献相当齐全，尤其是在上海汽车拖拉机研究所内，笔者亲眼所见世界各国先进轿车一应俱全，可供研究者解剖。但是重要的是与工业设计相关的决策者、设计师都不应盲目跟从，应当发挥其作为设计主体的作用，这样才能不迷失既定的设计方向，使得设计策略能够通过环环相扣的工作而得以贯彻、执行。从上海牌轿车若干产品的设计分析中可以更具体地证明上述论点。

SH760A 车前脸一改上代“品”字造型，改为横向进气格栅，相比红旗，该车长、宽尺寸都要小很多，所以横向的线条设计能够起到延展宽度的作用，也有标准化部件的风格。前大灯方中带圆，与整体造型相协调，前脸外框及部件尽量镀铬，圆鼓的前保险杆左右延伸至两侧，整体设计张弛有度。

车身以上下各两条前后贯穿的镀铬线为主，视觉上流畅，达到拉长尺度的目的。下部线条则有防擦条的作用，后轮罩处有一凸出的浅浮雕式造型，可以增加车身“肌肉”的力量感，也有利于车身向尾部处的过渡。尾部设计逻辑与前脸一样，外框用镀铬线条，后保险杆镀铬，尾灯是长方形排灯，集合了夜间示宽灯、刹车灯、倒车灯的功能，相对其他车而言车灯尺度大、美观，配合“上海”标志、整个局部设计简洁、明快。SH760A 取消了 SH760 上引人注目的“尾鳍”，转而以含蓄的曲线代替原先的设计，这样从后方视角来看，车辆的整体轮廓极为柔和，达到了亲民的效果。

上海 SH760A 型主要有三种颜色，黑色主要提供给政府部门部级单位作为公务车使用，白色主要提供给相当于部级单位的企事业单位工作、接待之用，天蓝色主要提供给文艺单位、艺术家使用，后来也有诸如深蓝、米色等颜色，但数量不多。

SH760A 内饰设计都用合成材料，十分实用，车门内侧用粗纹灰色的面料装饰，顶部则用米色人造革装饰。驾驶台用钣金工艺制成，外覆黑色人造革，综合仪表盘

图 3-55　上海 SH760A 正面

图 3-56　上海 SH760A 侧面

上圆下方，是一个能容纳各种仪表的集合体，仪表刻度字号较大，一目了然，中央部位还有用丝网印刷的“上海”标志，精致而富有质感。方向盘为“两圈四辐”，内圈可按响喇叭，中心轴上面同样印有“上海”标志，左右拨动“上叠两辐”能控制左右转向灯，中间则是复原位置，可见当时设计师就不遗余力地试图将各种操作功能全部集中在方向盘上，以方便驾驶员操作。

早期的 SH760A 型车没有装空调，车身结构也不能实现开天窗，于是设计师在左右两扇前门的玻璃窗处增加了一个可供开启的小窗门，调节进风，避免了高速行驶时大窗开启“狂风扑面”的尴尬。

为降低批量化生产成本，SH760A 四个轮盖用生铁镀铬方式制造，保证了表面质感，也能达到节省成本的目的。这些都反映出当时的设计师是理解市场、懂得最基本的经济规律的。

图 3-57　上海 SH760A 尾部设计

图 3-58　上海 SH760A 驾驶台，所有功能一目了然

图 3-59　前门车窗上的小窗设计

上海 SH760A 型轿车车头中央处饰以红色有机玻璃，印衬经过精心设计的汉字“上海”。倾斜的标准字体通过一条横线将两个文字联系起来，形成了有机的整体，既便于识别又十分美观，红色有机玻璃底衬轮廓由原来 SH760 的倒三角形变为八边形，车尾处为简洁的“上海”二字。从实际情况来看，以汉字为主的“上海”品牌标志非但没有与现代风格的车身造型冲突，反而起到了相得益彰的作用，桑塔纳轿车诞生时，其尾部仍然沿用该标志与“SANTANA”组合。

20 世纪 60 年代，在上海牌 SH760 轿车设计的同时，衍生设计了上海牌检阅车，这种特殊场合使用的产品并没有让设计师走到复古设计的道路上去，相反，设计师义无反顾地走上了现代主义的设计道路。检阅车前脸为左右对称的三段式造型，横向水平镀铬线充满垂直面，给人以强烈的统一印象，同时也强烈地传达了精湛的工

图 3-60　上海牌 SH760A 型轿车尾部品牌标志

图 3-61　桑塔纳轿车尾部沿用的“上海”标志

图 3-62　上海牌检阅车

艺带来的工艺美感。双前灯设置让人目光聚集于此，侧向以上方一条贯通前后的镀铬线为主要设计要素，具有从视觉上延长车身尺度的作用，下方较宽的镀铬线有今天轿车中礼宾踏板的设计意思，依靠着简洁的造型和体现技术工艺之美的元素，共同营造着车辆的豪华感，由此可见设计师已经领略了工业设计的精髓。

可以认为，上海牌检阅车的设计是为 SH760A 的诞生做了一次概念性探索，其

图 3-63　上海 SH760A 型轿车前大灯设计

图 3-64　上海牌 SH760A 型轿车组装流水线

设计的精华在后来的 SH760A 上面得到恰当的体现。

将上海 SH760A 与当时中国同期设计的红旗 CA770 做比较，我们可以清楚地发现，相较于红旗牌轿车设计师大量使用民族元素，上海牌轿车设计师则在全国无比狂热的大背景下坚持了自己的理性设计，但也兼顾了中国的审美爱好，车身上所有重要部件都用镀铬线条勾画，使前大灯、前后挡风玻璃、门、拉手等部件为整车增加了品质感。

上海牌轿车设计师以功能至上为原则、批量生产为目标打造了上海牌 SH760A 型轿车，该车通过准确拿捏消费者使用心理并深谙社会文化的细节设计，在中国改革开放后的市场经济大潮中屹立不倒，也使上海汽车装配厂成为中国唯一一家在合资转产前依然大量盈利的汽车制造企业。

1988 年，上海汽车制造厂在原上海 SH760A 的基础上推出了新型号 SH760B，采用塑料中网，并使用了桑塔纳的尾灯和反光镜，在喷漆工艺上有巨大提升。

从 SH760 到 SH760A，再到 SH760B，前脸从来就是设计的重点，也是设计理念变迁的缩影，其循序渐进的改良设计是保证其生产连续性和制造成本控制的有效方法。在桑塔纳产品稳定上市后，上海汽车集团又萌发了开发新产品的想法。通过合资学习到了世界轿车设计的经验，也了解了世界各种产品及服务供应商的线索，上海汽车集团添置了新的设计设备，设计师钟伯光先生有感于中国家庭愿意集体出行的生活特征，利用桑塔纳底盘、发动机和其他配件，设计了多功能家庭轿车(MPV)。此时中国市场上还没有 MPV 这个概念，从现存图片资料来看，设计整体性很强，一

图 3-65　上海 SH760A 与大众桑塔纳的合影

图 3-66　上海 SH760B

图 3-67　三代上海牌轿车主要部位设计的特点和差异

气呵成。

上海牌汽车设计始终以集成优化作为设计的终极目标。这种思考方式在上海牌轿车的设计过程中贯彻始终。历经与德国大众汽车、美国通用汽车合资赚取利润之后，在自主品牌轿车创立期间也是沿有这种思考方式，并没有简单地创立一个自己的品

图 3-68　由设计师钟伯光所设计的上海大众多功能家庭轿车

牌，而是采用从英国整体购买罗孚汽车设计技术以及设计团队的方法，并从上海大众、上海通用技术中心网罗各种历经整车设计的人才参加自主品牌设计中心的设计工作，该团队有十分成熟的新车设计推向市场。

三、工艺技术

上海牌轿车的工艺技术发展大致经历了三个阶段：第一阶段是1960—1970年。1960年车型确定后，为形成小批量生产能力，各主机厂及配套厂制造了大批工艺装备。上海汽车厂制造了整车主模型和车身、左右前后门、发动机盖、车顶及后备厢盖等大型冲模8套，拼装台29套，中小型模具500余副，购置了630吨压机和一批焊机，使轿车投入小批量制造。1965年，该厂进行技术整顿，技术部门完成111只部件的零件图纸1 586张，编写工艺文件60余种。制造内外主模型141块及全套铝质样板，拼装台33套，拼焊模夹具88副，敲胎模100余种，小型工艺装备884套，自制件工装系数达到0.94。焊接工艺方面，减少气焊，增加点焊，点焊率达到70%。抓工艺验证工作，使车身、左右门、前后风窗、底架及元宝梁等基本达到可以互换。

第二阶段是1971—1984年。冲压工艺方面，自行制造了1台1 500吨三点单动宽台面油压机，用来冲制车顶、左右四门、前后两盖等大型覆盖件。焊接工艺方面建立车身和底架拼焊生产线，车身拼焊线全长96 m，设有16个工位，输送线呈90°拐弯布置；底架拼焊线配备了多头焊机、悬挂式及固定式焊机、二氧化碳气体保护焊机及电弧焊机等。涂装工艺方面建立车身电泳涂装线和喷胶生产线。带有超滤装置的电泳涂装线包括车身前处理、阳极电泳、喷淋系统及烘干设备；车身喷胶生产线是对轿车车身喷涂防震、隔热、密封和降低噪声的聚氯乙烯（PVC）胶体，采用循环式热风烘干。总装配线全长130 m，设26个工位的间歇式一号输送线和连续式二号输送线组成的装配流水线：间歇式一号输送线由后桥装配线、前桥装配台、侧翻台组成；连续式二号输送线由前桥分装线、车轮分装线、车门分装线、传动、制动、雨淋试验台组成。其中，制动试验台采用数字显示新技术，轿车车轮在各种不同速度、路况下制动的各种技术数据都能在电子数字仪上显示。以上措施实施后，上汽形成了年产轿车 5 000 辆的生产能力。与此同时形成了完整的技术文件。

第三阶段是 1985—1991 年。为改变上海牌轿车工艺技术落后的状况，并为桑塔纳轿车车身国产化工程配套，上汽对轿车车身制造技术进行较大规模的改造。冲压工艺由 800/600 吨双动四点压力机 1 台及 600 吨闭式单动四点压力机 5 台组成冲压生产线。焊接工艺由白车身、门板、拼装、底架分拼、前后围总拼等 5 条线组成。生产程序采用计算机控制。涂装生产线安排在 6 300 m^2 的车间里，全线由前处理、阴极电泳、聚氯乙烯（PVC）喷涂、中涂、面漆喷涂及修整等组成。车身输送由全长 3 000 m 的 9 条积放式推杆悬链和 4 条地面推杆链组成。全线采用可编程序逻辑控制自动控制，附设三废处理和输漆系统以及消防环保安全等设施。由该工艺涂装成的车身耐腐蚀、耐温湿性等指标均达到国际著名的加拿大汽车防腐标准。轿车总装线呈上下双层布置，全线长 185 m，设 30 个工位，由电气控制联动运行：其上层线长 100 m，设 17 个工位，主要装配车身内饰及电器线束和前装零部件，采用间歇移动方式；下层装配线长 55 m，设 5 个高架工位及一个落车工位，装配前后悬挂、传动轴及发动机，采用连续移动式。在总装流水线的终端，设有一条 20 m 长的整车

图 3–69　完成车体设计后的 SH760 正在接受雨淋测试

图 3–70　《上海 SH760A 型小客车零件目录》

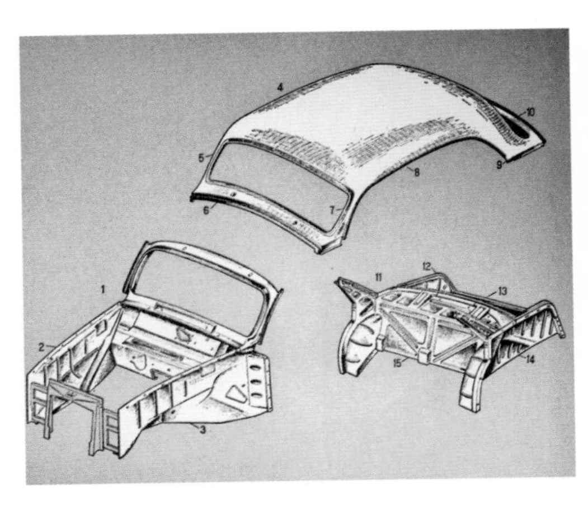

图 3-71 《上海 SH760A 型小客车零件目录》中的"车体顶层与框架模块"示意图

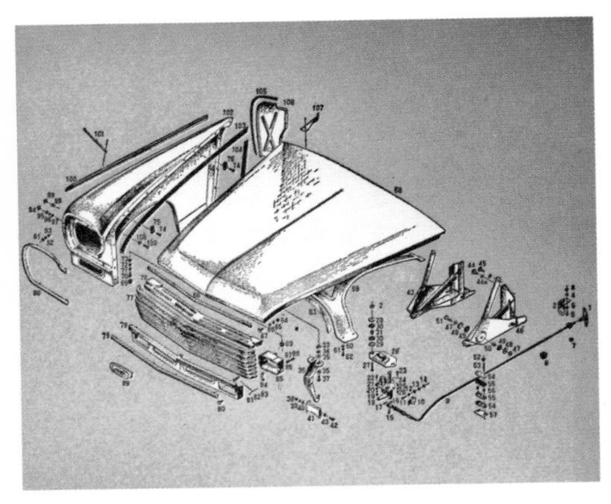

图 3-72 《上海 SH760A 型小客车零件目录》中的"车头框架模块"示意图

测试线，由车轮定位仪、侧滑试验台、废气检测仪、灯光测验仪、转鼓试验台等组成，对每辆轿车都严格按标准进行检测，产品合格证上都附有检测原始数据，保证了整车的质量。

上海牌轿车的生产方式，以 4 个主机厂（分别负责车身及总装配、发动机、变速箱和底盘的生产）为核心，形成由 18 个专业化的汽车配件厂，45 个电气、橡胶和化工行业的工厂以及几十个专业化的工艺性协作厂组成的专业化的协作体系，重点攻克了以下难点。

1. SH680Q 汽油发动机

SH680Q 汽油发动机为直列 6 缸、4 冲程、66 kW 汽油发动机、匹配上海牌（1964 年以前为凤凰牌）中级轿车，1959 年开始生产于上海内燃机配件厂（1967 年改名为上海汽车发动机厂）。1959 年，上海市动力机械制造公司为开发中级轿车生产，经选型决定，以 20 世纪 50 年代出品的国外中级轿车为样车，由公司组织试制分工，确定由上海内燃机配件厂负责试制。在试制过程中，技术设计测绘由总工程师张宝书主持，1959 年 3 月起，以工程技术人员与具有丰富经验的技术工人相结合，组成 6 个测绘组，开展设计测绘，至 4 月初完成主要零部件的测绘工作。随即进入试制阶段。试制中遇到的主要困难是技术装备简陋、工艺落后，又缺乏经验，在措施上采取了厂领导、工程技术人员、有经验的老工人“三结合”进行技术攻关。在铸造缸体、缸盖过程中，经反复试验，攻克泥芯制作和合金配料等技术关键。在试制曲轴初期，因无大型锻压装备，由市劳动模范顾谒金采用圆形钢材雕刻成型。在制造凸轮轴过程中，由老工人吴炳生攻克凸轮轴靠模的技术关键。为保证发动机功率稳定地达到设计标准，老工人刘菊人、史美川摸索出对准配气相位角的规律，采用刻度盘定位的方法，解决了发动机功率稳定的关键。第一台发动机于 1959 年 9 月 28 日诞生。

1960 年，SH680Q 发动机投产，为解决生产设备不足的困难，在上海材料研究所的协助下，上海内燃机配件厂制造了 14 台简易专用机床投入使用，当年造出首批 17 台发动机。1961—1963 年，发动机暂时停产。1964 年，发动机恢复生产。1965 年 12 月，一机部组织对上海牌轿车做技术鉴定，SH680Q 发动机与整车一起通过国家鉴定。20 世纪 70 年代初，上海汽车发动机厂为形成 SH680Q 发动机的批量生产能力，组织“专机大会战”，制成各种专机 70 余台，组成 SH680Q 发动机的缸体、缸盖、曲轴、凸轮轴、连杆等五大件生产流水线。机械加工实现工件气动夹紧，铣削专机加工实现气动液压夹紧，一大批零件采用冷挤压工艺，实现少无切削。在 1975 年和 1976 年间，实现发动机总装流水线。1989 年建成缸体平面加工强力切削与两端面孔加工的自动流水线。SH680Q 发动机产量逐年提高，1976 年产量 2 500 台，1980 年产量 5 500 台。

1986 年开发成功 SH682Q 发动机。该机除在原型 SH680Q 的基础上扩大缸径外，还对冷却、供油、电气、传动等系统做了较大改进，功率达 74.6 千瓦，油耗为每百公里 13 L，匹配上海 SH760B 轿车。1989 年 1 月通过局级技术鉴定，当年投入小批量生产，以后逐年增加，到 1991 年，年产量达 5 000 台。

为不断提高发动机质量，上海汽车发动机厂深入开展技术革新活动：为使摇臂耐磨，以冷激铸铁代替锻钢，采取软氮化工艺；为解决缸体、缸盖渗漏，推广浸渗工艺；为解决发动机漏气、漏油、漏水，采用国外先进密封技术。经过这些措施，1981 年，SH680Q 发动机被上级局评为“信得过”产品，1982—1986 年被评为“部优质产品”，1987 年起“部优”标准提高，改称“一等品”，1987—1989 年均被评为“一等品”。

SH680Q 发动机因 1991 年底上海牌轿车停产而停产。1959—1991 年的 32 年内，上海汽车发动机厂共生产汽油发动机 103 669 台。

2. 变速器

郑兴泰汽车机件制造厂（上海汽车齿轮总厂前身）是国内最早制造变速器齿轮的工厂。1928 年开始铣制人字齿轮，1937 年起生产圆柱直齿轮，铣制人字齿轮时，无图纸，无技术标准和检测手段，只有用钢皮尺、内外卡，并用目测与实物比较的方法做产品质量检验，以能装车可用为原则。1957 年起制造拖拉机、汽车变速器总成，1959 年试制轿车变速器总成获得成功后，批量生产直至 1995 年。

1957 年试制变速器、差速器齿轮和螺旋锥齿轮，因产品精度高、加工难度大，试制工作存在困难。技工林国珍率先在牛头刨床上采用靠模刨削行星齿轮，技工金凤鸣在立式插床上采用挂轮差动的原理加工螺旋锥齿轮获得成功。在总结试制经验的基础上，该厂自行设计制造了 15 台铣齿专用设备，组成生产流水线，加工出国内第一批螺旋锥齿轮。

1959 年，凤凰牌轿车进行第二轮试制，对变速器总成的技术标准要求更高。该厂参照长春第一汽车厂东方红牌轿车变速器的技术参数，制订凤凰牌轿车变速器总成及零件图纸的技术条件和工艺文件等。1966 年，当变速器生产进入批量阶段时，该厂自行设计制造了加工壳体等组合机床 28 种 96 台，1968 年，设计制造了 C925 液压单能机床 20 台，1975 年设计制造了轿车变速器壳体生产流水线，解决了关键设备，适应了生产发展的需要。

该厂通过对变速器质量、生产设备、生产工艺、检测设备的不断改进，1979 年 SH760 变速器获上海市机电局“优质产品”称号；上海牌双曲线螺旋伞齿轮获机械工业部“质量信得过产品”称号；1984 年以上两种产品各获 “上海市优质产品”称号和 “机械工业部优质产品”称号。

3. 活塞

1918 年，上海活塞厂的前身宝铝汽车材料制造厂开始从事活塞生产，开国内汽车配件行业生产活塞之先河。活塞的原材料先采用铸铁，以后采用铜铝合金（ZL110）等材料。铸铁的活塞毛坯熔炼采用燃煤坩埚，浇铸采用砂模浇铸。1935年以后，逐步采用金属方箍模浇铸，即在顶部开一个月亮形的孔，既是浇口，又是冒口，外模由两片铸铁制成，内模由3~7块钢材制成，顶模由铸铁制成，浇铸时由两人操作，劳动强度大，产量低，质量差。时效处理先后采用自然时效、油质时效，温控凭工人经验掌握。机械加工采用通用车床。早期没有磨床，活塞以车代磨。从20世纪30年代后期起，该厂设计制造出精镗销孔、精割令槽、磨外圆等专机，使生产效率有了较大提高。20世纪40年代初期又设计出椭圆磨头，解决了磨椭圆的难题。1946年，该厂从瑞士、美国引进莱尼斯磨床、沙斯贝纳车床等，用新的加工工艺，使活塞质量有明显的提高。1950—1986年，活塞的原材料采用铝硅合金（ZL108）、稀土共晶铝硅合金等，1966年该厂与上海内燃机研究所联合开发的66-1新材料，具有热强度高、体积稳定性好等优点，应用于生产。活塞浇铸工艺自1962年后采用上抽芯鹅颈式浇口铸模，班产提高近10倍，铸件废品率从35%降为5%，金相组织达到部颁标准的要求。热处理采用箱式电炉烘箱。1984年后，逐步采用井式电炉，淬火用水作介质，保温时间由6小时降为4小时，时效保温时间由8小时降为4小时，节约了能源和成本。1959年建造活塞生产线，共分15道工序，设备22台，由20人操作，两班制月产量为2.5万~3万只。1968年经过工序的归并，共设12道工序，使用液压传动设备15台，15人操作，两班制月产量3万只。1976年，研制成功数控双头专机加工活塞油孔和简易数控车床精车止口，20世纪80年代初，改装腰鼓形磨床和研制第二代高速静压镗头获得成功，使磨成的活塞外形呈腰鼓形，改善了活塞受力状况和裙部磨损，提高了使用寿命。从1987年起，活塞毛坯铝熔炼改铸铁坩埚为石墨坩埚，采用集中熔炼、分散保温的新工艺。1989年引进联邦德国KS公司双室下抽芯半自动活塞浇铸机，一次浇铸，两只成型件，班产达到350只/人，废品率在7%以下。1992年，该厂从葛洲坝汽车改装厂购进活塞半自动浇铸机，该机采用下抽芯的方法，一铸一模，班产120~130只/人。1995年，该厂与上海交通大学合作开发双室下抽芯半自动活塞浇铸机，先后共开发5台，工作程序均用微机控制。该机获上海市科技结合生产重点工业项目会战二等奖。同年，该厂从意大利引进 FATA 全自动活塞浇铸机，工作程序采用微电脑控制，机械手全自动定量浇铸，自动拆装模，有一铸双模、一铸四模，班产可达 300~400 只/人。机械加工方面：1989 年该厂从联邦德国 KS 公司引进活塞制造技术和关键设备，建成一条年产 50 万只的桑塔纳轿车活塞生产线，于 1995 年形成年产 100 万只活塞的生产能力。

该厂从 1987 年起先后从德国、英国、意大利等国引进 11 台先进检测设备，其中有直读光谱仪、工艺探伤仪、成品检查仪、圆度仪、轮廓仪等，使企业产品检测手段达到国内先进水平。在厂内建立和健全科学周密的质量保证体系，全面贯彻 ISO 9000 系列标准，建立了车间中心检测站，设立关键工序质量控制点，执行现场工程师制度，建立质量信息网络，使产品始终处于受控状态，并建立有关外协厂的产品质量档案，每年对各外协厂进行产品质量能力评审制度，以控制外协件的质量。

4. 离合器

1938 年，上海离合器厂的前身新华机器厂开始开展修理汽车离合器的业务。1950 年，该厂从单纯的修理转向制造离合器零件——钢片，供进口汽车修配用。至 1956 年，年产钢片 300 只左右。1962 年，试制凤凰牌轿车（后为上海牌）离合器获得成功，从此，上海离合器制造技术进入一个新的发展时期。该部件制造的主要工艺技术为金属切削、冲压、热处理、检测（动平衡）及总装，其发展大致经历了 3 个阶段：（1）1950—1960 年。轴套花键槽加工是在牛头刨床上逐条刨削完成的。离合器盖成型是在 160 吨冲床上 2 次冲压而成的。钢片热处理采用盐浴炉加热，硝碱浴分级淬火，空气炉回火，手工压紧整平。离合器总成平衡在两个平行轴上以静平衡方式进行，不平衡量用橡胶泥粘贴，然后钻孔法平衡。用该种方法平衡，平衡性差，工作效率低。离合器总装采用手工分块装配。（2）1961—1980 年。该厂集中力量进行技术整改，先后建立了产品设计、工艺编制、工艺装备设计等制度。根据图面标准统一了 22 种产品图纸共 200 多张，并在此基础上建立了产品工艺流程卡、加工工艺流程卡、热处理工艺卡等，共完成产品加工工艺卡 900 张、工艺综合卡

91张、工艺流程卡98张、工装图纸157张、工艺装备一览表69张等。工艺技术的改进，为该厂生产进入正常轨道创造了条件。轴套花键槽加工将刨床改装成半自动专机刨削花键，一人同时操作两台刨床，班产量达到200只。钢片等零件热处理改在一条由上料、盐浴炉、硝盐分级冷却槽、盐水槽、油槽、清洗槽组成的生产线上进行。离合器总成平衡在由赵永彬设计的J25平衡机上进行，测试时间为每件25秒，生产效率提高1倍以上，不平衡量为5~15 u，使平衡精度达到要求。

5. 钢圈

钢圈，亦称为轮辋。轮辋是车辆的重要部件，它的质量好坏直接影响到车辆的行驶安全性、稳定性、平顺性、经济性以及配套轮胎的使用性能和使用寿命。

1946年，先锋汽车配件厂（上海汽车钢圈厂的前身）开始用手工敲打方式制造钢圈，供美制吉普车修配所用。20世纪50年代中期，上海汽车钢圈厂采用手工和简单的机械加工方式生产汽车钢圈。1963年，该厂自制了单膛反射加热炉和轮辋热轧机，热压加工轮辐，热压轮辋成型。因工艺和检测手段都比较落后，产品质量不够稳定。

20世纪60年代中期开始，该厂先后和上钢三厂、新沪钢铁厂联合开发了15个钢材新品种，使钢圈生产由热轧成型改变为异型钢材冷压加工制造。同时自行设计制成挡圈卷圈机、100千伏安挡圈对焊机、轮辋滚型机、成型机、500吨扩张压缩液压机、煤气远红外烘干机、酸洗去污去油、阳极电泳涂漆等生产流水线，使钢圈制造走上了机械化的轨道。至1973年，形成年产各种钢圈12万只的生产能力。1974年，该厂由上海机电设计院协助设计了4台专为生产上海牌轿车钢圈轮辋的滚型专用机床。先后花了3年时间，制成轿车轮辋深槽滚型机一台、钢圈扩角机两台、钢圈成型机一台。1979年，自制板材卷圆机一台。上述机床组成上海牌轿车钢圈生产流水线，形成了年产轿车钢圈20万只的生产能力，适应了当时轿车生产发展的需要。期间，该厂制订了轿车钢圈的技术标准《Q/JAA72》，按标准组织生产，使轿车钢圈达到上海牌轿车配套的质量要求。1974—1985年，共生产上海牌轿车钢圈19.8万只。

20世纪80年代中期，该厂承担了上海桑塔纳轿车钢圈国产化任务，把自力更生的精神和引进先进技术的方针结合起来。

6. 化油器

1953 年，中国机械工具厂（现为上海乾通汽车附件有限公司）在厂长何安亭的领导下，试制单腔双重喉管下吸式化油器获得成功。制成的化油器装于美国 GMC 汽车上使用，效果良好，后投入批量生产。1958 年开发上海 SH58-1 型单腔平吸柱塞式化油器，为三轮载重汽车发动机配套。1959 年开发双腔分动下吸式化油器为上海牌 SH760 型轿车配套。1965 年 12 月，第一机械工业部在北京召开上海牌轿车技术鉴定会，593 型化油器同时通过技术鉴定。

在 20 世纪 50 年代初期，化油器本体用 100 吨简易压铸机压铸。零件制造采用通用车床、铣床、刨床和台钻加工。装配用手工进行。验证产品性能时，将化油器装在发动机上，根据起动、怠速、过渡和加速四挡运转的情况，以经验来判断。50 年代后期至 60 年代末，化油器加工方式有所改进，本体采用捷克冷室立式 900 型压铸机压铸，装配采用流水作业进行，零件成型采用凸轮自动车床加工，建立了发动机试验室，配备两台 D4 型水力测功仪，进行化油器总成台架性能试验，做到化油器必须经发动机台架校验，合格才允许出厂。经过工艺改进，化油器年产量由 1956 年的 5 000 余只提高到 1969 年的 12.36 万只。70 年代，本体压铸在自行设计制造的 3 台 125 吨热室卧式压铸机上进行。混合室本体两个连接面铣削加工，在由 4 只动力头和直径为 1.2 m 的立式转盘组成的一次可加工 40 只工件的专机上进行，进气室本体连接面的铣削加工在一次可加工 24 只工件的卧式转盘铣床上进行。浮子室本体连接面的铣削加工在由 11 台主机、2 台转向机、2 台升降机和一条夹具返回道组成的半自动生产流水线上进行。在专机和生产线上加工的 3 只本体，几何精度和表面光洁度都有提高，化油器年产量提高到 147 160 只。80 年代后期，在压铸方面采用加大比压来提高铸件的内在致密度，增加了国产 250 吨压铸机 2 台及意大利 240 吨压铸机 1 台，还引进日本东芝 135 吨 DCL135 型压铸机 2 台，它带有压铸机参数测试装置，使压铸技术上了一个新台阶。在零件加工方面，添置 9 工位量孔专机，使零件加工精度提高到一个新水平。在装配方面，对装配线场地进行改造，搞零部件定量管理，在线上增设自制测试设备，有浮子室本体与混合室本体合成省油系统真空校验台、油平面高度校验台、进气室本体进油针阀密封性校验台、无油无火发动机校验台，化油器总成流量检测采用高精度综合流量测试仪。设计科化油器试验室于1982年引进日本EWD110型电涡流测功仪、小野FP-214、FP-215道路油耗仪、废气分析仪、小野台架油耗仪各1台，测试设备投入使用后，提高了化油器性能测试精度，化油器年产量提高到36.2万只。

20世纪90年代，该厂引进美国贝尔德公司光谱直读分析仪、德国HONMEL公司的表面粗糙度仪。同时引进TC-228钻孔攻丝中心机，并将自行设计制造PC控制的专机连成加工线。专机上的相关动力头和加工刀具是从日本速技能公司购买的产品，使化油器关键孔径和关键位置精度有了保证。油针的加工用瑞士TORNOS公司MS-7-DC自动车床和刀具。量孔加工用瑞士HATT公司主量孔加工专机。零部件测量方面添置了光学万能工具显微镜、空气测量仪、专用量具和光学投影仪。同时添置了多种型号的超声波清洗机，提高了零件及本体的清洁度。通过以上措施，化油器1995年产量提高到42.7万只，质量达到国内同行业领先水平。

1982年前，该厂制造的各种型号化油器为上海地区配套外，其余部分属于国家部管统配物资，在全国计划会议上统一分配，数量占全国总需求量的80%以上。

7. 可锻铸铁件

汽车、拖拉机上的重要铸件（如减速器壳体、轮毂、钢板脚、后桥壳、刹车蹄、支架、升降杆等）需要耐震和较高的强度与韧性，有些铸件形状还很复杂，因此需要用可锻铸铁来制造。

国内的可锻铸铁制造技术是华丰钢铁厂严开镐工程师根据他在日本求学时期了解到的国外情况和1933年他在中国冶铁厂所积累的试制可锻铸铁技术经验，以及吸取了华丰钢铁厂前身——兴业冶金厂、华丰冶金厂试制可锻铸铁失败的教训，改造了冲天炉、退火炉设备和生产工艺，于1942年3月正式试制成功，填补了国内一项空白。该试验工作，由工程师严开镐主持，技术干部张才化、严国粹、王宝诚等配合进行。这样，华丰钢铁厂就成为中国国内首家生产可锻铸铁的工厂。1942年生产的可锻铸铁属于白心可锻铸铁的范畴，质量还不十分理想，韧性不是很好，延伸率只有3.5%，一般只能生产壁厚小于10 mm的铸件。后来经过不断改进工艺，生产出黑心可锻铸铁，韧性提高，可生产出KTH350-10牌号的可锻铁，而且可以生产汽车配件、拖拉机配件等厚壁铸件，符合ISO国际标准（5922—1981），即黑心可锻铸件B35-10一级牌号（抗拉强度≥350 N/mm^2，延伸率≥10%），从而摆脱了可锻铸铁要依靠国外进口的局面。

随着生产发展的需要和用户对产品质量要求的提高，该厂采取了多方面的工艺改进和技术改造措施。1954年提高了化学成分中的含锰量，并学习当时的苏联经验，推行“不填料退火法”，不仅减轻了操作工人的劳动强度，还缩短了退火周期，降低了煤耗，全年节煤360吨，并开始生产黑心可锻铸铁。1958年调整化学成分中锰与硫的比例，克服当时由于焦炭含硫量高造成化学成分中硫含量高的困难，使锰含量为硫的2.5~3.5倍，来消除硫对退火时石墨化的有害影响，攻克了高硫也能生产高牌号黑心可锻铸铁的难题，突破了国外的化学成分框框限制，以后又总结了自己厂内的实践经验，把锰硫比改为按公式计算，即Mn% = 1.715% +（0.2%~0.35%），经多年生产实践证明具有较好的效果。

推行温型套板造型工艺，这是20世纪50年代初期实行的先进工艺，比手工造型提高工效4~5倍，还可以采用湿芯代替干芯。1959年学习了东北兄弟厂的煤粉机加热炉经验，应用于可锻铸铁退火炉上，并结合厂内实际情况进行多次改进，推广到全厂，使热处理退火全部实现煤粉化，每吨铸件的耗量由原来的625 kg下降到408 kg，降低34.7%。按当时产量10 331吨计算，1961年全年可节煤2 242吨，被列为上海市节煤先进经验之一。以后又推广到全国同行业范围，社会效益十分显著。1964年采用炉前加铝-铋孕育工艺，使化学成分中硅的含量提高0.5%~0.8%，既能改善铸造性能又强化基体组织，使机械性能稳定提高，还能加快退火时的石墨化作用，使退火周期又缩短24小时，煤耗进一步降低。综合各项节煤措施，后期每吨铸件的耗煤量保持在200~250 kg，这项工艺后来在全国同行业中也被加以推广。

20世纪六七十年代，该厂对铸造车间进行技术改造，建造机械化和自动化造型生产流水线，提高了产品质量和产量，减轻了劳动强度，适应汽车工业、拖拉机工业、电瓷工业等对产品需求量逐渐增加的需要。在这段时期中，共建造和改造的造型生产线有271型造型生产线、自动微震造型生产线、707射压造型自动线、高吨位铁帽射压造型自动线及中大型汽车铸件造型生产线等5条，并配以自动混砂等砂处理设备，使年产量达到15 000吨，品种扩大到近1 000种（包括汽车配件、农机配件、铁道配件、高压线路器具、锅炉配件、管路连接件、纺织机配件和工具零件等），适应了各行业对可锻铸铁件的配套需要。为保证产品质量的稳定可靠，满足用户对高质量产品的要求，该厂配置了质量检测设施，包括化验设备、机械性能试验设备、型砂试验设备、金相检测设备以及炉前快速化验室、型砂分析室等，使原材料进厂到产品出厂都有了健全的质量控制措施。同时又在企业管理、质量管理工作上建立了从原辅材料进厂到产品出厂各道工序的管理制度，机械性能综合分析制度以及健全工厂质量体系、达到质量目标的运转有效性所采用的网络图和体系图等各种科学管理措施，使产品质量有了可靠保证，并且通过了“五项企业整顿”（合格），“工业计量工作二级标准”获证，“全面质量管理”市经委验收合格，“上海市出口商品生产登记证”获证等。“XP-7铁帽”“管路连接件”被评为部优产品，管路连接件为上海市建筑五金系统的免检产品。各项技术经济指标在国内同行业中领先，尤其是产品的内在质量，长期为广大用户所信任。在国内，除西藏、青海、海南、台湾等地之外，大部分地区均有向该厂订货的单位。销往国外的产品有的直接出口，有的是与协作厂配套出口，计有苏联、美国、澳大利亚、印度尼西亚、赞比亚、坦桑尼亚、泰国、孟加拉国、印度、巴基斯坦、匈牙利等国家。

8. 汽车钢板弹簧

汽车钢板弹簧制造起步于零片修理。1912年的杨福兴铁铺从事修理钢板弹簧。20世纪30年代后期，卫海铁铺用简单工具修理钢板弹簧。50年代中期，卫海铁铺改名为卫海铁工厂，开始制造钢板弹簧，使用小型冲床落料，钢板加热后用手工卷耳，用钢皮尺、卡钳检测尺寸精度，用千斤顶和两吨磅秤测量钢板刚度。12个工人每天生产200片。

1958 年，锻工江苗涛等人自行设计制造成功卷耳机，4 个工人操作，每天生产钢板弹簧 2 000 片，产量提高 9 倍。1966 年，卫海铁工厂改名为上海汽车钢板弹簧厂，由于品种扩大、产量增加的需要，改进了卷耳机，又设计制造了淬火机、喷丸机和钢板总成疲劳试验机，同时实现技改项目 27 项，编制工艺文件 370 件，制订附件标准 5 个，改变了手工生产落后的状况，使钢板生产初步走上机械化、规范化的轨道。1964—1970 年，对“三机”做了进一步的改进：卷耳机经过 3 次改造，使吊耳宽度精度达到图纸规定的标准；淬火机增加了自动脱料机构；喷丸机改成大型应力喷丸机，确保了钢板弹簧预应力的技术要求。同时，对钢板弹簧的截面形状进行了改进，采用 T 形断面和变刚度钢板，以适应载重量的变化。对钢板弹簧质量检测手段做了相应的改进：表面硬度用洛氏硬度机检测，热处理后的内在质量用理化显现金相的方法检测。经过上述对工艺技术的改进后，产量从年产 180 吨增加到 6 600 吨；钢板弹簧疲劳寿命从原来的 60 万 ~80 万次提高到 230 万次；品种由 10 余种增加到 320 种。

1963 年，全国汽车钢板弹簧行业质量评比中 NJ130 前簧获“质量第一”称号，在 1964—1972 年间的历次全国汽车钢板弹簧行业质量评比中均获“质量优等”的称号。

1994 年 5 月，上海汽车钢板弹簧厂投资 1 118 万元，自行设计制造钢板弹簧冲卷生产流水线、热处理生产线和喷丸、装配、油漆生产线。钢板弹簧冲卷线由下料、冲孔、钻骑马孔、校直、滚锻、切角、卷耳、包耳、加热、切边等 12 道工序 17 台机床组成。热处理生产线由加热、成型淬火、回火 3 道工序 9 台设备组成。喷丸、装配、油漆生产线由喷丸、压套、拉套、铆铆钉、叠钢板、装中心螺栓、翻身、紧骑马螺栓、预压、上油漆线油漆、烘干、打字、打包等 13 道工序 10 余台设备组成。1995 年 5 月，三条生产线投产，板簧年生产能力达 1.78 万吨，效率提高 2 倍。

上海汽车钢板弹簧厂生产的钢板弹簧，长期以来主要为南京汽车制造厂、上海重型汽车厂及多家客车厂配套。近年又着重提供杭州汽车制造厂 HP 系列钢板弹簧，还生产各类进口车的钢板弹簧并向美国、澳大利亚、新加坡等国出口。

四、品牌记忆

笔者曾于20世纪80年代中期进入成立不久的上海汽车拖拉机研究所，考察设计工作，通过该所一个小广场时，发现停放着许多辆国外著名品牌的轿车，大部分都用帆布盖着，有整车的，也有经过解剖的，令人眼花缭乱。进入油泥工作室，前面有一高台，为油泥制作台。地面上就放着一件1∶5的上海牌SH760A木制模型，尽管没有把手等细节但仍感到制作十分精致，当时的一位工程师介绍说，制作木模型可以很直观地推敲车辆造型。

当年参加设计的人员在回忆中也曾讲到，当时的车型设计师为了保持车身整体比例协调，会与其他相关工程师商讨，例如在上海SH760A型轿车设计过程中，为使其整体高度降低而达到更有速度感的目标，曾将其座椅靠背向后倾斜一些，有次降低了20 mm。在绘制1∶1车辆正侧面图时再一次做了验证，对整体车辆尺度及内部空间给出了精确的数据。

事实上，自上海SH760A型车设计时已开始运用正向开发流程来设计轿车。设计时已开始用1∶5的木质模型做探索，补充设计效果图，然后再制作1∶1的油泥模型，最后制作工程图。由于坚持专业分工、协作配套的原则，该车成为计划经济时唯一一辆批量生产的轿车。

从相关技术编制文件可以知道，1965年前一代产品定型时，技术部门完成的全车111个部件的零件图达1 586张，编写工艺文件60余种，制造内外主模型141块及全套铝质样板，拼装台33套，拼焊模夹具88副，敲胎模100余种，小型工艺装备884套，自制件工装系数达到0.94。焊接工艺方面，减少气焊，增加点焊，点焊率达到70%。抓工艺验证工作，使车身、左右门、前后风窗、底架及元宝梁等基本达到互换。具备必要的技术力量之后，至80年代中期，形成了年产轿车5 000辆的生产能力。

五、系列产品

正是产品狠抓技术规范使设计有了很好的基础和进一步拓展的余地，为此，以上海牌 SH760A 型为基础的各种衍生车型设计就变得比较轻松。

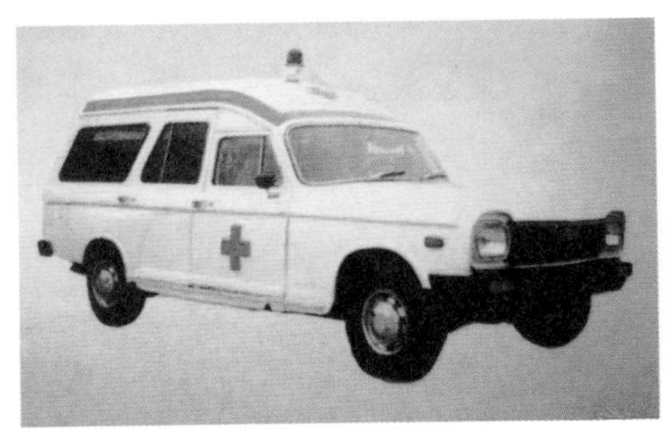

图 3–73　以上海牌 SH760A 型轿车拓展成批量生产的旅行车、皮卡、救护车、加长版豪华车

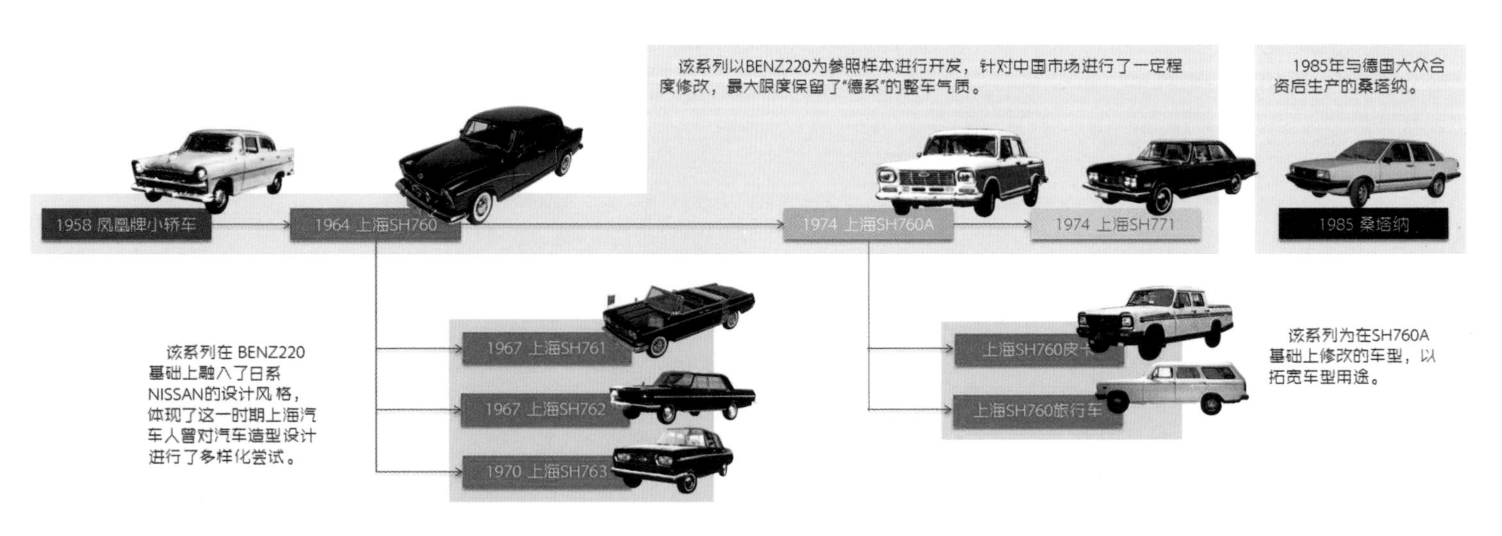

图 3-74 上海牌轿车主要产品设计发展谱系图

第三节 其他品牌

1. 井冈山牌微型小轿车

1958 年，北京第一汽车附件厂（北京汽车制造厂前身）的广大职工，在党的总路线指引下，萌发了向往已久的心愿，即用自己的双手造出国产汽车，为祖国争光，为首都争光。在彭真市长的积极支持和鼓励下，该厂党委书记冯克、厂长李锐广泛听取了群众意见，经过多次讨论研究，并经一机部和中共北京市委、市政府的批准，开始了汽车的研制工作。

他们经过分析认为，联邦德国大众汽车股份有限公司出产的伏克斯瓦根牌轿车车身小，结构比较简单，制造工艺不复杂，有可能试制成功。因此选定该车为样车，并定名为井冈山牌。作为一个汽车附配件专业厂，当时并不具备生产汽车的基本条件，但是该厂领导带领广大职工发扬自力更生、艰苦创业的革命精神，开展了试制轿车的群众运动。根据解放初期试制摩托车的经验，采取领导干部、技术人员和工人相结合的方法，把试制任务分配到各车间，确保汽车试制和附配件生产两不误，并聘请了清华大学 100 多名师生协助进行设计测绘工作。试制任务是非常艰巨的，全车 3 000 多个零部件除了橡胶、电器等为外厂协作外，均需本厂自制。在困难面前，全厂职工以高昂的斗志，大干、苦干，甚至白天黑夜连轴转。轿车的发动机、变速器、前后桥等关键总成，都是靠大家集思广益，出主意想办法，攻克难关，一件一件地制造出来的。从 5 月 10 日召开全厂试制井冈山牌轿车誓师大会，到 1958 年 6 月 20 日，只用 40 天的时间就试制成功第一辆井冈山牌小轿车。当日上午，全厂举行了庆祝小轿车诞生典礼大会。一机部汽车局张逢时局长为庆祝典礼剪彩，并在大会上宣布：

图 3-75 井冈山轿车

经上级批准，北京第一汽车附件厂正式改名为北京汽车制造厂。当日，李锐厂长把小轿车送到中南海向中共中央报喜，受到毛泽东、刘少奇、周恩来、朱德、邓小平、彭真、李富春等中央领导的接见和赞扬，朱德同志还亲自乘坐了这辆轿车。同年 7 月，朱德亲笔为该厂题写了“北京汽车制造厂”的厂名。

井冈山牌小轿车试制成功后，又生产出 100 辆，向国庆献礼，但由于条件不具备，汽车质量也不过关，因此，只优选出 40 多辆，参加了国庆检阅。该厂曾向一机部上报扩建改造规划，后因一机部下达试制东方红牌轿车任务，遂宣告停产。

2. 北京牌高级轿车 / 东方红牌 BJ760 中级轿车

1958 年 7 月到 1959 年国庆前夕，根据上级指示精神，北京汽车制造厂以美国别克牌轿车作为样车，再次进行北京牌轿车试制。该车采用许多先进技术，如发动机是 V8 型，顶置气门液压全自动无级变速，转向和制动都有液压加力机构等。试制这种车远比井冈山牌轿车复杂得多，但广大职工积极努力，解放思想，全厂组成了 20 多个专项问题攻关突击队，经过一年的艰苦奋斗，先后试制出 6 辆样车，其中两辆是敞篷检阅车。1959 年 1 月，该样车曾被送去中南海报喜，同上海凤凰牌轿车等报喜队成员一起受到周恩来总理的接见并合影留念。为了推动试制工作，一机部制订了北京牌轿车协作件试制计划，由第一汽车制造厂，武汉、济南、杭州等汽车配件厂，哈尔滨轴承厂，天津车辆附件厂，南京化工厂，上海耀华玻璃厂，沈阳螺钉厂及长春汽车研究所、吉林工业大学、北京航空学院等单位协作试制和生产。为此，从1959年3月到7月，在一机部召开的六次全国小汽车工作会议上，将该轿车作为会议的重点课题，进行了专题研究。协作厂家、大专院校和科研单位帮助解决了很多关键技术和生产协作问题。该车型先后共试制出22辆，后也因技术不过关，于1962年停止试制。在试制井冈山牌和北京牌轿车的过程中，该厂相继建立了机加工、冲压、装焊、油漆车间，安装了800吨机械压床，新增厂房1.3万平方米，为进一步试制生产汽车创造了条件。

1959年下半年，苏联派出5人小组到海南岛试验苏联的伏尔加牌轿车。回国途中参观了北京汽车制造厂，与厂领导座谈了汽车工业发展的问题，并把伏尔加牌轿车的全套图纸留给了该厂。同年11月，一机部汽车局正式向该厂下达了《关于组织伏尔加轿车试制问题的决定》，还正式做出了轿车生产专业化协作分工的规定。随后，该厂按照苏联专家赠送的伏尔加轿车全套产品图纸，开始试制东方红牌轿车。这次试制工作吸取了前两次试制汽车的经验教训，按照正规的产品试制程序进行。在试制过程中制作了大量的样板、样架、简易的工装模具、检具以及车身焊接台等，使试制质量较过去有了提高。在车身试制中还得到了苏联专家的指导。1960年4月，试制出3辆样车，并通过了国家级技术鉴定。在试制过程中，朱德、邓小平、杨尚昆等同志先后两次到厂视察工作，给全厂职工带来了极大的关怀和鼓舞。1960年9月，

图3-76　北京牌750型轿车

该厂制订了生产东方红牌BJ760型中级轿车的计划，并开始筹备扩建改造为年产5 000辆的轿车厂。后因国民经济的调整和接受轻型越野汽车的研制任务，这一规划未能实现。

北京汽车制造厂于1972年6月向一机部上报“四五”改造规划，提出恢复生产东方红牌轿车。

1973年7月30日，北京汽车工业公司成立。为实现“汽车一条街”的生产大协作格局，公司编制了“四五”技术改造计划任务书，同年8月29日，由一机部和北京市联合上报国家计委。

1973年10月9日，国家计委批准了北京汽车工业公司“四五”技术改造计划任务书，同意在“四五”期间北京汽车工业建设规模先按年产25 000辆考虑，其中：北京BJ212吉普车20 000辆，北京BJ130载货车5 000辆，同时，要在生产北京BJ212吉普车的基础上，尽快进行小轿车的批量生产，争取在“五五”期末达到年产5 000辆的生产能力。

1974年初，北京汽车制造厂投入轿车的研制工作。在选型方案上参照东方红牌轿车，并对上海凤凰牌SH760轿车进行性能试验（试验样车为1973年产），随后编制出北京牌BJ750型中级轿车设计任务书。设计任务书确定的选型方案是：

整车布置采用前置发动机，后轮驱动，发动机、离合器和变速箱连成一个动力总成整体弹性地固定在车身梁上。发动机为直列6缸，水冷汽油机，双腔分动化油器，密闭式水箱及硅整流发电机，排量为2.7 L。离合器为单片、干式、液压驱动，变速器为4个前进挡1个倒挡，机械式变速器。传动轴为两根式传动轴，后桥壳固定在车身梁上，通过带有两个万向节的半轴与车轮连接；主传动采用双曲线齿轮，主传动比为3.889。

悬挂系统：前悬挂为螺旋弹簧、双横摆式独立悬挂，带有双向作用的筒式减震器和横向稳定杆；后悬挂为螺旋弹簧斜纵摆杆式独立悬挂，也是带有双向作用的筒式减震器和横向稳定杆。

转向系统为循环球式变速比转向机，制动系统前后均为液压操纵、真空助力、双管路、盘式制动器。

车身设计为 4 门、全金属、无大梁结构，采用曲面玻璃，附件有冷暖气和通风等较先进装置，发动机罩可由驾驶室内操纵开放，门窗采用手摇升降结构。

1974 年 6 月，根据上述设计原则，试制出两辆模型车。为了掌握模型车整车性能，为第 2 轮试制样车提供设计参考资料，对两辆模型车进行了性能试验（北京 BJ760 和上海 SH760 参加了对比试验）。

根据模型车的试验数据，进行了设计改进，进入第 2 轮小批试制。1975 年初，试制完成 10 辆样车。

1975 年 4 月至 6 月，对第 2 轮样车进行整车参数和性能试验，并用模型车、北京 BJ760、上海 SH760 及国外车型进行对比试验。从试验结果看，BJ750 样车，在动力性能方面比模型车有显著提高，但是同国外车型相比有很大差距，最大车速也未达到设计要求（145 km/h），制动性能还不稳定。这为验证整车试验前后的性能变化及第 3 轮样车的设计试制提供了依据。1975 年 9 月至 1976 年 1 月，对完成第 1 次性能试验的两辆样车又进行了 25 万公里道路行驶试验。道路行驶试验之后，进行一般性能试验。

样车的性能试验和 25 万公里道路试验表明，BJ750 轿车的整车一般性能是可靠的。

从 1974 年到 1981 年，北京牌 BJ750 型中级轿车累计试制和生产 134 辆，并完成了大部分生产技术准备工作（包括简易模具等工艺装备）。1979 年，北京汽车制造厂又同美国汽车公司谈判组建合资企业，把主要力量投入 BJ1021 和 BJ1022 轻型载货汽车的开发工作。鉴于各种内外部因素，BJ750 轿车于 1982 年终止了试制开发工作。

3. 海燕牌微型轿车

1958 年，为了迎接中华人民共和国成立 10 周年，上海汽车修造厂（上海客车厂前身）联合了几家汽车生产企业开始研制一款经济型轿车，主要是为了替代当时满大街的三轮车，既要保持三轮车灵活轻便、能走街串巷的优点，又要解决三轮车行驶不稳、劳动强度大的缺陷。同年 10 月，上海汽车修造厂就研制出了代号为沪客 580 型的双缸对置风冷四冲程汽油机微型汽车，这就是海燕牌轿车的前身。从 1959 年 2 月起，上海客车厂开始在原型车的基础上，加以适当改进并投入试生产，命名为海燕 CK730。但在实际使用中，该车暴露出油耗高、故障多、寿命短等问题，最终于 1959 年 5 月停产，共生产 65 辆。

到了 1960 年，微型车的项目仍然在进行，专家提出了“尽量简化结构，降低成本，适当照顾舒适与美观，不要求与小轿车比，行驶范围为上海市内及近郊”的试制基本要求。根据这个方针，他们抛弃了原有的设计，采用了吉林工业大学的设计方案，开始研制 SW710 型微型汽车，各项参数比较先进，并适当照顾舒适性和外表的美观。发动机采用了风冷四冲程汽油机，后置式、发动机横放后，轴线与后桥平行，使用单轮驱动，省略了差速器，独立前悬挂，转向机用蜗杆凸指式，制动系改进为自动调整间隙式，车身方面也随着总体布置的改变而做了相应改进，并开始进行小批量试生产，共生产 100 辆，其中 51 辆给市出租汽车公司做营业性试运行。这 100 辆也是 SW710 的最终产量，因为该车自身存在的严重问题，如故障多、噪声大、乘坐空间过小等，之后没有再生产过。

海燕 SW710 型轿车的整体尺寸为 2 940 mm × 1 430 mm × 1 360 mm，外观新颖流畅，并增加了一些装饰性的零件，车身侧面的进气口还有镀铬装饰，车身结构采用双门三厢式，发动机后置，前舱放置备胎和油箱，车门面积很大，后排乘客可以

图 3–77　海燕牌微型轿车整车

图 3–78　海燕牌微型轿车驾驶室设计

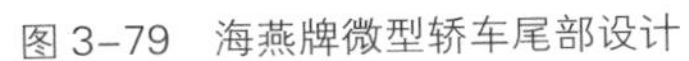

图 3-79　海燕牌微型轿车尾部设计

图 3-80　可折叠驾驶座是为了方便后座乘客上下车

轻松上下车，车身结构为当时十分先进的承载式车身。发动机为四冲程风冷式，排量为 0.298 L，最大功率 10 kW，曲轴箱采用了铝合金材质。其驱动形式也很特别，采用了左后轮单轮驱动，省去了复杂的差速器。变速器采用了 3 挡手动变速器，前悬架为 4 连杆独立悬架，后悬架为钢板弹簧非独立悬架。

从海燕 SW710 的参数看，其设计与同时代的菲亚特 500 系列类似，但与同级别的国外微型车相比仍有不小差距，但它还是作为出租车完成了一个阶段的使命。它的昙花一现说明了当时我国的汽车生产企业也开始重视微型车的研发，并且市场有一定的需求，但最终因为技术含量低，可靠性差而不幸夭折。海燕牌轿车的诞生标志着中国轿车生产多元化的开始，但是它也像当时很多轿车一样，停留在试验阶段，没有大批量生产。

图 3-81　海燕牌微型轿车的标志设计强调了飞翔、灵活的感觉

4. 奇瑞牌轿车

奇瑞汽车有限公司起源于安徽省芜湖市政府的汽车项目。芜湖地方政府想做汽车项目由来已久。在1992—1993年经济过热时期，芜湖一家村办工厂一年敲打几百台车，就是一个多亿的产值。这个现象引起苦于经济落后的地方政府领导人的注意，由此产生了做汽车的念头。原来的计划是和一汽合作，但没有合作成功。

奇瑞汽车有限公司在1995年1月考察欧洲汽车工业期间，得知英国福特的一条发动机生产线要出售，安徽芜湖领导于是抓住这个机会把项目干起来。这个项目启动时取内部代号为“951工程”（即国家“九五”期间安徽头号工程），公开则称为“安徽汽车零部件工业公司（筹备处）”，对外始终保持低调。

1999年12月18日，第一辆奇瑞轿车下线。奇瑞公司现有乘用车公司、发动机公司、变速箱公司、汽车工程研究总院、规划设计院、试验技术中心等生产、研发单位，具备年产整车90万辆、90万台套发动机和变速箱的生产能力。至2007年已投放市场的整车有QQ3、QQ6、A1、瑞麒2、旗云、奇瑞3、A5、瑞虎3、东方之子、东方之子Cross等13大系26款产品。2007年8月22日，奇瑞公司第100万辆汽车下线。

作为奇瑞的经典车型，奇瑞QQ是国内第一款为年轻人打造的轿车，定位于“年

图3–82　奇瑞QQ

轻人的第一辆车”，其设计原则就是“快乐”。看QQ的第一眼，迎面而来的就是一双圆圆的含笑眼睛，前格栅就是一张含笑的小嘴巴，憨厚的笑意溢于唇边，再配以小巧玲珑的标志，一张快乐的笑脸迎面而来，一种快乐的感觉扑面而至。前保险杠以大包围方式设计，前雾灯、转向灯上下分布在两侧，与设计成半圆的扰流板和前标共同构成一种小小的憨厚表情，方圆相济的防撞条、后视镜、门把手，一切都那么个性十足，动感快乐。

5. 吉利牌轿车

作为中国最早进入汽车工业并获得迅速发展的民营企业，吉利控股集团已成为国内轿车制造业“3 + 6”格局的重要成员，并正以“中国自主品牌”的资格和自主创新的姿态，引人注目地登上国际汽车工业舞台，回顾吉利的发展史，任何对中国汽车工业稍有了解的人都会承认，这确实是一个奇迹。

1997年，吉利集团董事长李书福走进临海城东一片荒草没膝的田野，开始了他的造车之梦。次年8月，当第一辆吉利轿车在欢庆的鞭炮声中从流水线上开出时，人们在高悬的大红横幅上读出了这样的字句：“造老百姓买得起的好车！”

来自世界各地的顶尖人才，运用自身的专业知识和经验，在吉利的决策层、技术管理层、生产制造层等各个层面、各个领域开始发挥作用与国际先进水平接轨，逐步形成科技自主创新型的发展模式，短短几年，吉利已经成功研发并投产九大系列不同的车型，其中美人豹、自由舰已在国内外成为中国自主品牌轿车的代名词，后来投产的还有几款新车型。在开发手段上，吉利已迅速向世界先进水平靠拢，目前已完全具备了全数模的开发方式，拥有每年开发2~3款新车型的研发能力，逐步掌握轿车核心部件研发技术，实现了中国第一台也是迄今为止中国唯一的自动变速器的设计制造、电子智能助力转向系统的设计生产、世界领先国内领先的大功率发动机的设计制造和整车设计、匹配、试验、验证技术的全面应用。

如今，吉利已经形成豪情、美日、优利欧、SRV、美人豹、华普、自由舰、吉利金刚、远景等9大系列30多个品种的产品谱，拥有1.0 L到1.8 L的8大系列发动机和JLS160、Z110等8大系列变速器。

图 3-83　吉利自由舰

吉利汽车与海外设计机构联手设计在自由舰的外观部分体现较为充分。车身线条勾画比较流畅，黑色底壳设计的一体前照灯搭配镀铬前格栅设计是其亮点所在。自由舰的外观设计提升也是显而易见的，在视觉上摆脱了廉价车的感觉，同时也使人感觉到吉利造车理念的提升。

6. 荣威牌轿车

荣威（ROEWE）是上海汽车工业（集团）总公司旗下的一款汽车品牌，于2006 年 10 月推出。该品牌下的汽车技术来源于上海汽车之前收购的罗孚汽车公司，但上海汽车并未收购“罗孚”品牌。2006 年 10 月 12 日，上海汽车（集团）股份有限公司正式对外宣布，其自主品牌定名为“荣威（ROEWE）”，取意“创新殊荣、威仪四海”。荣威的品牌在 4 年时间里发展迅速，其产品已经覆盖中级车与中高级车市场，“科技化”已经成为荣威汽车的品牌标签。

通过一辆汽车的外形就能看出它的级别。比如小巧紧凑的家庭用车、水滴形的运动汽车等，而大家心目中的豪华车，往往都是车身厚重修长。作为荣威系列的扛鼎之作，荣威 750 亦采用只有顶级车才拥有的雪茄型车身。典雅动感的设计用完美的比例、流畅的线条和雅致的曲面锻造大气，并一举造就同级车中占据绝对优势的2 849 mm 的超长轴距，提供行政级后排空间，带来更为平稳的驾乘感受，塑造浓郁的英伦贵气与稳重格调。

图 3-84　荣威 750 型轿车

荣威 750 车头饱满而典雅，内蕴无穷动能；优雅的曲线锻造紧张有力的引擎盖曲面，经典的盾形一体式格栅设计，配合底部大型进气罩口，格致美感不彰自现，名门尊崇气派一览无余。加上传承经典的独特盾形标志，秉承经典英伦风格，结合中国元素，更彰显王者之气。

7. 观致牌中级轿车

观致成立于 2007 年 12 月，总部位于江苏常熟，拥有设备先进、高效、环保的生产基地。该生产基地的初始产能为每年 15 万辆，最大产能将达到每年 30 万辆。观致汽车目前在德国慕尼黑、奥地利格拉茨以及中国上海拥有设计及工程研发中心。

观致汽车从零开始，没有历史束缚，完整和独立运营的能力形成了其独特的商业模式。观致汽车招募了全球汽车行业内外的精英，致力于打造符合欧洲最高质量标准的产品。观致汽车承诺提供按照最高标准打造的安全性能、雅致的设计以及为现代都市年轻消费者量身打造的可即时与外界时刻保持互联的车载服务。

作为一家全新的汽车制造公司，观致汽车在企业管理和车型平台等方面做到完全独立自主。其平台是与国际顶级供应商麦格纳斯太尔合作开发，对机械严格要求，符合欧洲主流市场的标准与需求，在所有供应商中，95% 都是国际知名的优质供应商。同时，通过整合全球精英组建了一个从一开始就高度国际化的管理团队。

观致 3 的车身长、宽、高分别为 4 615 mm、1 839 mm、1 445 mm，轴距为 2 690 mm。简洁的车身线条和饱满的前脸造型迎合了绝大多数人的审美，新车采用了独特的 8 辐轮毂设计，镶嵌于 U 形格栅顶部的宽镀铬饰条与独特的观致方形立体车标相呼应，赋予前脸别具一格的家族特征。坚固的宽幅前保险杠给人十足的安全感，配合源自车标设计灵感的蜂巢状 3D 亚光格栅，细节处彰显优雅稳重的形象。尾部设计同样别致出众。LED 导光轨组合式尾灯延伸了尾部宽度，带来极为震撼的视觉冲击，更与整车的横向线条设计一气呵成。内部空间非常宽敞，整个中控面板严格按照简约思路来处理，最上沿是空调出风口，中段配备了一块 8 英寸触摸显示屏。最下方则是简单的空调控制区域，力求视觉上的简洁干练。车内配备了一套由观致汽车开发的车载信息娱乐系统，驾驶员可以在这套车载信息娱乐系统的界面上通过滑动手指来使用各项功能，因此驾驶员对车辆信息及娱乐系统的操作可以轻松实现。

动力方面，观致 3 在国内上市时有两款 1.6 L 排量的发动机可供选择，均配备可变气门控制技术。其中自然吸气发动机的峰值功率为 93 kW，峰值扭矩 155 N · m；

图 3-85　观致 3 中级轿车

涡轮增压发动机峰值功率为 115 kW，峰值扭矩 210 N · m。传动系统方面，以上两款发动机都可匹配 6 速手动变速箱或 6 速双离合变速箱。

在 2013 年的欧洲 E-NCAP 碰撞测试中，观致 3 轻松地获得了欧洲碰撞五星的成绩，这是中国自主品牌获得的第一个五星。观致 3 四项总分达到了惊人的 340 分，这在整个 2013 年度排到了第一位。纵观整个 E-NCAP 碰撞历史，也只有沃尔沃 V40 超过了观致 3。这证明了中国人是能设计制造出世界上最安全的车的。

第四章　公交客车

公共客车是指最为普遍的单层、双层大众运输工具。从产品形态上分，有大型、中型之区别；从用途的类型来分有公交客车和长途客车，公交客车包括以规定路线运营的定站客车和团体型运输客车，而长途客车指在一般公路和国道上进行客运的车辆。

改革开放前，中国公共客车的全部注意力集中在城市公交车辆上，其他公共客车均在此基础上进行功能扩展，而这一类公共客车的设计无一不是以追求最大载客量为目的的，像北京、上海这种特大型城市的需求，更是迫切。所以本章重点以两个品牌的公交客车作为对象进行叙述。

公共客车虽然有电车、汽（柴）车之分，但大部分技术来自载重汽车，然后根据各城市的地形和运量配置不同的动力，再配置相应的动力控制系统，所以与之重叠部分的技术不再介绍。

从设计角度来看，公共客车的发展分为三个时期。第一个时期：1955 年至 1975 年，基本上是平移载重汽车的技术，外观设计上适应机械加工程度不高的工艺制作手段。第二个时期：1975 年至 1990 年，是通过设计拓展产品性能的时期，主要是加大轴距、轮距，优化制动系统，加强横向稳定系统，增加液压助力方向机，以减轻司机的劳动强度，同时造型设计上更加理性，适合机械化批量生产。第三个时期：1990 年以后，是更新时期，公交车辆将目光锁定在新一代黄河牌、陕汽牌重型载重车技术上，根据公交特点，联合开发大型客车底盘，采用了包括斯太尔发动机在内的关键技术，采用承载式结构，在外观设计方面已经意识到公交车辆对于城市形象的表达作用，长、宽、稳的设计符号被广泛应用。

1990 年以后，公共客车设计进步迅速，专业化程度不断提高，形成了明确的用途类型，逐步明确了“团体客车”“长途客车”等一系列细化设计，专业客车制造企业的优质产品不断被应用到公交客车中，并不断更新能源，追求低碳指标。而大型、中型、小型公共客车的制造企业无一例外都通过合资生产的过程，更新了技术、工艺，更新了设计观念，在最后一节中列举的品牌和产品中可以看到这种“蜕变”的过程。

第一节　北京牌公交客车

一、历史背景

1924 年，北京第一条有轨电车线路开通，采用木制车厢，行驶起来轰然作响，车内前后各有一套驾驶系统，车上共有两个推拉门供乘客上下，司机站着开车，脚下踩着的一个机关控制着一个警示作用的大铜铃铛，故俗称“铛铛车”。北京的有轨电车是“杂巴凑”：轨道和车底盘是法国造；发电设备来自瑞士；变电设备是德国造；修理设备来自英国；电车导线和线网零件是日本的。1945 年抗日战争胜利后，北京交通秩序异常混乱。据《北京电车公司档案史料》记载，仅 1947 年，军车撞毁电车的事故就达 203 起，占电车公司当年事故总数的 73%。以上种种，使当时北京的电车运营举步维艰，许多线路停驶。

1935 年，北京开始有了公共汽车，美国的道奇、日本的丰田居多，乘客根据这两种车的外形将其称为“美国大鼻子”和“日本小土豆”。刚开始时只有四条线路，即东四到虎坊桥的一路，鼓楼到菜市口的二路，东华门到南苑的三路，东华门到八大处的四路。抗日战争胜利后，由于汽油短缺，不得不在车后加装了炉子，以烧木柴和木炭为动力。为了节省木材，1951 年，公共汽车修理厂研制出了以煤代木的煤气炉，由烧木柴、木炭改成了烧煤。北京的汽车人决心制造出国产的公共交通工具。他们从有轨电车开始着手电车的研制和生产。1949 年以后，北京市电车公司开始对原法国制造的 100 型有轨电车进行测绘，在资料不全、设备简陋的情况下，于 1951

图 4-1　正在北京王府井大街上行驶的京一型（BK540）无轨电车

年研制出了有轨电车的心脏——30 kW 直流牵引电动机，同时将法国的木头无轨电车改造成了铁皮车身的有轨电车，第一辆国产有轨电车便这样诞生了。

北京正式研制公共汽车始于 1956 年。那年，上海友福汽车车身制造厂的 99 名技术人员和工人为了支援北京的公交建设举家北上，在一块十分荒僻的地方成立了北京市无轨电车制配厂（后来更名为“汽车修理公司四厂”）。第一个五年计划期间，在北京市专门领导小组的指导下，用手工于 1956 年 10 月 17 日试制完成全国第一部京一型（BK540）国产无轨电车，该车采用解放卡车底盘，车长 9.2 m，额定载客 83 人，填补了我国无轨电车生产的空白。

无轨电车问世后以其快速、低噪声、较有轨电车强得多的通行能力受到了北京人民的欢迎，但无轨电车存在的诸多缺陷也显而易见，当时，国产的公共汽车尚未问世，长安街又不得搭建无轨电车线路，于是，电车修配厂的技术人员曾努力研制无轨电车无线通过长安街的办法，他们曾将一个巨大的偏心轮装载在发动机上，反复试验靠偏心轮的惯性把车辆“甩过”天安门，但是距离遥远、路况复杂，即使前方没有突发情况也难以滑行如此距离，倘若出现突发情况，一个刹车下去，车子就会抛锚，试验终未成功，但此后，灵活、机动、通行能力强的公共汽车就成为北京公交车辆发展的主攻方向。另外也有一些尝试性公交客车设计，但终因技术不成熟而作罢。

二、经典设计

1. 借“机”而生的产品

1957 年 12 月，五七型公交汽车（俗称“五七型”）在汽修四厂试制成功。该车是京一型的汽油版，采用解放底盘，全金属半承载式结构，车长 8.5 m，额定载客 75 人。“五七型”的设计灵感来源于捷克的克罗沙、斯柯达等大客车。

技术人员采用了放大样的方法，当时工厂只有一台手动的油压机，由于没有专用的大梁槽盒，工人们将 4.5 mm 厚的钢板烧红了，用錾子一点一点“剁”成槽盒，“五七型”一改日式老旧车型三角铁镶木条的铁木结构为凸型骨架的全金属结构。车身的强度大大增强，车内相对宽阔，乘坐相对舒适，司机视野也宽阔多了。“五七型”一经问世就成为北京公共交通的经典车型，从 1958 年至 1971 年共 13 年，成为这个特定历史阶段的“时代车”。“五七型”又是“功勋车”，它的使用跨度一直

图 4-2　北京公交系统所进口的斯柯达拖挂型公交车

图 4-3　BK560 型公交客车

延续到 20 世纪 80 年代初，其使用率覆盖了北京市公交线路的 80% 以上。由于我国汽车工业的整体发展水平所限，“五七型”没有专用的发动机和底盘，其大梁是由解放牌载重汽车改装加长的，使用的是解放牌发动机，发动机机型的单一使得客车发展改型受到制约。

继“五七型”后，还生产过小批量的 BK560 型铰接式公交客车，这种车是京一型的加长型，1966 年试制，解放底盘，车长 13.4 m，额定载客量 135 人。但仍使用“五七型”的解放牌 70 kW 发动机。

图 4-4　“五七型”公交客车

图 4-5　“五七型”公交客车车厢内部

图 4-6　BK640 型公交客车

这种车辆诞生不久，由于缺少汽油，车顶安装了大型的橡胶储气袋，里面灌满了煤气作为汽车的动力，不少描写铁人王进喜的文章中提到“铁人”到北京开会时，见满街跑“大包车”，十分不安，暗下决心，非要打出个石油翻身仗，报效自己的祖国。

由于工艺水平和技术设备的落后，一直到 70 年代初，BK640 型圆弧造型的前脑（镶嵌挡风玻璃的上部）、“后背”（车后部）都得工人们用木榔头一点一点地敲打出来，8 小时下来，工人们的胳膊都震得失去知觉，有 80% 以上从事以上工序的钣金工患有腱鞘炎，许多人的双臂极不对称，右臂奇粗且青筋毕露，显出生活的沧桑，但正是这些工人师傅用他们毕生的经历和智慧为北京乃至中国的客车生产奠定了一个坚实的基础。就这样，负重而行的“五七型”走过建国初期的困难时期，走过经济发展的难忘岁月，走进了改革开放的崭新时代，成为北京公交发展史上的里程碑。

2. 经典再出发

继“五七型”之后问世的是 BK642 型公共汽车，该车于 1971 年定型生产，车长 8.7 m，额定载客 81 人，这种方厢结构、薄顺、大挡风玻璃的设计代表了当时客车设计的国际潮流，替代了以“五七型”为代表的圆弧形设计，令人有耳目一新之感，

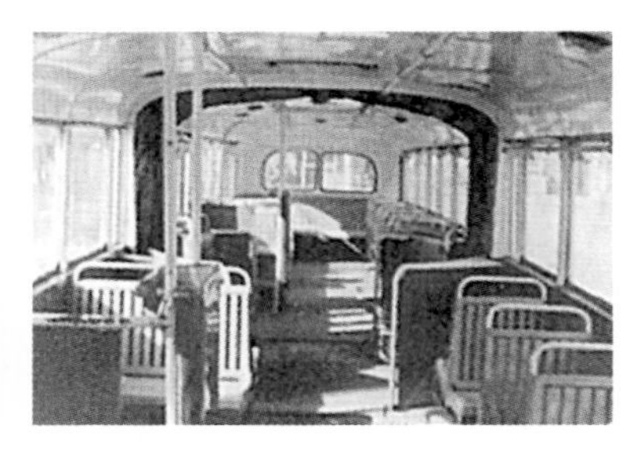

图 4-7　BK640 型公交客车的驾驶室

图 4-8　在 BK640 型公交客车基础上设计的铰接式车厢内部

这种车玻璃宽大，采光优越，另外，车门加宽了，方便了乘客上下，一经问世就成为北京公交的主力车型，逐渐替代衰老的“五七型”占领了北京的马路舞台，当时，日本首相大平正芳曾频频来我国访问，于是人们将 BK642 昵称为“大、平、正、方”。后来，该种车型又进行了多次改型，但其前、后十分宽大，优美的挡风玻璃和方厢、薄顶的车体结构一直沿用到 20 世纪 90 年代中期。故 BK642 可以说是继“五七型”以后的又一具有历史意义的经典车型。

作为上述车型的后继型，BK644 代表了我国在一个历史时期中客车生产的最高水平，许多精工细作的 BK644 作为国家级的“礼品”出口国外，阿尔巴尼亚等国的大使馆用车也是专门定做的 BK644。大约在 1979 年，国家旅游局为了旅游事业发展的需要曾在北京、上海、天津、广州等城市组织开发生产了 200 辆国产空调客车，北京将这种车定型为 BK644 旅游车。该车除冷暖风空调设备为日本生产外全部国产，车长 9 m，额定载客量 31 人。BK644 在公共汽车发展史上的意义十分重大，它弥补了我国空调客车工业的空白，后来因为自身太重、功率偏小（仍使用解放牌 70 kW 发动机），爬坡性能差，在八达岭一段山路上行驶尤为困难，于是就没有投入大批量生产，现在，在北京作为机关用车的 BK644 也早已退役，但其优美的外形和先进的车内设施却受到业内人士的称道，成为那个时代客车生产的骄傲，到 BK645 型时已经几近完美了。

3. BK670的设计

1985年，北京市客车总厂成立，北京的客车生产向集约化、规模化迈进了新的一步。同年，北京BK670型大客车（俗称为“大一路”），昂然驶上长安街头，它在坦阔的长安街上行驶的雄姿曾深深地印在不少北京人的脑海中。该种车型是1985年由国家建设部鉴定并投入生产的，它采用济南JN651底盘，杭州大功率发动机，车长16.8 m，宽2.5 m，高3 m，乘员166人。减少座椅后，高峰时可容纳220多人。当时甚至有人主张将部分“大一路”设计成没有一个座椅的“大平板”车，这样满载后可以达到三百人以上，用它来解决乘车高峰的乘客滞留问题，但终于没有实行，当时公交车辆几乎全凭大公共汽车独立支撑天下，运力的不足可见一斑。BK670的车门由传统的双门改为四扇门对开，既减小了车门的受力面又增加了车门的扭力，可同时供四人上下，当时这种加强型车门以及它在使用中出色的抗拥挤性曾是北京客车生产工人的骄傲，同时引得许多外地客车生产的同行竞相学习、借鉴，这是一种历史和社会阶段的需要。

BK670的超大容量在那个年代里显示了力量。上下班高峰时，它的到来一下子就能将二百余位乘客运走，为北京拥挤的城市交通立了奇功。

BK670两种色彩相间的庞大车身象征了泱泱大中华的巍巍气概，在那个年代的

图4–9　BK670型公交客车

图 4-10　首批进京培训的女公交客车司机

电视镜头或电影纪录片中，雄伟的长安街上或特别显示首都城市现代化的建国门立交桥上（当时建国门立交桥是长安街上仅有的一座立交桥）昂然行驶着我国自己生产的 BK670 超大型客车，是那个时代人们的骄傲。那时，天津、武汉、四平等传统的客车生产城市纷纷向北京索要图纸，生产 BK670，或者干脆大量购买。光支援天津外环路运营，北京一次性就提供了三十辆，由于 BK670 车体将近 17 m 长，中间由活动的铰接机构连接，不少司机倒车时按照寻常的手法，往往首尾不能相顾，把司机急出一身汗来，生产厂家的老司机们就无条件地负担起义务代培的任务，手把手地指导接车人员开车、倒车。

那时候，兄弟城市间没有企业机密可言，生产厂不但无私奉献技术和经验，而且无偿派技术人员和工人技师亲赴外地厂家指导客车的研制和生产，培训客车设计人才，为我国客车的发展贡献了力量。至今，我国各省市一些大型客车生产厂家仍忘不了北京老大哥的支援。

三、品牌记忆

1976 年以前，中央领导人逝世，没有专用的灵车，只能用解放牌卡车代替，车厢上面载着逝世者的灵柩，周围遍插松柏，车头上方矗立着逝世者的遗像。

1975 年冬，汽修四厂接到了一项紧急任务，在一个星期的时间里制造出两辆后开门、车厢内带滑轨、驾驶室和车厢分隔开的 640 型单机改型客车，用途保密。直到遗体火化那天，汽修四厂的工人们才亲眼看见自己制造的灵车载着伟人缓缓驶向八宝山。后来，那两辆灵车交民政局管理，再后来被某博物馆收藏作为历史文物供人们瞻仰。

1976 年 9 月 10 日，毛泽东逝世第二天，正当汽修四厂全体员工忙着搭灵堂组织悼念活动的时候，一辆前不久出厂的由 BK640 改型的医疗车，由当时的中央保卫局、北京市革命委员会以及汽修四厂的上级单位——北京市交通局、北京市汽车修理公司的有关领导护送回厂。该车本来是地震中供毛泽东办公、休息兼医疗保健的医疗车，要求工厂将它在毛泽东追悼会之前改造成一辆具有遗体保护功能的专用灵车，安放毛泽东的遗体。厂里马上成立了“毛主席灵车制造指挥部”，在两千多名工人当中挑选出了几十个政治可靠、技术过硬、在历次政治活动中表现出色的技术工人组成若干“战斗小组”轮番作业。灵车的制造车间选在右安门西北一处偏僻的地方（现红楼梦大观园的东墙外）以便于保护和监控，荷枪实弹的武装士兵对灵车的工作现场实行全天候的监控，上车作业的工人都佩有专门的工作证，一班人上去，一班人下来。其他工人不许随便到现场参观，并动员全体职工严格保密。制造任务十分紧迫，

图 4–11 毛泽东的灵车

接到任务第二天，当时的老厂长获准到毛泽东遗体前丈量水晶棺。制造灵车的过程中需要几张厢内装饰用的三合板，提供三合板的某木材加工厂接受任务后，在成千上万张三合板中精挑细选出最好的几张，精选了几位技术高超的老工人手工打蜡。

经过技术人员和工人们精雕细刻，灵车体现了当时客车制造的最高设计和工艺水平。灵车的外观设计简洁庄重，风挡玻璃宽大，车头呈四方形，车身约 10 m 长，主色调为乳白色衬以天蓝色的裙边，通体洁净凝重。前置解放发动机，全车都由国产部件组成，驾驶室与置放灵床的车厢以木制隔墙隔开，隔墙后是放置党旗、挽带等的木柜，本色的木地板，地角铺设着冷气风道，车厢两侧是守灵卫士的排椅，一侧设枪架，可升降的木制灵床摆放在车厢中央，有着厚厚的床体、朴实无华的板式床头，车厢天花板上镶嵌着两排宽大柔和的日光灯，车厢两端无侧窗，只有中部设一个供守灵卫士上下的窄门，车后部有两道铁门，第一道两扇对开，第二道为推拉门，这是全车的最重要部位，毛泽东的灵柩将通过这里经由一个特制的托架端放于灵床上。

灵车此一去再无消息，当年的设计人员和工人们心之所想、情之所系，有人说，灵车载着毛泽东的遗体直到纪念堂建成。也有人说，灵车已经作为遗物存放于某地。但这都是揣测，想起那难忘的日日夜夜，汽修四厂的老工人们就激动得难以自持，他们特别想知道灵车后来的经历，他们特别期盼灵车尽早驶下神坛，讲述那一夜以后的故事。

四、系列产品

1. BK630 旅行车

BK630 旅行车是 1972 年试制并投产的，该车采用 BJ130 型轻型底盘，车长 5.85 m，额定载客 14 人，它不同于大客车，车身结构采用的是无骨架薄型结构，该车是技术人员和工人们团结协作的产物，有的地方甚至“先有车、后有图”，鉴于该车是国内首创，很多配件都找不到，于是四处寻找代用品，红旗轿车的方向盘、飞机专用

图 4-12　正在检修的 BK630 旅行车

航空座椅——如此豪华的内饰在国产车中绝无仅有，令许多人叹为观止。该种车型本来是为机关团体使用设计的车型，但定型生产后，其轻便、灵活、机动、价格低廉的特点使其马上成为刚刚发展起来的小公共汽车的首选车型，BK630 取代此前使用的日产丰田车成为北京小公交的主力。BK630 的试制成功，改变了进口中型面包覆盖北京小公共线路的局面。后来，该种车型迅速由北京市客车一厂改型为红叶牌，投入大批量生产，迅速占据了北京小公共运营的一壁江山。BK630 与“五七型”相仿，都是一个时代车型的开山之作。

2. 北京京华 BK6180 公交车

北京京华 BK6180 公交车是北京市 20 世纪 90 年代至 21 世纪初期的公交车主力车型之一，被称为“斯太尔通道”，该车生产技术全国领先，使用陕汽斯太尔底盘，潍柴发动机，功率大，不过噪声也大。

该车最初是为了接送参加远东及南太平洋残疾人运动会的残疾人运动员的，故该车底盘比当时使用的公交车低，而且车厢内部座椅为纵向，空间较大，需要轮椅代步的运动员可以在车内运动自如。而且为了乘客安全，该车内部的安全扶手设置密度很大。

由于该车最初的目的是供远东及南太平洋残疾人运动会使用，所以没有大规模

图 4-13　北京京华 BK6180 公交车

量产，故数量不多。远东及南太平洋残疾人运动会结束后，该批车辆被投入到 1 路和 57 路上使用，2000 年前后在 320 路上使用。该车车长 18 m，最初原车红白色涂装，部分车后改为绿白色涂装，又有四门样车一辆，该样车公交自编号为 64001，在 320 路上使用时，四门车第二个门的内侧放有纵向座椅，停止使用该门。1993 年试制成功，2005 年报废。四门车报废更早。目前北京公交使用的车辆性能达到了先进的水平，品牌也相对集中。

北京公交从 2004 年开始在 121 路进行纯电动公共汽车的示范运营。通过实际运行，总结经验和不足，进行改进，由京华客车制造厂与北京理工大学合作生产了 50 辆 BK6122EV2 低地板纯电动汽车，提供北京奥运会期间运动员村内的交通服务。纯电动车动力系统采用异步交流电动机和与之相配套的交流电机控制器，主电源采用锂电池，并带有多种自动检测功能的电池能量管理系统，为了解决续航里程短、充电时间长的问题，采用了快速分箱充电技术，由机械手自动整箱更换电池箱，并配套建设了专门换箱的电动公交车充电站。

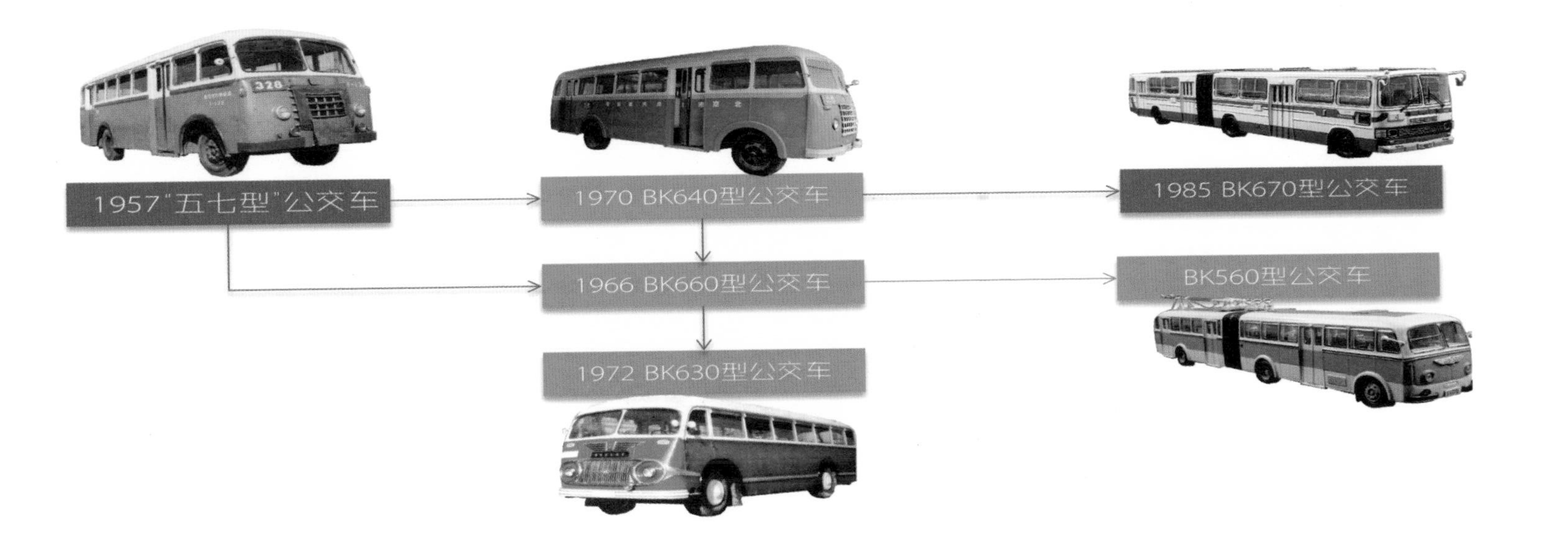

图 4-14 北京牌公交客车主要产品设计发展谱系图

第二节　上客牌公交客车

一、历史背景

上海客车厂前身是上海市公共汽车公司筹备委员会第一修理厂，创建于1945年11月。1951年1月改名为上海市公共交通公司修造厂，1954年7月改名为上海客车修理厂，1970年2月改名为上海客车厂。1969年5月至1971年11月期间隶属于上海市拖拉机汽车工业公司，其余时期隶属于上海市公用事业管理局，是一家专业生产城市公共汽车、无轨电车、团体客车的工厂。

从1973年起，上海客车厂开始了SK600大客车系列的生产，先后生产的车型有14种：640公共汽车；640B长途客车；640J城郊公共汽车；641、641A、641L团体大客车；641LK空调旅游大客车；641B长途客车；661铰接式公共汽车；661P铰接式公共汽车；661F、661F1铰接式高峰公共汽车；661F2隧道用铰接式高峰公共汽车；661J铰接式长途客车。另有SK670铰接式公共汽车是第一次采用黄河牌JN651底盘、6135Q发动机（118 kW）装配的，车长16.55 m，载客量可达230人。

该厂自1945年从一个小型汽车修理厂起步，到1995年成为国家大客车生产的骨干企业，其发展经历大致为4个阶段：

（1）1945—1949年，从事旧汽车整修和大客车修理时期。职工人数由100人增加到190人，建筑面积扩大到3 816 m^2，主要生产设备增加到69台。

（2）1950—1966年，采用国产汽车底盘生产大客车和无轨电车的时期。初期，征得肇嘉浜路308号地块，占地面积18 361 m^2，先后建造了4座车库，2个辅助车间，总装、发动机、热处理车间及五金仓库等。职工人数增加到1 274人，占地面积和建筑面积分别扩大到 24 396 m^2 和 17 880 m^2，设备增加到 189 台，形成年产大客车 600 辆的生产能力。期末，年产大客车 539 辆。

（3）1967—1982 年，生产 SK600 系列大客车与 SK500 系列无轨电车的时期。中期，原红轮厂划归该厂，新增土地面积 889 m^2，并征得东安路 235 号土地 9 057 m^2。后期在大木桥路 103 弄建造了一座四层库房楼，在东安路建造三层装配及油漆车间。职工人数增加到 1 949 人，设备增加到 310 台，形成年产大客车 1 000 辆的生产能力。至期末，年生产大客车及无轨电车 859 辆，完成工业总产值 4 064.17 万元，利润总额增加到 738.18 万元，全员劳动生产率提高到 20 984 元。

（4）1983—1995 年，开发生产 SK6972 型团体客车与大桥公共客车时期。初期，相继开发了 SK602 系列大客车及 SK502 系列无轨电车和 SK642LK 旅游客车；期末，开发了 SK6173N 型公共汽车。至 1995 年，生产各类大客车 3 521 辆，完成工业总产值 10 047 万元，利润总额达到 411 万元。该厂于 1986 年在第三次全国工业普查中被评为市级先进企业。

二、经典设计

1. SK561 公交车

SK561 在中国的城市公共交通界的地位，不夸张地说，就是中国公共客车领域的“大众甲壳虫”。1982 年 2 月，上海客车厂开始开发 SK561（电阻调速）电车，并于当年 10 月在上海市的 20、26 路等公交线路上运行。后经多次改进和演化发展成为 SK561GF（可控硅调速，高峰型）手摇窗型和推拉窗型两种，二十余年来生产的数量无法统计，并在哈尔滨、长春、西安、兰州、福州、南京、郑州、南昌、广州、济南、青岛、洛阳等众多大城市投入数十条电车线路的商业运行，该车在 20 世纪 90 年代中后期开始陆续退出客运市场。

SK561 电车有一张被称为“火车脸”的车头，和其他的老式电车一样都是电阻车，但外观造型方面已经开始“脱胎换骨”，也基本奠定了后来的 SK561G（即

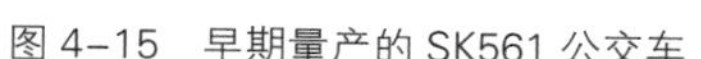
图 4-15　早期量产的 SK561 公交车

图 4-16　SK561G 可控硅电车

SK561GF）除了前脸外的车身造型。

在 SK561G 之前的电车都是用电阻调速的“电阻车”，起步的时候会很冲，电车的线网耗电量也很大，以前的电车都是套用汽车的型号（如上海 70 年代末的 SKD663 型），型号中用字母“D”表示电车的“电”，以区别汽车型号，都是那种圆头圆脑的古董车造型，直到 SK561 研制出来，电车的造型（包括同时代的汽车版造型 SK661）才发生了经典的变化，整车外观造型由圆变方，电车型号也开始与汽车区分开来，（电车的型号用“5”打头，汽车的型号用“6”打头，所以汽车叫 661，电车叫 561，就是那个时候规定的）。

SK561 的外观造型虽然变化了，但是它还是“电阻车”，是用落后的电阻方式调速的无轨电车，也就是说，外面的“壳”虽然换了，里面的“芯”却没有什么根

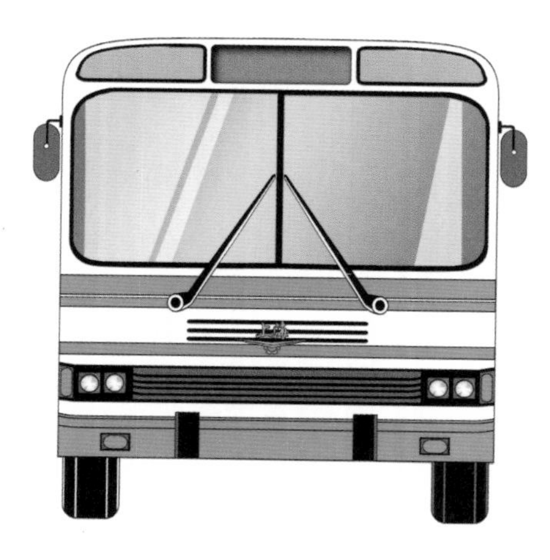

图 4-17　1984 年设计的 SK562 可控硅电车，采用了新底盘，造型设计也进一步突破

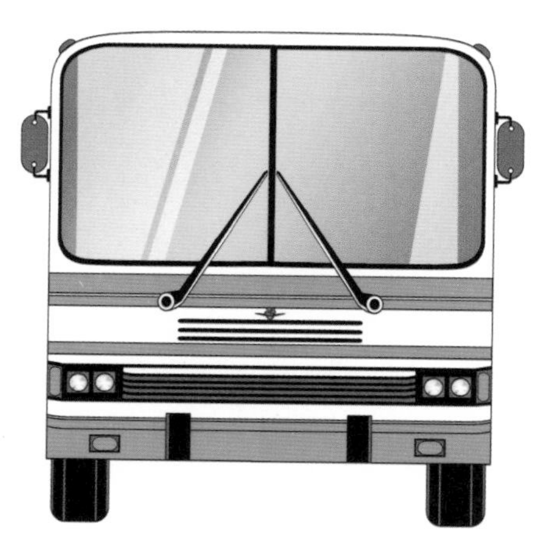

图 4-18　1989 年改进设计的同类产品，车架采用异型管，进一步增加了车厢的牢固度，前挡风玻璃进一步加大，造型更加新颖

本性的变化。但是，SK561无轨电车的外观造型发生的变化在那个时候已经很了不起、很新颖了。

由于进一步研制改进它的“芯”，用先进的可控硅调速技术取代落后的电阻调速方式，研制出了新的用可控硅调速的无轨电车SK561G，它的“壳”当然还是561的“壳”（不过前脸外观有变化），但耗电量明显降低，调速方式也更稳定，是我国无轨电车技术的一大改进，这种技术被广泛采用，用可控硅调速的电车又叫“硅”车，型号里有一个字母“G”表示。

从SK561G开始，以及之后的所有各型电车都是用可控硅的电车，所以电车型号里都有一个“G”。

SK561和SK561G相比，除了前脸外观和涂装线条有明显区别外，车身其他外观区别不大，重要的其实是后者的“芯”发生的极大变化，这是外观上看不出的区别。而1984年、1989年作为其后续车型的SK562设计则有很大的变化。

2. SK640公交车

这个系列的产品是最早使用解放牌底盘、发动机，加上基本是手工制造的车厢形成的单机公交车，中国早期豪华接待客车均在此基础上设计而成。设计具有很强的延展性，也是为数不多的能够批量化生产，并且能够形成团体客车、长途客车等相对细分种类的产品。历经多次设计以后形成了比较完整的产品形象，其理性的几

图4-19　1964年基于SK640技术开发的旅游型大客车天窗版

图 4-20　1964 年为上海锦江饭店设计的 SK648 旅游型大客车

何形态成为中国公共客车进入新时代的标志，在 20 世纪 70 年代以后的时间成为中国南方地区公共客车设计的主流形象。

上海公交在 20 世纪 80 年代初开辟了隧道专线，最初用的是 SK640 车，用解放 CA10 发动机。但是，随着越来越多的人口迁入浦东，隧道专线越来越挤，SK640 已经满足不了日益增长的客流需求了。

1983 年，隧道专线开始使用 SK661 车型。用了 SK661 以后，客流问题是得到了一定的缓解，但是车辆技术方面的问题却随之凸显出来。SK661 同 SK640 的发动

图 4-21　SK640 单机公交客车

图 4-22　上客牌 SK661 型公交客车正面

图 4-23　SK661 型公交客车车厢

机是一样的，但是 SK661 的负载却比 SK640 大了约 40%。加之当时打浦路隧道的车流日益增多，已经不能像以前那样靠车辆下坡时获得的加速度冲出隧道。于是就经常发生隧道专线满载后在隧道内爬不上去，叫全体乘客下车推车的事情。

于是，公交方面想到了给隧道专线更换更大功率的发动机。这事情说起来容易做起来难。首先，要选定一台合适的发动机，对比了一下，还是决定用柴油机，因为从特性上来看，同等排量的柴油机可以在较汽油机低的转速条件下输出比汽油机高的功率和扭矩，虽然，同等排量的柴油机的峰值输出功率不一定比汽油机大。但是，选定何种型号的柴油机却是个大问题，因为，依照当时的技术水平，同等排量的柴油机都要比汽油机体积大许多。如果选用小排量的柴油机就失去了更换发动机的意义。同等排量的柴油机又无法装到 SK661 的发动机舱内。这时候，得到了一个信息，就是兵器工业部石家庄柴油机厂准备引进道依茨风冷 F6L912 柴油机的许可证，

图 4-24　全体乘客下车推车的事情时有发生

图 4-25　SK661 型公交车

并且，已经用进口散件组装了一批。事实上，F6L912 发动机的排量还是要比 CA10 小，不过小得不多。于是，立刻派人去河北石家庄考察。发现这款柴油机体积正合适，因为少了液冷循环系统。于是当即拍板，决定在隧道专线上采用这款柴油机。但是，毕竟它是一款风冷柴油机，对冷却系统的要求很高，而 SK661 是采用液冷汽油机设计的，工作环境是截然不同的，所以日后产生了许多的问题。

振动及噪声的问题在当时并没有被当作一个主要的问题来对待，主要原因是当初公交主要要解决车辆的动力不足的问题，当时大概也没有舒适性这个概念。一般而言，风冷式比液冷式的发动机噪声要大许多，主要原因就是那个轴流风扇的巨响和少一个液冷循环系统间接地起隔音作用。而且 SK661 发动机是前置，又没有什么有效的隔音措施（就一个玻璃钢的发动机罩，而且还不密封），里面的噪声可想而知，20 世纪 80 年代的上班族都应该亲身体验过。

如果说噪声是我们当初不重视的话，那么振动则是我们没有认识到的危害。这型发动机应该是振动比较厉害的一型，而且因为它不是当初设计底盘时备选的机型，所以没有和底盘配合经过台架试验。限于当时的技术力量，所以也无从去修改。当时认识上还有个误区，就是以为振动没什么大不了的，大不了掉几颗螺丝，拧一下就完了。后来在使用过程中发觉这振动的程度几乎是无法接受的（后来有改进，但没有很大的改变），车辆只要使用一两个月，前车厢的螺丝几乎没有一颗是紧的，造成很多机件设备早期损坏。但是更严重的问题还是过了几年才发觉，许多车架长年在这种不匹配的频率振动下，或多或少都出现了金属疲劳的问题，有的车架甚至已经出现了比较大的裂纹。为此，总公司又组织了一次攻关，最后，对底盘增加了一些配重，加强了一些容易出现疲劳现象的部分，总算把这个问题改进到可以接受的范围内。

3. SK5115GP 城市公交无轨电车

SK5115GP 城市公交无轨电车是上海客车厂设计生产、于 1999 年出厂的，批量行驶于上海 20 路。那圆滑的脑袋、狭长的身躯和高大的前窗，在当时真是鹤立鸡群。该车外形也成为日后上海客车、上海沃尔沃客车的外形基础。独特的后置电控，取消了传统电车进门一个大箱子的局面，使得车厢空间更加宽敞。这款车配备了老电车没有的方向助力器，方向盘转起来轻松多了。

虽属 11 m 的大型车辆，但 SK5115GP 的车内布局并没有把潜力全部发挥出来，空间浪费比较严重。两级踏步的地板高度是本车的亮点，可第一批车先天不足导致底盘变形，终究只能提前报废。后期生产的上海市未再行订购，转销洛阳、南昌等城市。

图 4–26　上海沃尔沃客车

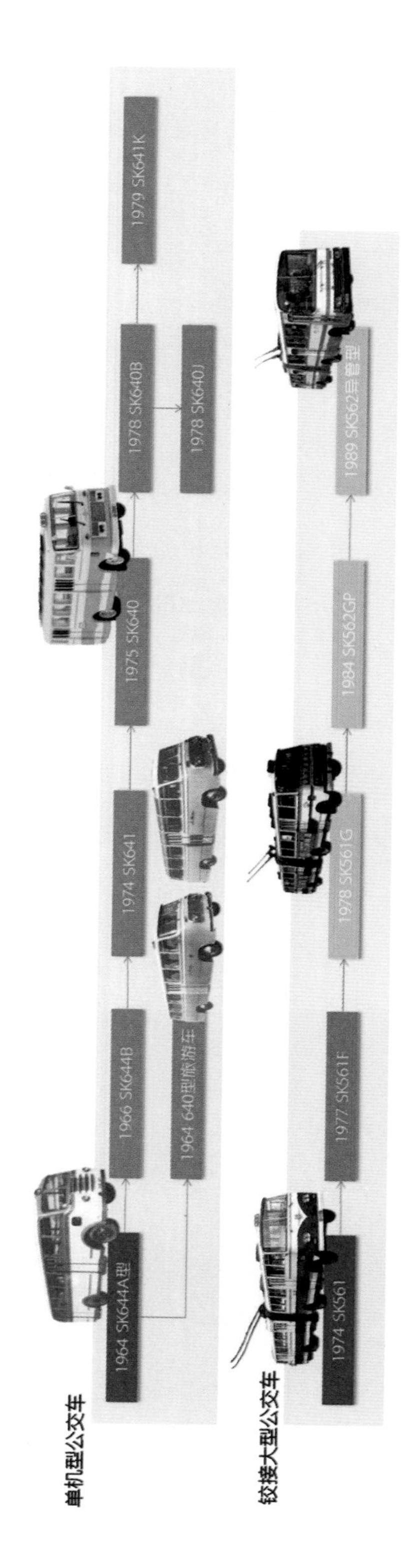

图 4-27　上客牌公交客车主要产品设计发展谱系图

第三节　其他品牌

1. 黄海牌团体客车

丹东汽车制造厂是全国最早生产专用车、改装车的厂家之一。拥有 4 000 辆专用车、改装车生产能力。主要生产黄海牌长途大客车、城市大客车、8 吨载重汽车和自卸车、12 吨长梁运输车、解放和东方系列自卸车、运油车和各种工程修理车等。早期黄海牌长途大客车、城市大客车均采用解放牌汽车底盘、发动机，工厂经技术改造后，从国外引进先进技术，1990 年已达年产 10 000 辆的生产能力，产品质量达到同期国际水平。

图 4–28　黄海牌公交车

图 4-29 早期的黄海牌团体客车

图 4-30 黄海牌长途客车

2. 象牌轻型客车

万象汽车厂于 1972 年开始生产 SXC630 型象牌轻型客车。连续生产 10 余年。为改变国内轻型客车落后面貌，中国汽车工业联合会（以下简称中汽联）于 1987 年 4 月在成都召开 630 系列旅行客车联合开发研讨会。会议决定由中汽联科学技术司组织，中国汽车技术研究中心牵头，组织 ZQ6600 型的全国联合设计。会后，万象汽车厂于 1987 年 11 月组织设计、工艺人员在国内进行选型调研及方案论证。1988 年 3 月，确定厂长夏解平为该项目的主要负责人，成立了以总工程师涂志斌为主的项目领导小组，下设设计、工艺、标准化和试制四个工作小组，选拔了 20 余名工程技术人员及 30 多名优秀的生产骨干从事该项目各项工作。1988 年 4 月，设计小组完成

图 4-31　象牌 SXC6601 型轻型客车

第一轮试制样车的主要产品图纸，工艺小组对产品图纸进行工艺性审查，并编制了SXC6601 试制工艺方案、5 种生产说明书、11 份工艺规程、87 份工艺卡和零件工艺分工路线明细表。试制小组制作了 28 副成型模具、35 块样板和前后围拼焊夹具、大小平台拼焊和车身骨架总拼用的工艺大梁等 3 副焊接夹具。这些试生产前期准备工作有效地保证了车身焊接、冲压、油漆和整车总装的顺利进行。1988 年 9 月采用唐山汽车厂的非独立悬挂底盘，完成了第一轮试制样车 2 辆。1988 年 10 月至 1989 年 1 月，由中国汽车技术研究中心组织在海南汽车试验场完成了 3 万公里道路可靠性试验和性能试验，以及 5 000 km 强化路面试验，试验结论为："车身损坏不大，可靠性较好，设计和工艺改进后，以非独立悬挂底盘相匹配，可望提前鉴定。"根据车辆道路试验中暴露出来的技术性问题，由厂长夏解平、总工程师涂志斌组织有关技术人员对骨架结构布置、刚性强度及整车布置合理性等问题进行分析研究，列出整改项目，组织有关人员攻关。1989 年 2 月开始整改，同年 6 月完成第二轮试制图纸的修改工作，9 月底完成了样车试制。第二轮样车底盘采用唐山汽车厂的非独立悬挂底盘和上海第二汽车底盘厂的独立悬挂底盘，该厂将第二轮样车在郑州汽车试验场进行淋雨试验和制动性能试验等，对车身与底盘的匹配性、车身大梁工艺的可行性、车身结构刚性强度和可靠性等指标，做了进一步的考核，试验证明：整车结构设计是基本成功的。因此，第二轮的样车参加了由中国汽车技术研究中心组织的专项性能测试，测试结论为："整车性能基本达到设计任务书提出的要求，该车具有良好的动力性和燃料经济性，达到国内同类车的先进水平。”1989 年 12 月 5 日至 6 日，中汽联科学技术司在北京召开 LS630（ZQ6600）系列轻型客车鉴定会，结论为：“样车采用膜片弹簧离合器、五挡全同步变速器、真空助力双管路液压制动系统、少片变截面钢板弹簧扭杆独立悬架、变速比循环转向器、弯大梁等国内汽车先进结构，性能良好，与整车匹配合理，满足使用要求，整车技术性能属国内领先地位。该车总体布置合理，外形协调，美观大方，乘坐舒适、安全、可靠，具有良好的平顺性和经济性，是一种适合城乡企业和旅游使用的车辆，同意通过鉴定，可以投入批量生产。”

SXC6601 系列轻型客车获得多种荣誉称号：1988 年 10 月获中汽联颁发的“中华杯”奖杯，1989 年获中汽联颁发的“新产品优秀奖”，1990 年 7 月获上海市科技成果奖、1991 年 10 月获上海市首届科学技术博览会银牌奖，在 1991 年举行的“首届上海市最受欢迎的国产汽车评选”活动中，获轻型客车类第一名。

3. TJ620A/620B 型客车

天津电车修造厂自 1965 年第一辆 TJ620 型轻型客车试制成功后，至 1969 年，一直处于样车的试制阶段。五年间共试制生产汽车 33 辆。

1967 年，天津电车修造厂更名为天津市客车厂。1970 年，在天津市革委会生产

图 4–32　TJ620A 型轻型客车

图 4-33　TJ620B 型轻型客车

指挥部组织汽车会战时，TJ620 轻型客车被列为重点产品。在各级领导的支持下，解决了制约汽车投产的发动机及零部件供应问题，开始小批量试生产。当年生产 TJ620 型汽车 85 辆。

TJ620 型是以北京 BJ212 轻型越野汽车底盘附配件为基础发展起来的，车长一般为 4.4~4.8 m，乘员 9~11 人。

天津市客车厂于 1974 年着手进行二代产品 TJ621 型的开发工作，经历三轮试制，至 1981 年完成了全部试验。但由于一些先进结构，如前桥独立悬挂等，当时在国内无法解决配套加工，致使产品无法投产。为了尽快实现车身换型，该厂确定在原 TJ620A 型汽车底盘上，换装 TJ621 型新车身，定名为 TJ620B 型，以此作为 TJ621 型的过渡产品。该方案经上级主管部门批准后，于 1982 年 4 月，TJ620B 轻型客车正式投产，注册商标为三峰牌。同时终止了 TJ620A 型生产。其换型产品 TJ621 型，虽然于 1984 年经中国汽车工业总公司批准定型，1987 年，又荣获中国汽车工业联合会颁发的新结构金杯奖和性能银杯奖。但因考虑到 TJ621 型与国外同类车型仍有较大差距，为了实现高起点，决定采用技术引进方式实现老产品更新换代，因此未能批量投产。

4. 沈飞牌客车

沈阳飞机制造公司早在 1957 年 5 月就开始制造有 41 个座位的松陵牌长途客车，并很快生产上千台投放市场。进入 80 年代，该公司开始进行中型旅游客车的引进和

图 4-34　SFQ6880 中型旅游客车

开发。1982 年被国家列为唯一定点生产中型旅游客车的单位。至 90 年代初，先后研制生产出 9 个型号的旅游客车、团体客车和轻型越野车。

图 4-35　SFQ6981 中型旅游客车外观

图 4-36　SFQ6983 型客车

（1）SFQ6880 中型旅游客车

该车采用后置柴油发动机，有 35 个座位，视野开阔，乘坐舒适，装饰华丽，并有空调、立体音响、冷藏箱、时钟等设施，适用于旅游观光活动。

（2）SFQ6981 中型旅游客车

该车采用后置柴油发动机，装有空调机、高靠背可调座椅、冷藏箱等设施。标准型设有 39 个座位，另外可按需要增装 8 个边座，适于旅游观光和机关团体用车。

图 4-37　SFQ6984 型客车

图 4-38　SFQ6985 型客车

（3）SFQ6983 型客车

该车为前置汽油发动机的中档客车，设有 49 个座位，适于长途客运和机关团体用车。

（4）SFQ6984 型客车

该车为后置柴油发动机的高档客车。标准型设有 43 个标准座位，尚可加装 9 个边座，并装有取暖设备。在 1988 年中国乘用汽车展览会上荣获工艺优秀奖。

（5）SFQ6985 型客车

该车为后置柴油发动机的高档客车，有普通和增压两种选择，外摆式车门，装有空调、音响以及空气弹簧悬挂系统，设有 39 个座位。在 1988 年中国乘用车展览会上获最高综合奖——中华杯。

5. 飞翼牌客车

1981 年，上海飞机制造厂贯彻“军民结合、以民养军”的方针，拨出 3.4 万平方米厂房，抽调工程技术人员和技术工人 600 余人，开始大客车制造的准备工作。1983 年初，由总工程师张士元负责总体设计，采用十堰第二汽车厂生产的 FQ140T 型三类底盘，于同年 5 月 21 日试制出第一辆 SF650 型团体客车。同年，上海飞机制造厂为在沪举行的第五届全国运动会批量制造飞翼牌 SF650TS 型大型客车，专用于接送运动员。这种客车造型新颖，防震性能好，噪声低，厢内置有 45 个可调节的可躺式座椅，宽敞舒适。1985 年 6 月，由上海市航空工业办公室主持召开鉴定会，通过技术鉴定。1984—1985 年，该厂结合全厂“七五”发展规划，建立了冲压、焊接拼装、磷化喷漆、总装配、整车检测和座椅等生产线（车间），形成了年产大客车 1 000 辆的生产能力。此后，先后开发成功并生产 SF650A、SF642 和 SF651A 型等团体客车。

1982 年初，地质矿产部要求上飞厂利用航空技术，在已开发的飞翼牌 SF640 大客车的基础上，开发一种具有密封防尘、防漏、保温、防震及厢形美观的特种工程车——数字地震仪仪器车，用于野外石油勘探，并替代进口车，节省外汇支出。同年 8 月，上飞厂试制出 SF401 型数字地震仪仪器车，8 月 17 日通过地质矿产部石油地质局、海洋地质局等 14 个单位的联合鉴定，同意进入批量生产。

1983 年以后，该厂相继开发出 SF401B、SF401C、SF402、SF405、SF430 等新型数字地震仪仪器车及 520 工程测井车，创产值 832 万元。其中，SF401B 数字地震仪仪器车获上海市优秀新产品三等奖。1984 年 4 月，该厂又设计试制出 SF404 型汽轮机热力性能试验自动测试车。车上装有现代化电子仪器和计算机系统，可直接测量并记录压力、温度、流量等 500 个以上信息数据，是国内节能研究的关键设备。当市场上电视机销量猛增，转播电视节目成为热点时，该厂技术人员立即开发出第一批（2 辆）SF140SZ9 大型彩色电视转播车。后曾为第十一届亚运会选送 3 辆 6 讯道、载重 19 吨的 SF19210 型彩色电视转播车。

1989 年 10 月，由高级工程师徐泽宏负责总体设计，采用杭州汽车制造厂生产的 HZ140T1 型三类底盘，于 1990 年 8 月试制成功 SF6972 型团体客车。该车为 49 座，最高车速为 80 km/h，最大功率为 99 kW，最大扭矩为 353 N·m。该车经上海汽车拖拉机研究所和上海飞机制造厂试验测定，结论为：各主要技术参数、整车技术性能（包括制动性能、排放污染及噪声）均符合设计任务书及有关标准要求。同年 9 月 1 日，上海航空工业公司受航空航天工业部委托，在上海飞机制造厂召开鉴定会，通过技术鉴定。与会者一致认为：整车造型美观，布局合理，结构可靠，工艺性好，是理想的团体客车，可以投入生产。该厂利用“八五”期间建立的生产线，

图 4-39　金杯牌轻型客车

1990—1995 年共生产 SF6972 型团体客车 1 100 多辆，销往国内各地市场。该厂已成为上海非公路交通部门中生产公路客车能力最强的企业。

6．金杯牌客车

金杯汽车股份有限公司前身是 1958 年成立的沈阳汽车制造厂，是一家有着 50 多年历史的老牌汽车生产厂家。1959 年 9 月 30 日，共和国第一辆巨龙牌两吨级载货汽车就是沈阳汽车制造厂自行设计制造的。此外，该厂还先后生产了“辽宁 2 号”、金杯 130 等载货汽车。1985 年，沈阳汽车制造厂与日本三菱和五十铃汽车合作，引进外方技术，生产 SY1041 系列轻型载货汽车，是中国汽车工业早期的佼佼者。

1991 年，沈阳金杯汽车股份有限公司与华晨中国汽车控股有限公司合资，成立沈阳金杯客车制造有限公司。公司注册资本 4.4 亿美元，华晨汽车占有 51% 股份。

1988 年金杯汽车引进丰田技术，生产出第一辆海狮轻客，到 2008 年已经累计销售了 80 多万辆，从 1996 年成为轻型客车细分市场的行业领军者开始，连续 6 年每年以一万辆的速度递增，在国内细分市场上占有 60% 的份额，成为轻客行业的龙头企业。

7．宇通牌客车

1963 年 3 月，以原郑州轻工机械厂为基础，成立了河南省交通厅郑州客车修配厂。

图 4-40　宇通牌客车

同年，成功试制生产了省内第一辆 JT660 型长途客车。1968 年 10 月该厂更名为郑州客车修配厂，汽车产量与质量得到了大幅提升。1985 年 7 月，被列为全国 14 家大客车生产骨干企业之一。9 月，更名为郑州客车厂。1993 年 2 月，更名为郑州宇通客车股份有限公司，成为股份制公司。

2005 年，宇通客车海外市场获重大突破，全年实际报关出口达到 1 292 台，交易额达到 8 000 万美元。2006 年，集团实现营业收入 101.398 亿元，在国内同行业中位居第一。同年 8 月，宇通成为汽车行业首家获得“出口免验”资格的企业。公司建设了相当规模的设计中心，以对应不同市场的需求。

图 4-41　宇通客车设计中心

8. 青年牌客车

青年牌青年·都市航线 A–380 超大容量城市客车身长 25 m，可承载 300 人以上，以世界上最长、容量最大的城市客车而备受关注，被称为“陆地航母”。“陆地航母”以一身艳丽红色的欧式流线造型登场，25 m 的超级长度使它看上去犹如一条蜿蜒的蛟龙。该车采用了最先进的全承载车身技术，两个铰接盘均采用电脑控制，整车的转弯半径与一般 12 m 客车一样，在增加长度、扩大容量的同时提高了客车的行驶安全性和平稳性，只要一般 12 m 公交能通过的道路，该车都能通过。该车配置了欧Ⅳ排放的发动机，动力强劲，油耗低，更环保。另采用专用低地板前中后桥，使整车的地板高度只有 360 mm，设有 5 个乘客门，乘客上下车更方便，车内通道更宽，内部空间更开阔。

图 4–42　青年牌青年·都市航线 A–380

第五章　摩托车

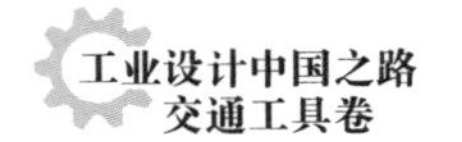

摩托车是指由汽油机驱动、靠手把操纵和前轮转向的两轮或三轮车，特点是轻便灵活，行驶迅速，用于军事交通、公务巡逻，也用于体育竞赛。中国摩托车的设计均始于军事需要，平行开发成民用型号后，在很长的时间内用于客货的移动，被当成载人或运货的工具。按照形态，摩托车分为三轮、两轮，按照重量和排气量可分成重型摩托车与轻型摩托车，后者一般指排气量在50 CC以下的产品。本章选择的幸福牌两轮摩托、长江牌三轮摩托、轻骑牌轻型摩托也是出于这种考虑。

就工业设计的角度而言，上述三个品牌产品的设计都进行了具体的实践，并取得了一定的成果，具有代表性。我们并没有忽视同时代同类产品的存在，只是其设计、技术、制造的形态差异性不大，所以不再逐一介绍了。

就产品技术含量来看，较之载重汽车、轿车而言会简单得多，由于其系列产品的相近，即使上述三个品牌的产品的介绍也不再单列“工艺技术”“系列产品”，而是在“经典设计”中一并介绍。相关关键产品在谱系表中一并列出。

改革开放后，中国各地大量引进了日本的摩托车技术和车型进行生产，由于摩托车制造投资相对较小，技术门槛较低，市场有极大的需求，一时间各种新品牌集中涌现，但大量的产品是散件进口组装，生产流水线也是完全从国外购买，从工业设计角度看并没有太大意义，所以没有全部叙述的价值。

第一节　幸福牌摩托车

一、历史背景

1951 年 8 月 3 日，中国人民解放军代总参谋长聂荣臻代表中央军委颁发了命名词，我国第一批 5 辆军用重型摩托车被命名为井冈山牌，这是我国第一批自主研发制造的摩托车，车速最高可达 110 km/h。1953 年底，井冈山牌摩托车年产量已突破 1 000 辆。

1955 年 1 月，井冈山牌摩托车参加了在德国莱比锡举行的国际博览会。这是新中国成立后，由中国设计制造的摩托车首次在国外展出。1955 年后，由于工厂隶属关系改换，生产任务变更，停止了该车的生产。

井冈山牌摩托车停产后，一时间军用摩托车后继无人，为解决这一问题，1956 年，上海市数十家摩托车修理行合并改组，在各区成立摩托车修理合作社，隶属于上海市综合联社。1957 年下半年，技术力量较强的新成区摩托车修理行参照国外摩托车式样，用两个月的时间试制成 3 辆 550 CC 750 型 4 冲程摩托车，命名为“闪电牌”。1958 年 4 月，上海市石油公司杨树浦油库的机修工段试制成 300 CC 350 型 4 冲程摩

图 5–1　井冈山牌摩托车

托车，命名为“海燕牌”。

1958 年 10 月，市综合联社所属全部摩托车修理合作社并入市石油公司杨树浦油库，成立上海摩托车厂，生产闪电牌 750 型摩托车，第一批投产 50 辆。1959 年 1 月，上海摩托车厂并入宝山农机厂，停止生产摩托车。于是，上海自行车二厂决意主动承担研发新型摩托车的任务，据时任上海自行车二厂副总工程师、研究所所长唐翰章回忆：

1959 年，正是我国与苏联的关系“内紧外松”的年代。下半年的一个下午，上海自行车二厂党委书记兼厂长陈世杰突然决定召开全厂职工大会。会上，陈世杰情绪激昂，他简洁地叙述了国家当时面临的经济困难后说，当年朝鲜战场上所用的捷克产“佳娃”摩托车，没有了来源，部队维修零件“被卡”，急需国内自力更生维持军械。又说，国家当时重工业（含汽车工业）生产任务重，无法接受摩托车的试制和生产，这就要求轻工系统发挥爱国主义精神来抢挑这副重担。而轻工系统的大型企业要转产摩托车，势必要投入大量资金和人力、物力，这又是当前不可实现的事情。在这种情况下，我们这些中小型厂，有没有决心去抢挑一下重担？他说他自己是不懂技术的，“但你们之中，有搞过发动机的，有具备修理汽车专长的，有车、钳、刨、铣各专业技能的老师傅。如果你们表态有信心，我就到上级面前去表决心抢任务！”此时此刻我们一群年轻人，早被他的一番鼓动激荡起满腔热血，尽管事前没有一点儿思想准备，大家你看我、我看你，眼神中都流露和交流着信心，不约而同地纷纷高举起紧握的拳头，异口同声地发出了响亮的呼声：“有信心！”

在计划经济时代，这个试制任务不是上级的指令性安排，而是在厂党委书记兼厂长陈世杰的政治思想动员下，在保证“正规计划”（自行车以及人力车零部件任务）的前提下，工人们自立军令状，向上级要来的额外“默认”任务。

陈世杰下令，要以最快的速度，在最短的时间内先做 5 辆“争气车”出来，以表上海自行车二厂的雄心壮志。于是，厂里立即成立了临时试制工作班子，由唐翰章和张顺根作为技术方面的负责人，率先行动以带动全局。说动就动，唐翰章利用自己原来搞航模时与国家体委军体俱乐部摩托车运动队熟悉的关系，借来了一辆摩托车，副厂长李植农、供应科长田松乔以及张顺根等 3 人，则利用他们原消防器材厂的关系，要来了一套他们已测绘的发动机图纸，并借助他们试制过而未成功的发动机木模，铸造出了发动机的铝铸件。

发动机任务给了机工车间（机修、工具制造的后方车间），车体部分按原产品车间的状况，将车体分解后摊派给各生产车间自己的后方小组，有图纸的按图纸，没有图纸的按实物，全面进入“战斗”状态。

陈世杰带领我们试制工作班子，日夜留守服务。令大家感动不已的是，作为党委书记兼厂长的陈世杰，不摆领导架子，天天晚上为工人们亲手送上半夜饭和茶水，还送热毛巾为大家擦汗，和大家打成一片。这样上下一条心，各自发挥特长，夜以继日地干了一个多月，几乎把全部需要加工的零件都加工出来了。紧接着，唐翰章和张顺根直接负责实际的组装。因为大部分零件都是实测做的，组装时“磕碰”非常之多是必然的。所以进行组装时，原零件加工的人员都在场听候返修或重新进行加工。如此不到一个星期，总算是组装出了 5 辆能发动行驶一二公里的“争气车”。

组装完成后的第二天上午，正好轻工局党委开会，陈世杰一早就去局党委开会了。我们按照他的授意，兴高采烈地将 5 辆“争气车”搬上了大卡车，带上锣鼓队和鞭炮，到了轻工局门口，搬下“争气车”，起动发动机，敲起锣鼓，燃响鞭炮。一时间鞭炮硝烟和发动机的排气油烟，在局办公楼门口熏得烟雾冲天。正在开会的局领导误以为发生了什么“灾”，而陈世杰却心中有数，立即和局领导们一起下楼，来看我们“报喜”。此时，陈世杰向局领导介绍并表态，这几辆车虽然跑不了几公里，但这是我们一个多月来日夜辛劳，辛辛苦苦研制出来向领导表态的“争气车”，表达的是我们的雄心壮志，并保证再过半年，向局领导献上正式的试制样车。

正式试制工作的首要任务是得到产品的图纸和技术综合要求（即产品的企业标准）。经过多方打听和了解，航空工业部的洪都机械厂（南昌）有 250 摩托车的全套图纸，还曾做过一些工艺和工装模具，准备生产，只因有更急需的军用飞机任务而未成，这些图纸、工艺、工装，均全部移交给了北京摩托车厂。而北京摩托车厂正在消化这些技术资料并准备开始试制。于是，厂领导决定由李植农副厂长带队，唐翰章、张顺根、孙德华和张庆珠等组成探索取经小组，北上求助。同行既是亲家又是冤家，五人主动义务为北京摩托车厂承担华东地区的采购、配套、协作事宜，以友谊、坦率和诚意使他们深受感动，同意给了一套未经试制的测绘图纸。

有了可参考的图纸，紧接着就是生产技术班子的建立和运作。厂技术科立即成立了以王子良、陈志远为主的摩托车产品组，以谈兴发、谢彦宏为主的摩托车工艺工装组，自行车和人力车零部件老产品则划归科里的综合管理组和理化组。各生产车间按原分工接受正式试制任务，并明确专职负责摩托车的车间主任。为了保证正常的自行车和力车零件生产和摩托车的试制，主要科室（生产、供应、质检）都明确了有专职分工的科长。

经过对图纸的重新描绘、校对和整理，改进了外观装饰设计，使之更便于生产。同时，开办产品讲解业务学习班，并按各车间设备能力和特长，制订出零件生产的分工工艺；采购、仓库储存建立起相应制度，健全了管理制度。那时，领导和群众一条心，很多人把铺盖都搬到厂里，白天、黑夜地连续作战半年，终于装出了5辆崭新的样品车。紧接着又不断进行中长距离试车，精心改进，克服暴露出的缺陷，使样车在行驶中不断趋向安全、可靠、顺当。

1960年8月，工厂认为条件大致成熟，就自己成立了由副厂长李植农和唐翰章、

图5-2　幸福牌250型摩托车

张顺根等各部门领导15人组成的厂内鉴定委员会，并专门邀请了市轻工局、自行车缝纫机公司等上级机关和市体委摩托车俱乐部、交通大学、机械学院、市邮局以及新闻媒体（《新民晚报》）等单位，一起参与了幸福250摩托车的长途行驶及产品各项性能（最高时速、加速性能、油耗、制动性能等）的测试。试验后得出结论，虽然在加速性能和耐久性方面还略逊于国外同级车，但已能满足当时交通及体育运动用车之需求，希望能早日投产并不断提高产品质量，产品取名“幸福牌”。

上海新闻纪录电影制片厂闻讯专程来厂摄制了1961年上海新闻第1号《幸福牌摩托车》新闻片，在全国电影院播放。同时，《新民晚报》《解放日报》《人民日报》等，均发表了不同篇幅的新闻报道。幸福牌250型摩托车终于被人们所初识。

试制幸福牌250摩托车的初衷，便是为了支持军品生产。通过了国家的技术检验，自然已有实际能力为军品服务，顺理成章地就想寻找途径把它介绍到军需部门去。检验科长杨临川是复员军人，原来的领导就在中国人民解放军总后勤部。于是，厂领导就将这个任务交给了杨临川。

总后勤部听了杨临川的介绍后，颇为满意，但是对幸福250型摩托车的质量是否能作为军品，要做一次验证鉴定。于是，总后勤部委托八一摩托车队对幸福牌250型摩托车进行一次2万公里的可靠性耐力试验。上海自行车二厂派张顺根工程师一起参与驾乘试验。同时，总后勤部得知北京摩托车厂也已试制成功同款式的两轮摩托车，为了对比选择，便将北京摩托车厂试制成功的长城牌250型摩托车和幸福牌

图5-3　战士使用幸福牌250型摩托车

250 型摩托车一起做一次同等条件下的耐久试验。试验地点在内蒙古地区的大草原。在草原上坑洼不平的荒地里，以双人骑行作荷载，以举枪打黄羊模拟实地作战时的性能和耐久试验。经过 3 个月 2 万公里试验后，再在天津内燃机研究所对行驶 2 万公里后的发动机做成套台架试验。经过实地和台架试验，幸福牌的各项性能和技术指标都大大超过长城牌。所以在 1963 年的下半年，总后勤部在北京召开了幸福牌摩托车入选军品的鉴定会议。通过论证，幸福牌 250 型摩托车由此正式入选军品。

次年，总后勤部派遣驻厂军代表，并下达年度采购计划，幸福牌摩托车得以源源不断地驶进军营。

二、经典设计

1959 年，当时的上海自行车二厂经过精心的比对和挑选，最终选定了当时的捷克斯洛伐克著名的 JAWA250 型摩托车为原型。第一批试制成功的 5 辆样车和 JAWA250 型一样也是红色的，实际批量生产的时候改成了军绿色。摩托车排量和 JAWA250 型一样也是 250 CC，因此最后采用“250”来定名摩托车型号。

幸福牌 250 型摩托车的造型，从侧面看是四个圆形，即一个灯罩、一个油箱、两个轮子。四个圆形上下错落有致，加上面积宽大能遮蔽车架和发动机的外壳，形成了强烈的造型节奏感。

从俯视的角度看，各大零部件紧密而有致地围绕着整车骨架，特别是长条的座

图 5-4　JAWA250 型摩托车

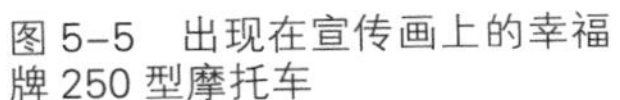

图 5-5　出现在宣传画上的幸福牌 250 型摩托车

图 5-6　使用多年却仍然车况良好的幸福牌 250 型摩托车

椅镶嵌在其中，虽然材质不同，但形态完全吻合，加强了产品的整体感。

由于早期产品定位于军事、教育及比赛用摩托车，因此产品发动机在对应大功率输出方面有较大优势，同时车型结构、造型在对应复杂地形方面表现得十分优秀。因而在载重方面哪怕是荷载超过定额的一倍，也照样能快速行驶。

上海人民美术出版社曾出版一张宣传画，画中表现了一位邮递员翻山越岭将一台小型马达送到山区支援农民抗旱工作的场景，旁边就画了一辆绿色的幸福牌 250 型摩托车，形象地表明了它结实耐用的特征。

在 20 世纪 90 年代，云南省西双版纳傣族自治州一户村民家中曾有一辆使用了近 20 年的幸福牌 250 型摩托车、虽然外观已经比较陈旧，但车辆启动十分顺利，据

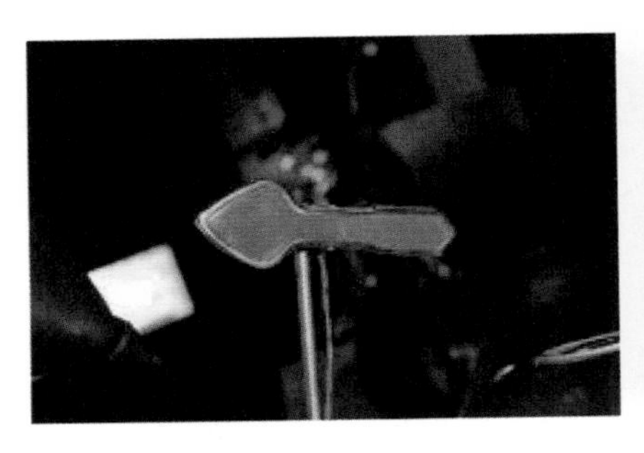

图 5-7　转向箭头

图 5-8　大光灯

图 5-9　油箱侧面与顶部

村民介绍这车特别能载重，爬坡也十分轻松。

从正面看，幸福牌 250 型摩托车早期车型都有一个显著的标志就是其手动的转向箭头，上红下绿，夜间有灯可以点亮。

幸福牌 250 型摩托车的大光灯为扁体圆筒状形态，正圆形的大灯加上镀铬的封边圈显得十分精神，同为正圆形的仪表镶嵌在顶面。

幸福牌 250 型摩托车的油箱为圆方相间的形态，造型饱满有力。油箱的造型设计主要是考虑到保持液体在油箱内晃动的规律性，同时也是出于尽量多增加油量的考虑。

幸福牌 250 型摩托车的车把材质为结实的钢管，把手处用塑胶缠胶，坚实有力，把手下离合器闸的折线设计使部件更加牢固耐用。把手上方是长梯形后视镜，便于观察后方情况，并且可以旋转后视镜以调节视角。

幸福 250 型摩托车的左侧脚踏式排挡、反冲式发动、右侧脚踏刹车形态各不相同，提示着不同的操作方法，避免误操作。位于车辆底部的撑架分斜撑和立撑，前者提

图 5-10　把手与后视镜

图 5-11　前轮

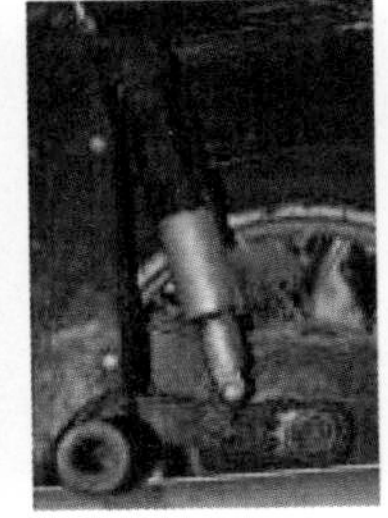
图 5-12　避震管

图 5-13　后轮

供短时间临时停放用，后者则需将车停稳后拉住坐垫后面的把手往上提，以立撑为支点，将车停稳。

前后轮采用钢丝支撑，每一根钢丝都可以校正松紧，以适应不同的道路状况，每一根钢丝均镀铬，保证清洁方便。前轮罩上有侧向车牌固定位置，后轮罩则是正向车牌固定位置，并有刹车灯。与车轮连接的是三节液压避震管，保证了乘坐的舒适性。

三、品牌记忆

1."幸福摩托"诞生记

唐翰章设计和制造了上海第一台航模发动机，也是幸福 250 型摩托车的主要设计者。

因为在这之前，上海自行车二厂生产幸福牌自行车刚一年，所以就把"幸福"两字用到摩托车上去了，命名为"幸福牌 250 型摩托车"。

改革开放之初的 1985 年，上海民营企业家周易初先生以控股的形式收购了上海摩托车制造厂，同时将新成立的公司命名为"上海易初摩托车有限公司"。新的公司继续保持了 250 型摩托车的生产一直到 1995 年，期间产品型号被更改为"XF250 型两轮摩托车"。自 1960 年到 1995 年这 35 年的时间里，幸福牌 250 型摩托车跑遍大江南北的各个角落，以其出色的可靠性为全国各地的许多企业和百姓家庭创造了无数的财富，给他们带去了真正的“幸福”。为了纪念这一段难忘的历史，在上海易初摩托车有限公司成立 10 周年之际，该厂生产了一批全金色纪念版幸福牌 250 型摩托车。

2. 难忘的好伙伴

据当年参加试制的人员介绍，幸福牌 250 型摩托车共计由 5 000 多个零部件组成，是当年全国试制同类产品中零部件最多的一个产品，而北京试制的长城牌摩托车只有 2 600 多个零部件，当年解放军总装备部在为部队选择制式装备时提出了苛刻的试用条件，在长途跋涉的过程中，幸福牌 250 型摩托车各项指标遥遥领先。40 年后，笔者询问了当年参加试制的人员：那时他们主动请军代表驻厂，了解部队需求，并主动提出修改意见，不仅使产品好用，还好看，能激起使用者的激情。

如今陈列在中国工业设计博物馆的一辆幸福牌 250 型摩托车就是当年一位解放军营长担任教练时使用的产品，在退伍时他向领导提出可否将这辆陪伴多年的“老伙计”一同带走，因为他实在与它难以割舍，上级批准了他的请求。时任上海摩托车厂厂长张国新先生听到这一情况后主动用一辆新的幸福牌 250 型摩托车与他置换

图 5-14　收藏于中国工业设计博物馆的纪念版幸福牌 250 型摩托车

了这辆车，并一直保留至今。

从“争气车”到公认的“民品车”，直至通过竞争而成为“军品车”，在幸福摩托车的生产质量和批量逐步提高的情况下，不满足现状的上海自行车二厂又提出了新的设想——竞赛车。

整个试制过程始终得到了上海摩托车运动队的大力支持和帮助，包括派运动员无偿试车。那时，每每谈到国内的摩托车赛车比赛时，运动员们都为没有一辆国产摩托赛车而遗憾。如今我们已经有了专门的工厂，且质量也正在逐步提高，为什么不能更上一层楼把产品提高到竞赛级呢？上海自行车二厂向上海摩托车运动队请教，又向解放军八一摩托车队请教，还同国家体委的军体俱乐部研讨。国家体委同意以工厂（上海自行车二厂）和厂牌（幸福牌）的名义，参加1963年的全国各省市锦标赛，并委派国家队教练为车手，上海自行车二厂则派陈志远和叶理平为机械员。为不妨碍各省市队得奖，特别说明幸福牌摩托车只记录成绩，不计名次。

工厂立即组成了以唐翰章为主、陈志远和叶理平为助手的专门小组，赶造4辆公路竞赛用摩托车。为了提高运动成绩，必须提高发动机功率，而为了避免重新设计制造的过大工作量，决定对原来的发动机加以改进提高。于是，唐翰章就将自己以往对高速航模发动机的痴迷而得到的想法、经验，移用到摩托车发动机上来，进行了压缩比、气道和配气、点火时间等方面的改进，使原来9 kW的发动机提高到了13 kW。车辆的外形和操纵机构也都做了适应公路竞赛的改造。

当时的比赛项目分越野和公路两大类，又以气缸容积分为125 CC、250 CC、350 CC三个级别。幸福牌摩托车参加的是250 CC级的公路赛项目。比赛那天，发号令一响，经验老到的秦教练一马当先，加上经过改进的发动机功率大于同类型的进口货，幸福牌摩托车在前7圈始终领先，将其他选手远远抛在后面。但是，由于交流发电机的磁钢超转速运行而突然碎裂，幸福牌赛车不得不中途退场。次日为350 CC级的公路赛，我们更换了发电机，将原车修复，以小于该级别赛车100 CC的汽缸容积，参加了350 CC级的比赛，结果是成绩居然居中，受到参赛者的一致好评。

这次参赛是成功的，它显示了中国工人阶级的智慧和力量，是历史上第一次由中国制造的摩托车参赛，开创了国产摩托车同国外赛车同场竞技的先例。

随着时间的推移，摩托车需求不断增长。上海自行车二厂归属轻工系统，计划生产任务逐年递增，而作为军品任务的幸福牌250型摩托车订单不断，上海自行车二厂的场地、设备、人员已越来越不能满足发展的需要。

当时宝山地区有个农机修配厂，曾经制造过上海牌SH58-1三轮载重汽车，拥有全市归并过去的具有丰富实践经验的摩托车修理工人，还有比上海自行车二厂宽敞得多的厂房，两家如能取长补短、合二为一，岂不更好！于是，两个厂的领导相互频繁联络，合计争取走专业化生产的道路。

时值上海正进行交通改造，要取消上海街头的人力三轮车，市公交客运公司已指令所属地处复兴岛的微型汽车厂，试制替代人力三轮车的简易微型汽车。三轮车公司也正摩拳擦掌准备将人力三轮车改成机动车。于是，两个厂就借这个机会，双方合作试制客用三轮车，同时通过合作来增进感情，争取合作促进归并。两个厂立即抽调人员，宝山方面抽调了王家琦和伍洪福，上海自行车二厂方面抽调唐翰章和叶理平。另外，宝山方面还抽调了多名技术高超的老师傅，成立了专题试制小组。

250发动机是成熟产品，用来替代三轮客车的动力绰绰有余。但是有关三轮客车的外观、结构等，没有任何资料可以借鉴。为了达到外观要美观大方、结构要简洁合理和利于组织生产的要求，试制小组进行了相关调查，查阅了大量资料，提出各种设想，几次三番地讨论分析，取得一致意见后决定先造一台模型车。

在试制样车的同时，双方厂领导加紧商谈工厂归并的方案，并通过机电局的农机公司向市里多次汇报，得到市领导的重视。后来根据市领导的意见，反复修改完善归并方案，终于在1963年底，市政府批准成立上海摩托车制造厂。此时，替代人力三轮车的客运三轮摩托车的模拟样车也已试制出来（后被定名为250K型客运三轮摩托车），并经过路试取得成功。这辆新诞生的三轮客运摩托车成了两厂合作的结晶，也是向新成立的摩托车厂献上的一份珍贵的礼物。1964年起，幸福牌摩托车走上了正规生产的健康发展道路。

第二节　长江牌 750 型摩托车

一、历史背景

第二次世界大战期间，德国军队装备了数以万计的军用摩托宝马 R71，当时斯大林也想拥有德国陆军那样的摩托化机动优势，于是 1939 年 10 月，5 辆宝马 R71 摩托车经罗马尼亚被送到苏联，苏联参照德国的宝马 R71 型三轮摩托，生产了 M72 型摩托车，并大量列装部队用于作战。二战结束后，M72 型摩托车的技术被转让给苏联的盟友，中国也由此获得了此项技术。

中华人民共和国成立初期，军民两用摩托车是国家经济建设所急需的工业产品。1956 年，军委后勤部向第二机械工业部提出从苏联购买摩托车样车。1957 年 2 月，第二机械工业部四局（航空工业局）把任务下达给了洪都机械厂、湘江机器厂等七

图 5-15　长江牌 750 型摩托车

图 5-16 长江牌 750 型摩托车使用说明书（1960 年国营洪都机械厂编制）

家所属单位，要求当年试制成功。

1957 年底，洪都机械厂装配成功第一辆摩托车，随后对其进行了 3 000 km 道路试验，质量基本达到了设计要求，于是该车被命名为长江牌 750 型。1958 年后，长江牌 750 型摩托车被列入了国家计划，洪都机械厂、湘江机器厂和其他分厂分别成立了摩托车制造车间和发动机分厂，并根据订货计划和工厂生产能力建立了摩托车生产线。

1960 年底，国防工业系统召开三级干部会议，整顿产品质量，长江牌 750 型摩托车任务全部转给毗邻的南昌航空技工学校、航空工业专科学校和校办工厂（赣江机械厂前身）继续生产。

1966 年 9 月，机械厂生产出 2 型引擎，这可从设计在引擎上部的油量尺上轻易区分。从 1966 年 9 月开始，所有发动机号为 661802 及以后的序号都是 2 型引擎。2 型引擎全面替代 1 型引擎是从 1972 年开始的。虽然 1 型引擎 1966 年停产，但是由于库存了大量的零件和引擎，所以直到 1971 年，还有许多新车上装配有 1 型引擎。

1969 年，国营赣江机械厂对长江牌 750 型摩托车进行了一些技术改进，主要集中在边车架、电器开关上，但还是保留了长江牌 750 型摩托车的原有造型和结构。

二、经典设计

原江西洪都机械厂党委副书记和洪都机械厂技术学校校长李学谦，当年曾亲历制造首辆长江牌 750 型摩托车的全过程，他回忆道：

我们那时候只知道参照的是苏联乌拉尔 M72，没有图纸，只有从部里面送来的实物样车，当时算是政治任务。大家非常重视，专门设立了一个摩托车研制车间，代号 50。此前我们厂只造飞机，没有摩托制造经验，所以厂里从不同岗位上临时抽调来技术骨干，主要都是钳工、车工和焊工，生产设备就是 5 台普通机床。最初试制的时候，我们把“乌拉尔 M72”样车零件统统拆下来，然后实物测绘，光测绘画图纸就用了近 3 个月，整车完成共 651 份图纸，车体部分图纸编号 1308A4，发动机部分图纸编号 1800A4。

由于摩托车上有许多形状奇怪的零部件，这些零部件的加工制作需要特殊的工具，而当时我们只有几台常规机床，因而，很多零部件的制作只有靠手工锤打。除了发动机外，几百个关键零部件几乎都是大家日夜奋战用手工制作出来的，困难程度现在难以想象啊！测绘很顺利，可并不是所有测绘出来的零件都能造，当时还有一个生产原则，就是尽量采用工厂已有的工具，减少工艺装备制造。“乌拉尔 M72”上有很多形状奇怪的零件，凭我们手头的机床根本不可能加工出来，只有找老技术工人拿手工锤打出来。

1. 彪悍的整体造型

长江牌 750 型摩托车整体造型粗犷，结构坚实，车架不仅承载着各大重要的部件，而且为各部件彰显个性提供了“平台”。

从产品左侧面看，各部件比例匀称协调，逻辑结构关系明确，几乎是毫无掩饰、

图 5-17　乌拉尔 M72 型摩托车

图 5-18　长江牌 750 型摩托车侧面

图 5-19　长江牌 750 型摩托车（军绿色）俯视图

纯功能地被设计在一起，就像是人体的筋、骨、肉有机地生长在一起，如同一个非常健美的运动健将。

从产品右侧面看，边斗车型简洁、实用，造型设计充分考虑到乘员上下车的需求，边斗车内设花纹橡皮垫防滑，并利用边斗车尾部空间设计了放置物品的工具箱。

从人机关系设计方面来看，长江牌 750 型摩托车较好地解决了人机一体的关系，三名乘员坐上后与机器仍能保持高度的一体性、完整性。所以说，尽管该产品是从“构建一架好用的机器”的角度出发做设计，但事实上做到了两全其美，虽然该产品没有像现代摩托车那样去刻意追求猛兽奔跑的姿态，但其自身隐含的力量足以让使用

图 5-20　轮胎、轮毂和挡泥板

图 5-21　汽油箱

图 5-22　前大灯和转向灯

图 5-23　车把和后视镜

图 5-24　鲨鱼尾消音器

者对之产生高度的信赖和期待。

长江牌 750 型摩托车设计的参照对象是苏联的乌拉尔 M72 型，而苏联的乌拉尔 M72 型是借鉴德国的宝马 R71 型，但当时苏联根据实际需要在工艺结构上对宝马 R71 进行了较大的改动。

2. 彰显机械特性的细节设计

长江牌 750 型摩托车最经典的设计在于它裸露的车架和发动机，这种原始的机械美使其历经半个多世纪而不衰。除此之外，其零部件造型设计的“经典机械”之美也是一大特色，每一处细节都体现了设计与功能的完美结合。例如，水滴状的汽油箱，三角形的车架，纤细、光洁的挡泥板，宽大的车把，镀铬大灯和两侧转向灯，精致小巧的圆形后视镜，符合人体工学的坐垫和配套高档边斗座椅以及位于最底部但是非常夺目的鲨鱼尾消音器等。

长江牌 750 型摩托车轮胎采用 19 英寸轮毂，保证其越野性，镀铬钢丝与轮轴的连接，传达出一丝精致的感觉。备胎安放在边斗上是必然的选择，因为整辆摩托车已没有地方可供如此大型的零件安放，同时也起到了一定装饰产品的作用。此外，

图 5-25　长江牌 750 型摩托车零件目录

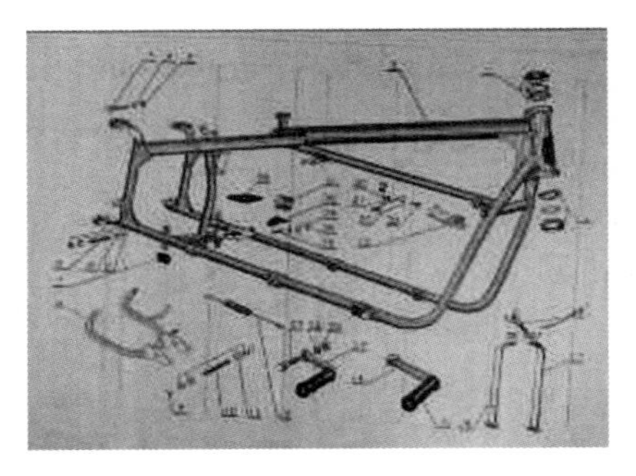

图 5-26　零件示意图——车架

图 5-27　零件示意图——驾驶员座垫和边斗座椅

其轮胎打气筒是标准配置，足见该产品维护和使用的方便性。

三、品牌记忆

在长江牌 750 型摩托车成功出厂的一年内，它并没有自己的名字，大家只是根据这辆摩托 746 cc 的排气量，习惯性地叫它“750 摩托”。正式命名是在 1958 年 12 月第二机械工业部在北京举办的首届军工企业民用产品展览会上，当时主管生产的第二机械工业部副部长刘鼎将该车命名为“长江 750”，由于当时这辆摩托由两个工厂生产，发动机厂在株洲，整车厂在南昌，刘鼎琢磨湖南株洲有洞庭湖，江西南昌有鄱阳湖，都流入长江，就定名为“长江 750”了。

1959 年 11 月 23 日，由贺龙元帅主持的新中国第一届全国运动会在北京隆重举行。当时，一条来自北京的消息迅速在厂里传开：“长江牌 750 型摩托车在比赛中的精彩表现得到国家领导人的高度赞扬，博得现场观众欢呼喝彩。”这是长江牌 750 型摩托车第一次在公开场合亮相，从此，长江牌 750 型摩托车的雄姿和名字永远地留在了中国人民的心中。

在长江牌 750 型摩托车研制出来之前，在接待外宾的车队中并没有摩托车车队。长江牌 750 型摩托车诞生后，由于其良好的各项性能和较高的安全系数，很快就成了国宾接待车队中的成员。1960 年上半年，一些外宾惊喜地发现，新中国的外宾接待车队中增加了摩托车队，而且摩托车还是新中国自己生产的。

第三节　轻骑牌轻型摩托车

一、历史背景

济南轻骑摩托车总厂系中型国营企业，隶属济南市第一轻工业局。该厂是全国专业生产摩托车最早的企业，也是全国轻工系统最大的轻便摩托车生产厂。

该厂前身系私营济南益生铁工厂。1956 年公私合营后更名为公私合营济南自行车零件制造厂。1964 年试制成功机动脚踏车，1965 年 9 月更名为公私合营济南机动脚踏车厂。1982 年该厂试制成功轻骑牌 50A 轻型摩托车，其油耗、噪声等主要技术

图 5-28　济南轻骑牌 50A 轻型摩托车

性能均达到国内同类产品水平。

二、经典设计

轻骑 15 型和同时期的其他工业品一样舍弃了几乎所有的外部装饰，以极简的造型出现在公众面前。不过其合理的造型和精致的镀铬却使人毫无疑问地相信山东工业系统对自己的设计风格依然是一以贯之，从未动摇，从其夸张而不失优雅的油箱设计到外件边缘的金色镀铬，使人不禁感慨济南轻骑的“粗中有细”。

1965 年轻骑牌 15 型机动脚踏车纳入国家计划，该厂由公私合营改为国营企业，更名为济南机动脚踏车厂。1984 年 2 月组建济南轻骑摩托车总厂。1985 年，总厂下设发动机厂、总装厂、机械厂、电镀厂、零件厂和轻骑摩托车研究所，拥有固定资产原值 3 857 万元，净值 2 849.5 万元，年末占用流动资金 8 767.6 万元，有各类设备 1 200 台（套），年生产能力达 10 万辆。1985 年生产轻型摩托车 6.14 万辆，工业总产值 3 355.3 万元，实现利税 2 667 万元。

1980 年以后，国家投资 720 万元对该厂厂房、设备进行重点改造，增加专用设备，建立烤漆、电镀、箱体加工、曲柄加工、发动机组装和成车整装等生产线，通过专业化协作，70% 左右的零部件经由外协完成，自制件 30%，生产水平有了很大提高。

1981 年 11 月，国家机械委员会组织全国八个单位的轻型摩托车性能测试，轻

图 5–29　轻骑 15 型摩托车

图 5-30　轻骑 15 型局部特写

骑牌 15 型和 15B 型摩托车的技术性能名列前茅。1983 年，50A 型摩托车获国家经委优秀新产品奖。1984 年，轻骑牌 15 型摩托车参加在太原举行的全国首届摩托车比赛，获得 20 km 公路赛个人第一名。1985 年，轻骑牌摩托车参加在北京举行的全国摩托车厂牌赛，获得厂牌优胜奖。

1984 年引进日本铃木公司 K 系列摩托车生产技术和部分生产设备，以购买和租赁两种方式引进 K 系列摩托车装配线、发动机装配线等生产设备 138 项，总投资人民币 4 753 万元。1985 年引进设备陆续进厂，试制出 K90 型轻便摩托车等，达到国际先进水平，正式投产后年产 K 系列摩托车 5 万辆。1985 年 4 月 24 日，济南摩托车总厂成立济南轻骑摩托车联营公司，以该厂为“龙头”厂，联合 15 个省、市的

图 5-31　济南轻骑 50A 摩托车（1）

图 5-32　济南轻骑 50A 摩托车（2）

图 5-33　济南轻骑 50A 摩托车（3）

101 个生产、科研、经销单位，组成了一个专业化生产协作、联合开发、销售的横向经济联合体，在全国 25 个省、市建立了 174 个销售点、86 个维修服务点，开展产品销售及售后服务。

1985 年又试制成功轻骑牌 SN50 型三轮摩托车，在国内首先投入批量生产。这一时期济南轻骑的主要产品有轻骑牌 15-Ⅰ型、15-Ⅱ型、15-Ⅲ型、15D 型，轻骑铃木 K50 型、K90 型和轻骑牌 50A 型。虽然其车身造型可以发挥的地方不多，但遮盖车身的塑料件造型设计还是经过仔细推敲的，小巧玲珑的尺度和造型十分适合女性乘骑，又因为驾驶方便、省力，让男性也喜欢。

客观地评价这个设计，应该说其基因来自日本铃木，但济南轻骑设计师根据中国不同市场的消费喜好设计了红色的车身，并赋予了品牌名称“木兰”“火鸟”，后期又通过推出深蓝色的车身主打女性消费市场获得成功。

三、品牌记忆

济南轻骑牌摩托车打进上海市场先取名“火鸟”，因为其红色的车身和灵活的行进方式与其品牌名称是吻合的，但销售了一段时间后发现上海市场消费者并不喜欢这个名称，因为消费者害怕“引火烧身”，而且城市中“防火”一直是一项重要的工作。为此中后期销售的产品其分品牌名改为“金鸟”，而刻意避开了“火”字。

随着当时上海城市规模的扩大，市民的工作、活动区域也迅速扩大，基于不尽合理的城市规划和尚未完善的公共交通的现状，老百姓骑轻型摩托车出行成了首选。而长期使用的自行车却被抛弃，更严重的情况是金鸟轻骑虽然是规定排气量36 CC，但可以很简单地改装为50 CC的发动机，这使得很多人得以钻空子，提高了摩托车的速度，但只要遵守自行车的交通规则就可以，所以短时间内销量猛增，搞得当时作为国家名牌的上海凤凰牌自行车无人问津，产品滞销，被作为了“落后产品”而淘汰，金鸟却一车难求。

金鸟的出现，给上海城市带来了一系列的问题，二冲程的发动机加速了城市环境污染，因改装而增加的发动机功率使车速提高增加了交通事故，同时其量大面广，对其驾驶者操作执行、车牌管理也增加了巨大的工作量，但不可否认的是，金鸟当时是与世界著名品牌意大利的比亚桥轻型摩托车同台竞争，同时国内还有像四川嘉陵等品牌的围攻，取得如此成绩实属不易。随着上海城市公共交通系统的健全和燃气助动车、电子助动车的兴起，金鸟也于21世纪初退出了上海市场。

第四节　东海牌SM750摩托车

提起东海牌SM750摩托车，许多人会认为它并没有当年的长江750风光。后来经过各方面的了解，东海牌SM750不管是设计，还是发展史，都不是想象得那么简单。

1967年该厂具有丰富经验的工程师就拿出了设计图纸，1968年就出了样车，新的东海牌SM750功率达到24 kW，速度120 km/h。1970年以后，东海牌SM750成批生产。

到1971年，已生产了六七千辆，其中大部分被送往和我国友好的国家，只有

图 5-34　东海牌 SM750 摩托车

一少部分留在上海。到 1984 年，东海牌 SM750 已生产了两万辆，其中大部分装备各大军区的通讯部队。随着国产摩托车的发展，东海牌 SM750 的问题也开始显现出来，首先由于发动机设计为两缸，并且是同时点火，同时上下运动，这就造成发动机振动过大，加上其零件数量多，配件供应出现一些问题，尤其是在城市行驶，发动机由于散热不好，极易过热。种种原因，使它对修理依赖性很大，也逐渐被列入淘汰者的行列。1985 年，东海牌 SM750 停止生产整车，1986 年停止生产配件，直到 1992 年最终被销毁模具。

图 5-35　东海牌 SM750 摩托车生产线

图 5-36　东海牌 SM750 产品平面海报

东海牌 SM750 的参考对象是英国凯旋公司当时在技术上比较成熟的 Bonneville500 车型，还有一说是曲朗夫 500（TRIUMPH 也有译为“凯旋”的），20 世纪 50 至 70 年代的大排量类似宝马系列，主要分为 500、650、750 三个系列。750 是 20 世纪 70 年代的产物，比东海牌 SM750 出现得晚，可以认为东海参考的是 60 年代初的 650 车型，因为 500 的车架是单摇篮式的，而 650 后期车型采用了双摇篮车架，排量也接近，东海的主车架也为双摇篮式，东海的发动机缸径、行程均加大到 78 mm，曲轴箱的外观虽然变化较大，但汽缸、配气部分的基本构造与原车型相同，改动较大的地方是变速传动部分（启动杆由右侧改到左侧，传动部分由左侧改到右侧，变速踏板和刹车踏板互换位置），增加了电启动，但马达分量极重，采用交流发电机，边车架和车斗的设计类似长江，或许参照了国外当时的设计，因为英国专家参与了东海牌 SM750 的设计和改动工作。

装备部队的东海 SM750 分为Ⅰ型和Ⅱ型，主要的区别在于油箱和前后挡泥板、气门室盖造型不同；Ⅱ型的机油泵柱塞直径加大，增加了机油的供油量，是针对该车容易拉瓦的故障对症下药做出的改进，对拉瓦故障有很大改善。

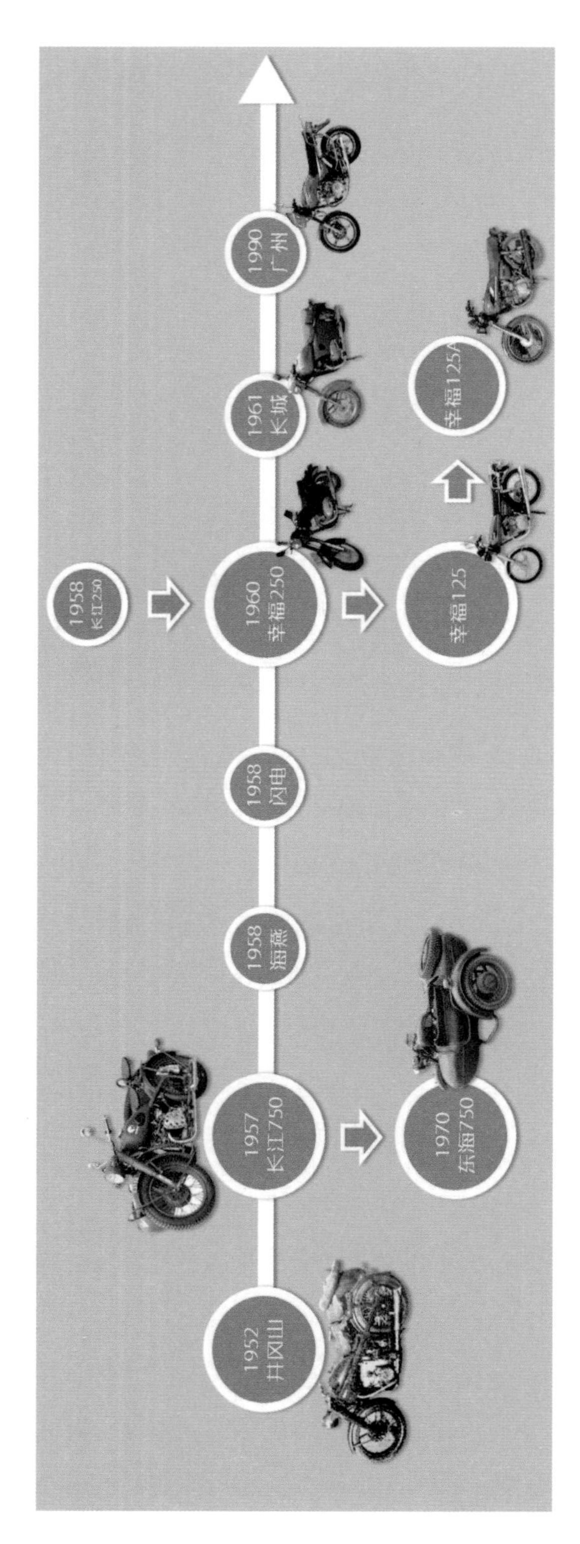

图 5-37　国产摩托车主要产品设计发展谱系图

参考文献

[1] 中国第一汽车集团公司史志编纂室．红旗轿车专辑 [M]. 长春：中国第一汽车集团公司史志编纂室，1998.

[2] 二汽车身厂厂志编纂委员会．中国第二汽车制造厂厂志丛书：车身厂志 [M]. 十堰：二汽车身厂厂志编纂委员会，1984.

[3] 四川专用汽车制造厂厂志编纂委员会．四川专用汽车制造厂厂志 [M]. 重庆：四川专用汽车制造厂厂志编纂委员会，1984.

[4] 上海汽车集团．凤凰涅槃——纪念上海轿车工业四十年 [M]. 上海：上海汽车集团，1990.

[5] 陕汽厂志编委会．陕汽厂志 [M]. 西安：陕汽厂志编委会，2004.

[6] 上海汽车制造厂．上海 SH760A 型小客车零件目录 [M]. 上海：上海汽车制造厂，1974.

[7] 釜池光夫．汽车设计：历史・实务・教育・理论 [M]. 北京：清华大学出版社，2010.

[8] 陈祖涛，欧阳敏．我的汽车生涯 [J]. 时代汽车，2005（7）:114–117.

[9] 王志杰，等．中国轻型汽车工业史 1949—1989 [M]. 北京：机械工业出版社，1995.

[10] 南京汽车制造厂．南汽厂志 [M]. 南京：南京汽车制造厂，1986.

[11] 上海画报出版社．中国汽车五十年 [M]. 上海：上海画报出版社，2003.

[12] 李永钧．中国汽车五十年 [J]. 中国汽车市场，2003（5）:16–17.

[13] 佚名．国产汽车技术性能手册 [M]. 北京：人民交通出版社，1972.

[14] 第一汽车制造厂史志编纂室．第一汽车制造厂厂志 [M]. 长春：吉林科学技术出版社，1991.

[15] 沈铮，周力辉．当代重型公路卡车造型设计研究 [J]. 设计艺术研究，2011, 01（1）:108–112.

[16] 胡德森．国外越野卡车新动向 [J]. 商用汽车，1996（4）:25–25.

[17] 马彧．论卡车造型创新设计方法 [J]. 湖北汽车工业学院学报，2007, 21（4）:57–59.

[18] 郜红合．重型卡车车身造型设计研究 [D]. 沈阳：东北大学，2008.

[19] 第一汽车制造厂．解放牌 CA10B 型载重汽车零件图册：第一分册　发动机 [M]. 北京：机械工业出版社，1972.

[20] 第一汽车制造厂．解放牌 CA10B 型载重汽车零件图册：第二分册　底盘 [M]. 北京：机械工业出版社，1972.

[21] 第一汽车制造厂 . 解放牌 CA10B 型载重汽车零件图册 : 第三分册　车身及附件 [M]. 北京 : 机械工业出版社 , 1972.

[22] 王力群 , 齐铁偕 . 上海是轮子转出来的 : 上海公共交通百年录 [M]. 上海 : 学林出版社，1999.

[23] 程正 , 马芳武 . 汽车造型 [M]. 长春 : 吉林科学技术出版社 , 1992.

[24] 北京工业志丛书汽车志志书编委会 . 北京工业志 : 汽车志 [M]. 北京 : 中国科学技术出版社 , 2001.

[25] 第一汽车制造厂 . 汽车制造 [M]. 长春：第一汽车制造厂 , 1984.1.

[26] 严荣华，张亮 . 怎样在使用中发挥三轮货车的性能 [J]. 汽车，1963.11 ： 11–13.

[27] 蒋庆瑞 . 上海牌三轮货车的生产与技术改进 [J]. 汽车，1963.11 ： 6–7.

[28] 希光第 . 北京公交车辆发展纪实 [M]. 北京 : 北京公交集团保修分公司出版，2009.9.

[29] 国营红湘江机器厂 . 长江 750 型摩托车构造使用和维修 [M]. 长沙 : 湖南人民出版社 , 1973.

[30] 南京汽车制造厂 . 跃进牌 NJ130 型载重汽车使用说明书 [M]. 北京 : 人民交通出版社，1976.

[31] 南京汽车制造厂 . 跃进牌 NJ230 NJ230A 型载重汽车使用说明书 [M]. 北京 : 人民交通出版社，1976.

[32] 汽车制造工人编委会 . 汽车制造工人 [M]. 长春 : 第一汽车制造厂，1957.10.

[33] 蒋昉初，顾三民等 . 轿车设计 [M]，上海 : 上海拖拉机汽车研究室，1977.

[34] 上海市动力机械制造公司 . 产品样本 [M]. 上海 : 上海市动力机械制造公司 , 1959.3.

[35] 中国汽车工业公司长春汽车研究所编 . 国产汽车技术性能手册 [M]. 北京：机械工业出版社 , 1988.

[36] 第一汽车制造厂设计处 . CA10B 底盘设计工作汇编 [M]. 长春 : 第一汽车制造厂设计处 , 1981.1.

[37] 周介三，边耀璋 . 试论解放 CA10B 发动机 L 型燃烧室的改进与侧置气门汽油机的前景 [D]. 北京 : 中国机械工程学会汽车学会 , 1976

[38] 国巨明 , 袁发祥 , 康振喜 . 解放牌 CA10B 型汽车涡轮增压高原恢复功率的试验 [J]. 汽车技术 , 1982（8）:4–9.

[39] 第一汽车制造厂 . 解放牌载重汽车零件目录 [M]. 北京：机械工业出版社，1974.

[40] 第一汽车厂车身分厂技术科 . 汽车车身制造 [M]. 长春 : 吉林工业大学汽车研究室，1975.

[41] 济南汽车制造厂 . 黄河牌 JN150・151 型载重汽车备件目录 [M]. 北京：人民交通出版社，1974.

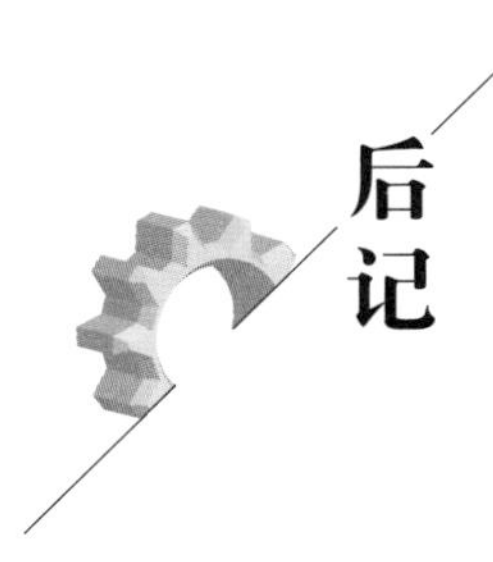

后记

在我国工业复兴与发展的过程中，汽车的设计与制造无疑是极其重要的一项内容。我国的国土广袤，从纵横庞大运输网络的载货汽车到拖曳导弹巨炮的重型卡车，从迎来送往的高级轿车到安全快捷的轻型货车，对各类汽车都有着巨大的需求。这种现实的需求使汽车工业有条件成为中国经济发展的支柱产业之一。

面对大量的史料与文献，我们决定以中国汽车制造的几家大厂为对象，收集了来自全国各地不同类型汽车制造厂的原始文件及厂志，小到一套发动机零部件装配图，大到厚厚的整车设计图，借此以相对全面的视角还原中国汽车设计这一领域50多年来的面貌。汽车设计是个庞大的系统性学科，所以我们在这一卷中遇到了很大的困难，幸而我们得到了多位业内专家的帮助，尤其得到了我国汽车工业缔造者与建设者之一的陈祖涛老先生的帮助。红旗牌CA770三排座高级轿车的设计师贾延良先生为我们提供了大量的资料，上海汽车集团的老一代设计师钟柏光先生及历任设计师邵景峰先生、广汽丰田汽车有限公司肖宁先生、中国第一汽车集团公司常冰先生也为我们提供了重要的信息和相关资料。在此我们向他们以及汽车和摩托车的设计、技术、制造、管理等各方面的老前辈们致以最高的敬意。

限于我们的研究水平，本卷存在着许多不足之处，也存在各种疏漏，真诚地希望各位专家、同仁以及广大读者能够对我们的成果进行剖析和质疑，提出宝贵的意见或建议，支持我们在中国工业设计史研究的路上继续前行。

沈榆

2016年6月